Die Herstellung und Verarbeitung der Viskose

unter besonderer Berücksichtigung der Kunstseidenfabrikation

Von

Johann Eggert

Ing.-Chemiker

Zweite, verbesserte und vermehrte Auflage

Mit 147 Textabbildungen

Berlin

Verlag von Julius Springer

1931

ISBN-13: 978-3-642-89644-6   e-ISBN-13: 978-3-642-91501-7
DOI: 10.1007/978-3-642-91501-7

Vorwort.

Seit dem Erscheinen der ersten Auflage meines Büchleins sind verschiedene Werke über die Herstellung und Behandlung der Kunstseide veröffentlicht worden, die fast alle das gesamte Kunstseidengebiet zu erfassen versuchten.

Dieses Buch dagegen soll wiederum als ein Spezialwerk der Viskose-Kunstseidenfabrikation erscheinen, wie es auch bei der ersten Auflage der Fall gewesen ist; nur so ist es möglich, diesen umfangreichen Zweig der Kunstseideerzeugung annähernd erschöpfend zu beschreiben.

In der vorliegenden zweiten Auflage war ich bemüht, alle Neuerungen so weitgehend wie irgend möglich zu berücksichtigen, so daß wohl die Erwartung ausgesprochen werden darf, daß alles, was nach dem gegenwärtigen Stande der Wissenschaft und Technik für die Gewinnung der Viskosekunstseide von Bedeutung ist, Beachtung gefunden hat.

Da von vielen Seiten der Wunsch geäußert worden ist, daß auch dem maschinentechnischen Teil des Buches mehr Aufmerksamkeit gewidmet werden möge, so habe ich auch diesen bedeutend erweitert und auch hier, so weit der Platz es zuließ, die neuesten Errungenschaften besprochen und an Hand einer größeren Anzahl von Abbildungen einen klaren Einblick in den Stand der modernen Technik zu vermitteln gesucht.

Leider war ich infolge der augenblicklich ungünstigen wirtschaftlichen Lage gezwungen, die Seitenzahl zu begrenzen, so daß dem Werk in seiner zweiten Auflage nicht der Umfang gegeben werden konnte, wie es mir für das umfassende Gebiet der Viskose-Kunstseideherstellung wünschenswert erschien. Ich war aus diesem Grunde auch gezwungen, den bedeutend erweitert gedachten analytischen Teil der ersten Auflage wegzulassen. Doch glaube ich dennoch, wenn auch kurz gefaßt, die wesentlichsten Punkte berücksichtigt zu haben.

Allen, welche mich in bereitwilliger Weise reichlich mit Bildmaterial unterstützt haben, sei an dieser Stelle besonders gedankt.

Möge das Werk, dem bei seinem ersten Erscheinen eine so wohlwollende Beurteilung seitens hervorragender Fachleute zuteil geworden ist, auch in seiner neuen Gestalt und unter den veränderten Zeitverhältnissen von Nutzen sein.

Berlin-Karlshorst, April 1931

Johann Eggert.

Inhaltsverzeichnis.

Inhaltsverzeichnis. V

Inhaltsverzeichnis. VII

I. Die Rohstoffe.

Im Jahre 1892 wurde von Charles Frederick Cross, Edward John Bevan und Clayton Beadle ein Verfahren zur Herstellung eines in Wasser löslichen Derivats der Zellulose, „Viskoid" genannt, zum Patent angemeldet, welches in England unter der Nr. 8700/1892 und bald darauf auch in Deutschland als DRP. 70999, Klasse 8, vom 13. Januar 1893 erteilt wurde.

Das „Viskoid" entsteht durch Einwirkung von Alkali und Schwefelkohlenstoff auf Zellulose; in Wasser bildet es eine dickflüssige, zähe, zuerst gelbliche, später braun werdende kolloide Lösung, die heute allgemein „Viskose" genannt wird. Sie enthält nach der Anschauung von Cross und Bevan das Natriumsalz des Zelluloseesters der Dithiokarbonsäure, ferner im rohen Zustande zahlreiche anorganische Schwefelverbindungen. Sie zeigt die typischen Eigenschaften der Lösung eines sog. Lyophole- oder Emulsionskolloids; das gleiche gilt von der Koagulation, d. h. beim Übergang aus dem Sol- in den Gelzustand.

Die genaue Strukturformel der Viskose ist heute noch nicht bekannt. In der Praxis hat sich folgende, von den Entdeckern stammende Formel eingebürgert:

$$CS \underset{SNa}{\overset{OC_6H_9O_4}{<}}$$

Obwohl die Bereitung einer zur Herstellung von Textilgebilden verwendbaren Rohviskose erhebliche Schwierigkeiten bietet, weil zahlreiche Einzelheiten eine außerordentlich wichtige Rolle spielen, so hat die Zellulosexanthogenatlösung dennoch eine ungeahnte Anwendung in der Textilindustrie gefunden. Das verhältnismäßig billige und reichliche Vorkommen der erforderlichen Rohstoffe in jedem Kulturstaate ist eine der Hauptursachen dieser Entwicklung.

A. Zellstoff.

1. Allgemeines.

Der wichtigste Rohstoff zur Herstellung der Viskose ist die Zellulose, die Gerüstsubstanz der Pflanzen, hauptsächlich die Wandungen der Zellen und somit gewissermaßen das organische Skelett der Pflanzen. Die Größe des Zellulosemoleküls ist noch unbekannt und von verschiedenen Forschern verschieden geschätzt worden. Auch die Konstitutionsformel ist bis auf den heutigen Tag noch nicht völlig geklärt.

Mit Sicherheit ist von Ost nur die Bildung eines einheitlichen Triazetats der Zellulose nachgewiesen, also das Vorhandensein von drei veresterungsfähigen Hydroxylgruppen in jedem Molekül.

Zur Herstellung der Viskose wird meist Holzzellstoff, und zwar Sulfitzellstoff bevorzugt. Ausnahmsweise kann in Ländern, wo Baumwolle in großen Mengen produziert wird und daher billiger als Sulfitzellstoff zu haben ist, auch diese mit Erfolg verarbeitet werden.

Der Gehalt des Zellstoffs an resistenter Zellulose (sog. α-Zellulose) ist bei der Herstellung von Kunstseide und anderen Gebilden aus Viskose von außerordentlicher Wichtigkeit. Mit steigendem Gehalt an resistenter Zellulose steigt nicht nur die Gleichmäßigkeit des Endproduktes, sondern auch seine Ausbeute bedeutend. Bei der Verarbeitung von Zellstoffen mit hohem Gehalt an resistenter Zellulose braucht man zwar eine längere Merzerisationsdauer, auch das Sulfidieren dauert länger, aber dafür erzielt man viel bessere Alkali-Zellulosen mit niedrigem Natriumkarbonatgehalt; auch beeinflussen unter diesen Umständen die geringen, in der Praxis oft unvermeidlichen Schwankungen der Temperatur bei Merzerisation, Vorreife und mechanischer Bearbeitung das Resultat nur in sehr geringem Grade. Außerdem läßt sich ein Zellstoff mit höherem Gehalt an resistenter Zellulose und wenig Begleitprodukten bedeutend länger lagern, ohne sich chemisch zu verändern.

a) **Zusammensetzung des Sulfitzellstoffs.** Der Sulfitzellstoff ist keinesfalls als reine Zellulose anzusprechen. Seiner durchschnittlichen Zusammensetzung entsprechen etwa folgende Zahlen (auf absolut trockenen Zellstoff berechnet):

$$\alpha\text{-Zellulose} \dots \dots \dots \dots \quad 90 \ \ vH \ (87\text{---}93)$$

| β-Zellulose ⎱ | Hemizellulose | ⎰ | 3,5 vH ⎱ | 11,3 |
| γ-Zellulose ⎰ | | ⎱ | 7,8 vH ⎰ | |

$$\text{Asche (zum größten Teil CaO)} \dots \quad 0,3 \ vH.$$

Kupferzahl 1,5, Viskosität 23, Saugfähigkeit 7.

Besonders in Amerika sucht man einen Zellstoff von größter Reinheit zu gewinnen. Z. B. weist eine Zellstoffmarke (Rayon Alpha-Fibre) folgende Zusammensetzung auf:

$$
\begin{aligned}
&\alpha\text{-Zellulose} \dots \dots \dots \dots \quad 95 \ vH \\
&\text{Holzgummi} \dots \dots \dots \dots \quad 0,2 \ vH \ (\text{total}) \\
&\text{Asche} \dots \dots \dots \dots \quad 0,06\text{---}0,07 \ vH \\
&\text{Kupferzahl} \dots \dots \dots \dots \quad 1,2 \\
&\text{Viskosität} \dots \dots \dots \dots \quad 28
\end{aligned}
$$

und eine andere:

$$
\begin{aligned}
&\alpha\text{-Zellulose} \dots \dots \dots \dots \quad 94 \ vH \\
&\beta\text{-Hemizellulose} \dots \dots \dots \quad 2\text{---}4 \ vH \ \Big\} \ 6 \ vH \\
&\gamma\text{-Hemizellulose} \dots \dots \dots \quad 4\text{---}2 \ vH \\
&\text{Asche} \dots \dots \dots \dots \quad 0,07\text{---}1 \ vH \\
&\text{Kupferzahl} \dots \dots \dots \dots \quad 1,5\text{---}1,7 \\
&\text{Viskosität} \dots \dots \dots \dots \quad 26
\end{aligned}
$$

b) **Eigenschaften.** Ein hoher Hemizellulosegehalt im Zellstoff bringt bei der Viskoseherstellung eine Reihe außerordentlich störend wirkender Nachteile mit sich:

α) Beim Tauchen in die Merzerisationslauge weicht ein derartiger Zellstoff stark auf, oft bis zu breiiger Konsistenz, so daß er sich weder exakt abpressen, noch abschleudern läßt. Man erhält dabei stark bräunlichgelb gefärbte, karbonatreiche Alkalizellulosen, auch die Verluste an Zellulosesubstanz sind erheblich.

β) Minderwertiger Zellstoff verunreinigt die Merzerisierlauge außerordentlich stark und macht daher ihre Wiederbenutzung und Rückgewinnung fast unmöglich.

γ) Die hergestellte Alkalizellulose bleibt nach dem Zerfasern feucht und klumpig, wodurch ein gleichmäßiges Sulfidieren unmöglich wird.

δ) Man erhält in der Regel große Viskositätsschwankungen. Das Filtrieren solcher Viskosen ist sehr schwierig; auch sind derartige Viskosen reich an schwefelhaltigen Nebenprodukten, was wieder das Verspinnen außerordentlich erschwert.

ε) Man beobachtet sehr starke Schwankungen im Zellulosegehalt der fertigen Viskosen.

c) **Trocknung des Zellstoffes und der Baumwollabfälle.** Der fertige Zellstoff wird zum Verkauf bei Temperaturen von 90—100° C getrocknet. Höhere Temperaturen sind unbedingt zu vermeiden, da sich hierbei die chemischen und physikalischen Eigenschaften der Zellulose leicht ändern. In Deutschland und Österreich ist es üblich, mit 88 vH Trockengehalt im trockenen Zellstoff zu rechnen, d. h. der Zuschlag auf das absolut trockene Gewicht beträgt 13,64 vH. In Schweden pflegt man mit 90 vH zu rechnen; dort beträgt der Zuschlag also nur 11,11 vH. Eine Zellulose mit höherem Wassergehalt ist sehr schwer zu lagern, besonders in größeren Mengen, da sie bald verschimmelt und zu gären beginnt. Eine durch Schimmel oder Gärung angegriffene Zellulose ist zur Viskoseherstellung nicht mehr brauchbar.

d) **Cotton Linters.** Außer Sulfitzellstoff eignen sich, wie erwähnt, auch Baumwolle und Baumwollabfälle zur Viskoseherstellung. Diese, besonders aber die letzteren, müssen gründlich vorgereinigt werden. Das geschieht in folgender Weise:

Ungefähr 100 kg Abfälle werden mit 1000—1200 l 1—2 vH Natronlauge und 3—5 vH Natriumkarbonat (es kann auch Abfallauge verwendet werden) in bekannten Bäuchapparaten bei 150° C (Druck 5—6 Atm.) 3—3$^{1}/_{2}$ Stunden lang erhitzt, dann auf eine perforierte Unterlage gebracht und 1—1$^{1}/_{2}$ Stunden lang zuerst mit heißem, dann mit kaltem Wasser sorgfältig gewaschen. Die so vorbehandelte Fasermasse wird in einem Holländer nochmals 3 Stunden lang mit fließendem, etwa 30° C warmem, weichem Wasser gewaschen, falls erforderlich,

mit einer schwachen, etwa 0,2 vH aktives Chlor enthaltenden Natriumhypochloridlösung gebleicht, nochmals gründlich mit fließendem Wasser
gewaschen, mit Natriumbisulfitlösung entchlort, wieder gewaschen
und schließlich getrocknet. Zwecks besserer Netzung kann man der
Bäuchlauge etwas Türkischrot zusetzen, oder man kocht zur Entfernung
von Wachs und Fettsubstanzen an Stelle mit 3—5 vH Natriumkarbonat
mit nur 2 vH Natronlauge, welcher man auf 100 kg Linters 5 kg helles
Kolophonium, vorher mit 10 kg festem NaOH verseift, zusetzt. Bei
letzterer Arbeitsweise ist es aber erforderlich, nach Verdrängung der
Kochlauge mittels Wassers nochmals etwa 15 Minuten mit 0,5 vH Lauge
zu kochen und dann wiederum gründlich mit warmem und später
kaltem Wasser zu waschen. Als Netzmittel verwendet man auch mit Erfolg Sapamin [das Chlorhydrat des Diäthylaminoäthyloleylamid nach der
Formel $CH_3(CH_2)_7 CH = CH — (CH_2)_7 — CO \cdot NH \cdot CH_2 \cdot CH_2 \cdot N(C_2H_5)_2$],
und zwar in sehr geringen Mengen (etwa 0,01 vH). Das Sapamin
wird durch Erhitzen von Ölsäuren mit unsymmetrischen Diäthyläthylen-
diamin gewonnen. So vorbehandelte Baumwollabfälle können mit
gutem Erfolg auf Viskose verarbeitet werden.

In den Vereinigten Staaten von Amerika verwendet man zur Herstellung von Viskose größere Mengen von Baumwollzellulose, und zwar
25—50 vH zusammen mit Sulfitzellstoff. Diese aus Linters gewonnene
Baumwollzellulose wird dort bereits gereinigt, wie Sulfitzellstoff in
Blattform, und zwar unter der Marke „Cotton Linters" in den Handel
gebracht. Sie hat folgende Zusammensetzung:

$\bar{\alpha}$-Zellulose . . . . 91,69 vH
Hemi (total) . . . . 8,06 vH
Asche. 0,25 vH
außerdem etwa Wasser. . . . . 4,5 vH
Blattstärke etwa 2 mm.

2. Prüfung des Zellstoffes.

a) **Mechanische Prüfung.** Der Zellstoff, der von den meisten Fabriken in
Blattform mit 2—3 mm Stärke geliefert wird, soll sich weich und elastisch anfühlen und die Blätter dürfen nicht allzusehr gepreßt sein. Beim Durchsehen
gegen das Licht sollen die Blätter keine schwarzen Punkte aufweisen (diese deuten
auf schlechte Aussortierung hin). Beim Zerreißen des Blattes soll der Zellstoff
an der Reißfläche glänzende, unbeschädigte, lange Fasern aufweisen, und bei
mikroskopischer Untersuchung (etwa 600facher Vergrößerung) sollen die Fasern
keine angegriffenen Flächen zeigen; diese Erscheinung läßt auf zu weitgehenden
Abbau der Zellulose schließen. Muster, die einen oder mehrere der genannten
Fehler zeigen, sind unbedingt zu verwerfen.

b) **Prüfung der Saugfähigkeit des Zellstoffes gegen die Tauchlauge.** Auf Streifen des zu untersuchenden Zellstoffes von 1 cm Breite und
25 cm Länge werden mit dem Bleistift Zentimeterskalen (ähnlich einer Leiter)
aufgetragen. Einen dieser Streifen hängt man mit dem einen Ende in eine 18 vH
Tauchlauge, den zweiten Streifen zum Vergleich in eine 8 vH Tauchlauge ein.

Dann wird mittels Stoppuhr die Steigfähigkeit der beiden Tauchlaugen festgestellt. Diese Analyse ergibt als Vergleichsbestimmung gute Resultate.

Besser und genauer ist die Prüfung der Saugfähigkeit nach folgender Methode: Aus einem Zellulosebogen, welcher vor Beginn der Prüfung 12 Stunden lang im Laboratorium hing, schneidet man ein Stück von $5 \times 5{,}5$ cm heraus und legt es in ein Becherglas, welches Natronlauge von 17,5 vH Stärke bei genau 20^0 C enthält. Die angegebene Temperatur ist genau einzuhalten, da sich die Saugfähigkeit mit ihr ändert. Nachdem das Probestück 30 Minuten lang in der Lauge war, nimmt man es mit einer Pinzette heraus, läßt die Lauge sorgfältig abtropfen und streicht die überflüssige Lauge am Rande des Glases ab. Die vollgesogene Zellstoffprobe wird gewogen, das Gewicht der aufgesogenen Flüssigkeit ist durch das Gewicht des Bogens zu dividieren, das Resultat ergibt die Saugfähigkeit des geprüften Zellstoffes.

Beispiel: Wiegt das herausgeschnittene Probestück des Zellstoffes 1,3 g und nach Aufnahme der Lauge 12 g, so hat es $12 - 1{,}3 = 10{,}7$ g an Gewicht zugenommen.

$$\frac{10{,}7}{1{,}3} = 8\,.$$

Der Zellstoff hat also die Saugfähigkeit 8.

B. Natronlauge.

1. Allgemeines.

Der zweite wichtige Rohstoff, der zur Viskoseherstellung gebraucht wird, ist die Natronlauge. Sie wird fast stets durch Auflösen von festem Ätznatron in Wasser im Betriebe selbst eingestellt. Ätznatron ist eine weiße, undurchsichtige, spröde, durch verschiedene Fremdstoffe mehr oder weniger verunreinigte Masse von faserigem Gefüge und spez. Gewicht 2—2,13. Sie kommt als 120-, 125- und 128 grädige Ware (deutsche Grade), entsprechend 90,5, 94,3 und 96,6 vH NaOH in den Handel. 132,5 deutsche Grade entsprechen 100 vH NaOH. Die eigentümliche Grädigkeitsbezeichnung bedeutet den hypothetischen Gehalt des Ätznatrons an Soda. Diese Wertung hat sich aus dem viel älteren Sodahandel entwickelt, der Ätznatron nur als „kaustische Soda" ansah. Die Bezeichnung ist mitunter heute noch in der Technik gebräuchlich.

Ätznatron kommt in drei verschiedenen Formen in den Handel:

1. als kompakte, geschmolzene Masse in Trommeln aus Eisenblech;

2. in Stücken;

3. als kaustische Lauge in der Stärke von 38—40^0 Bé. In dieser Form wird Ätznatron von größeren Betrieben sehr selten genommen; sie kommt nur dort in Frage, wo die Frachtkosten niedrig sind, obwohl gerade der Lauge von 40^0 Bé nachgerühmt wird, daß sie vollständig eisenfrei sein soll.

Nach ihrer Herstellung unterscheidet man:

a) Kaustische Soda nach Solvay-Lewig und

b) elektrolytisch gewonnenes Ätznatron.

Erstere ist für die Viskoseherstellung vorzuziehen, da sie
im allgemeinen reiner als die
elektrolytisch gewonnene ist.

Nach Lunge liefern die
Solvay-Werke technisches Ätznatron von der Zusammen-
setzung:

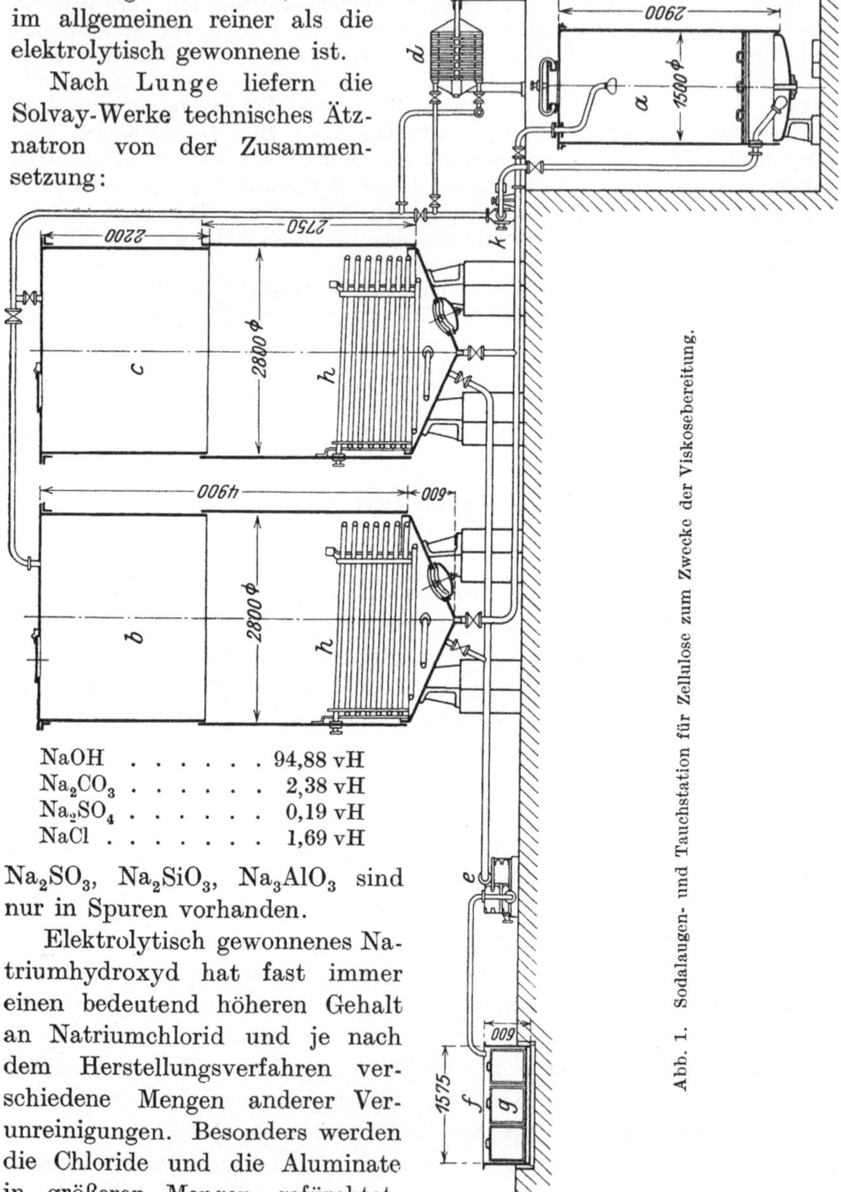

Abb. 1. Sodalaugen- und Tauchstation für Zellulose zum Zwecke der Viskosebereitung.

NaOH . . . . 94,88 vH
Na_2CO_3 . . . . 2,38 vH
Na_2SO_4 . . . . . . 0,19 vH
NaCl . . . . 1,69 vH

Na_2SO_3, Na_2SiO_3, Na_3AlO_3 sind
nur in Spuren vorhanden.

Elektrolytisch gewonnenes Natriumhydroxyd hat fast immer
einen bedeutend höheren Gehalt
an Natriumchlorid und je nach
dem Herstellungsverfahren verschiedene Mengen anderer Verunreinigungen. Besonders werden
die Chloride und die Aluminate
in größeren Mengen gefürchtet.
Diese Salze können außerordentlich
schwere, nicht sofort erklärliche Störungen bei der Viskoseherstellung
hervorrufen; sie sind z. B. oft die Ursache für das schlechte Filtrieren

der Zellulosexanthogenatlösungen. Auch andere Salze, z. B. Mangan-
eisenverbindungen usw., sollen aus demselben Grunde in der Natronlauge nicht enthalten sein. Reine Natronlauge sichert eine leichte
Herstellung und Weiterverarbeitung der Viskose. Ebenso bringt ein
hoher Karbonatgehalt schädliche und unangenehme Erscheinungen mit
sich; er ist z. B. oft die Ursache für hohen Karbonatgehalt der Alkalizellulose und ungleichmäßige Sulfidierung der Viskose.

a) Das Auflösen des Ätznatrons erfolgt am bequemsten in ge-
räumigen, aus starkem Eisenblech bestehenden Gefäßen. Aus der
Abb. 1 ist die Bauart und Betriebsweise einer solchen Ätznatronauflösestation zu ersehen. Zunächst wird das Ätznatron mittels geeigneter
hydraulischer Pressen in handliche Stücke zerdrückt. Diese Operation
muß unbedingt, bevor die zu einem Klumpen verschmolzene Masse von
der Blechhülle befreit ist, erfolgen, um die damit beschäftigten Arbeiter
nicht zu gefährden. Die Hülle wird so locker, daß sie sich mit Leichtigkeit entfernen läßt, doch ist ihre Entfernung nicht immer nötig. Die
zerkleinerte Masse wird in den Doppelkessel a auf den perforierten
Eisenblechboden mit oder ohne die Blechhülle geworfen. Zu der im
Kessel b vorhandenen Lauge wird die erforderliche Wassermenge zugegeben; die verdünnte Lauge läuft in den Doppelkessel und wird durch
die Pumpe k unter dem perforierten Boden weg wieder in den Kessel b
zurückgepumpt. Der Kreislauf der Lauge dauert so lange, bis sich
sämtliche im Doppelkessel befindlichen Stücke des festen Ätznatrons
gelöst haben. Nach dem Auflösen wird gut gemischt und der Gehalt an
$NaOH$ und Na_2CO_3 analytisch überprüft. Da sich die Lauge beim Lösen
stark, oft bis 80° C erwärmt, und infolge dieser Erwärmung die Bildung
von schädlichen Doppelsalzen begünstigt wird, ist in den beiden großen
Kesseln b und c eine Kühlschlange h vorgesehen. Auch zur Filtration
muß die Lauge auf 15° C gekühlt werden, da wärmere Lauge die Filtertücher zerstört. Der wiederholte Vorschlag, das Ätznatron durch Dampf
zu lösen, muß daher für die Viskoseherstellung unbedingt abgelehnt
werden. Dann wird die Lauge mit Hilfe der Pumpe k durch eine mit
gerauhtem Biber bepackte Rahmenfilterpresse d gedrückt und von dort
dem Arbeitskessel c zugeleitet, von wo sie jeden Augenblick für den
Merzerisationsprozeß entnommen werden kann. Die Filtration kann
aber auch durch Filter erfolgen, wie sie zur Wasserfiltration benutzt
werden, und die mit einem der Lauge widerstehenden Filtermaterial
gefüllt sind. Die sog. Rücklauge oder Gelblauge wird nach dem Doppelkessel a oder dem Kessel b zurückbefördert. Man kann selbstverständlich
die Ätznatronauflösestation auch mit mehr als 3 Kesseln ausrüsten, wie
es stets bei großen Viskosefabriken der Fall ist. In der Praxis findet man
einfachere und kompliziertere Laugenvorbereitungsanlagen, von deren
Beschreibung und Kritik hier abgesehen werden soll.

Erwähnen möchte ich noch einen interessanten Ätznatronauflöser der Maschinenfabrik Augsburg-Nürnberg A.-G., welcher, siehe Abb. 2, eine Umwälzung bzw. schnelle Lösung mittels eines Schraubenschauflers bewerkstelligt. Der MAN.-Löser besteht im wesentlichen aus einem senkrechten Rohr (Kühlanlage) und dem darin befindlichen, um seine Achse drehbaren Schaufelrad, welches in seiner Wirkung einer Schiffs-

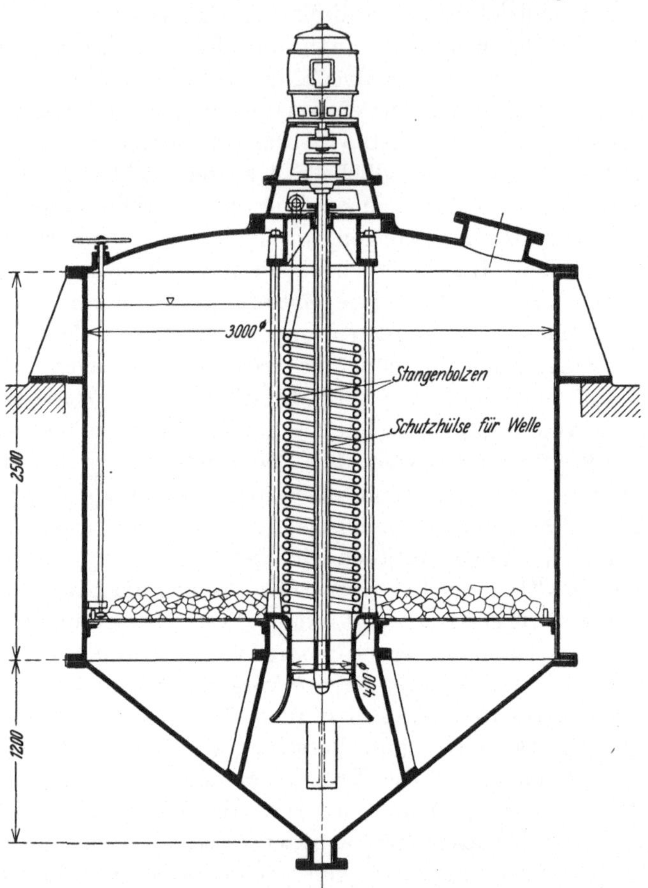

Abb. 2. Ätznatronauflöser der Maschinenfabrik Augsburg-Nürnberg A.-G.

schraube vergleichbar ist. Die senkrechte Achse des Schauflers wird in der Regel durch unmittelbare Kupplung mit einem senkrechten Elektromotor bei 20 m³ 5 PS angetrieben. Nach Durchströmen des Saugrohres gelangt die Flüssigkeit zu dem Schaufelrad, wo sie zur Überwindung der hydraulischen Verluste die erforderliche Druckerhöhung erhält und so in kreisende Bewegung versetzt wird. Sie durchläuft dann das Steigrohr (Kühlschlange), verläßt es an seinem oberen Ende und kehrt zu weiterem Umlauf in den Behälter zurück. Das auf dem Boden liegende, feste Ätznatron löst sich infolge der starken Strömungsgeschwindigkeit usw. schnell und vollkommen auf. Die Anordnung der Kühleinrichtung und andere Einzelheiten sind aus der Abbildung ersichtlich. Da der ganze Apparat als Druckgefäß ausgebildet ist, kann die gelöste und genügend abgekühlte Lauge leicht mittels Preßluft durch Filterpressen gedrückt bzw. in den Laugenaufbewahrungsbehälter geleitet werden.

Bei der von der Merzerisation kommenden Tauchlauge (Rücklauge) unterscheidet man zwei Arten:

1. Gelblauge, d. h. Lauge, welche freiwillig aus dem Merzerisationsbehälter abfließt und weniger als 1,5 vH Alemizellulose in Lösung enthält,

2. Preßlauge (Schwarzlauge), die man durch Auspressen der getauchten Zellstoffblätter erhält, und die meist mehr als 1,5 vH gelöste organische Stoffe aufweist.

b) Die Gelblauge wird nach gehöriger Filtration zwecks Beseitigung von Schwebestoffen (wie Zellstoffasern usw.) ohne weitere Behandlung mit Frischlauge gemischt wieder in Betrieb genommen bzw. zum Auflösen des festen Ätznatrons benutzt.

Nach Wehrung[1] soll Hemizellulose in nicht übermäßig großen Mengen, insbesondere γ-Zellulose, im Viskoseprozeß sogar günstig wirken, indem sie die willkürliche Oberflächenverdichtung der gefällten Zellulose hemmt und die Bildung einer Faserstruktur fördert.

c) Preß- bzw. Schwarzlauge ist dagegen zu weiterem Gebrauch im Betriebe wegen ihres Gehaltes an gelösten Harzen usw. nicht mehr verwendbar und wurde oft zur Neutralisierung saurer Abwässer benutzt oder an andere Industrien verkauft. Aus Rationalisierungsgründen ist dies aber nicht mehr zulässig. Nachdem es gelungen ist, das Dialysierungsverfahren rentabel auszubauen, wird in allen modernen Betrieben die Regenerierung der gebrauchten Tauchlauge durchgeführt. Das Verfahren besteht in der Ausnutzung der bekannten Erscheinung, daß kolloidgelöste Substanzen (im vorliegenden Falle Hemizellulose usw.) nicht durch eine tierische oder pflanzliche Membran zu dringen vermögen, wie es bei den gelösten Kristalloiden der Fall ist (Natronlauge). Wird nun an der einen Seite einer Pergamentmembran Gelblauge und an der anderen Seite im Gegenstrom reines Wasser vorbeigeführt, so diffundiert das Ätznatron fast restlos aus der Gelblauge nach dem Gesetz der Diffusion durch die Membran in das reine Wasser und wird somit von den kolloiden organischen Körpern getrennt. Natürlich spielen bei diesem Prozeß die Temperatur und Konzentration der Gelblauge die Menge der in ihr enthaltenen gelösten organischen Stoffe, die

---

[1] Zellulosechemie Nr. 8. **1930.**

Reinheit des Wassers und die Beschaffenheit der Membran eine außerordentlich wichtige Rolle, und zwar ist folgendes zu bemerken:

1. Stärkere Laugen lassen sich besser dialysieren als schwächere.

2. Bei 15—20⁰ C läßt sich die Gelblauge am besten dialysieren; eine niedrigere Temperatur verursacht einen starken Leistungsrückgang.

3. Enthält die Lauge viel schmierige, organische Stoffe, wie z. B. Harze usw., werden die Membranen schnell verschmutzt und die Wirkung dadurch vermindert.

4. Das Wasser muß nach Möglichkeit rein sein. Härtebildner verschmieren bzw. verstopfen aus begreiflichen Gründen die Oberfläche der Membran. Eine Härte des zur Speisung des Apparates notwendigen Wassers von 3 D. Härtegraden ist zur Not zulässig.

5. Die Membran muß gute mechanische Widerstandsfähigkeit aufweisen und darf nicht durch Aufweichen durchlässig werden. Man benutzt zweckmäßig

Abb. 3.   Dialysator.   (Nach Heibig.)

bestes gleichmäßiges Pergamentpapier mittlerer Stärke. In Zellen (Rahmen) mit stärker erschöpften Laugen benutzt man Doppelblätter, welche durch Schwefelsäure verklebt worden sind.

Da die Membran (auch beim Dialysieren älterer Gelblaugen) weich wird, gelingt es fast nie, die organischen Substanzen restlos zu entfernen. So verbleiben z. B. bei Dialysatoren System Heibig (Filtres Philippe, Paris) immer noch 0,02—0,05 vH Hemizellulose in der regenerierten Tauchlauge.

Merkwürdigerweise muß man den Regenerationsprozeß der Lauge so bald wie möglich vornehmen, da die in der Ätznatronlauge gelösten organischen Substanzen beim Lagern eine Wandlung durchmachen und dann die Membran glatt passieren. Nach Angabe von Heibig ist dies auf einen Abbau der Hemizellulose zu Kristalloiden zurückzuführen. Aus der gleichenQuelle stammtauch dieBehauptung, daßTauchlaugen schon nach 7 tägigem Lagern überhaupt nicht mehr durch Dialyse regeneriert werden können. Ob eine solche Wandlung der Hemizellulose vom kolloiden in den kristalloiden Zustand tatsächlich stattfindet, ist sehr anzuzweifeln und bedarf noch genauer Prüfung. Es können hier auch andere Faktoren, wie z. B. der Einfluß des Sauerstoffes der Luft usw. in gewissem Sinne in Frage kommen.

d) **Dialyseregeneration nach Heibig.** Im folgenden sei eine kurze Übersicht über die Arbeitsweise des Dialysators System Heibig gegeben:

Wie aus der Abb. 3 ersichtlich ist, hat der Dialysator die äußere Form einer Filterpresse, woraus sich folgende Vorteile ergeben:

1. Einbau einer großen Membranoberfläche bei geringer Raumbeanspruchung.

2. Die Verwendung von äußerst billigen, leicht zu handhabenden Membranen, z. B. aus vorgeschnittenen Pergamentbogen.

3. Bequeme und schnelle Auswechslung der Membranen, da, wie bei einer Filterpresse durch Lösen einer Schraubenspindel der Apparat vollständig geöffnet wird.

4. Die Möglichkeit, den Apparat aus unbearbeitetem, laugebeständigem Spezialgußeisen herzustellen, wodurch seine Lebensdauer unbegrenzt ist.

Die Durchströmung der Flüssigkeit findet nach einem vollständig zwangsläufigen Gegenstromprinzip statt. Wie aus Abb. 4 hervorgeht, sind die Kanäle in den Ohren der

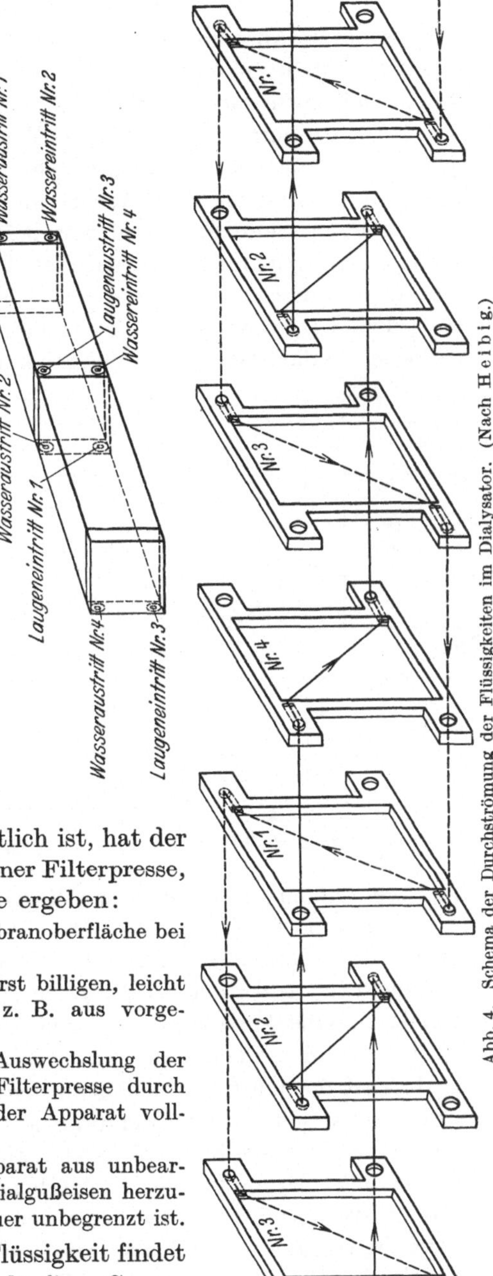

Abb. 4. Schema der Durchströmung der Flüssigkeiten im Dialysator. (Nach Heibig.)

Rahmen teilweise ganz, teilweise nur halb durchgebohrt. Durch diese patentgeschützte Anordnung werden die 66 Rahmen, woraus der normale Dialysator besteht, in zwei Serien geteilt, und zwar bilden die Rahmen 1, 3, 5 . . . 65, sowie auch 2, 4, 6 . . . 66 je eine Serie. Die Preßlauge fließt durch die erste Serie von 1—65, das Wasser, welches sich auf seinem Wege in Reinlauge verwandelt, durch die zweite Serie in der Richtung 66—2. Gegenüber dem Wasser im Rahmen 66 steht also in dem auf der anderen Seite der Membrane befindlichen Rahmen erschöpfte Preßlauge und gegenüber der reichsten Reinlauge im Rahmen 2 steht im Rahmen 1 frische Preßlauge.

Aus dem Diagramm Abb. 5 ist zu ersehen, wie die Anreicherung des Wassers, sowie die Erschöpfung der Preßlauge vor sich geht. Bemerkenswert ist dabei, daß die Kurve deutlich zeigt, wie die Dialysegeschwindigkeit entsprechend der Zunahme der Konzentrationsdifferenz der Flüssigkeiten zu beiden Seiten der Membranen steigt.

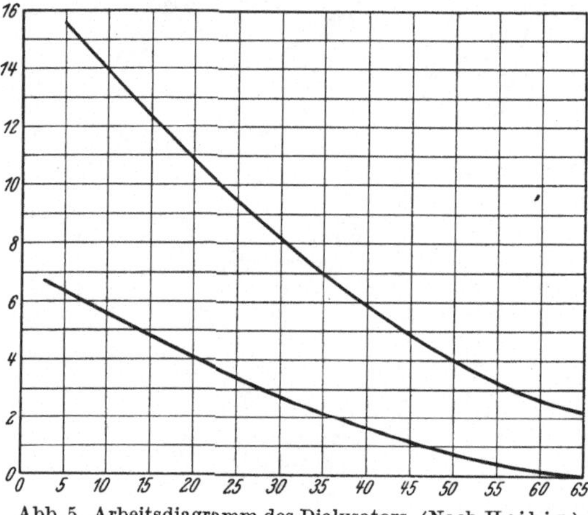

Abb. 5. Arbeitsdiagramm des Dialysators. (Nach Heibig.)

Die innere Form der Rahmen zeigt Abb. 6. Die innen eingegossenen Stäbe oder Lamellen sind dort, wo die Membranen anliegen, mit einer abgerundeten Spitze versehen. Die horizontalen und vertikalen Lamellen kreuzen einander nicht, sie liegen nur in der Mittelebene des Rahmens gegeneinander. Eine Durchströmung in der Mitte des Rahmens, d. h. ohne daß die Flüssigkeit an der Dialyse teilnimmt, ist also unmöglich. Außerdem wird die Durchströmungsrichtung nach der Diagonale in eine horizontale und eine vertikale Komponente zerlegt. Da aber die horizontalen Lamellen vorn, die vertikalen hinten liegen, ist die durchströmende Flüssigkeit gezwungen, noch eine dritte Bewegung, und zwar senkrecht auf die Membran auszuüben. Flüssigkeitsteilchen in der Nähe der Membranen, welche an der Dialyse teilgenommen haben, werden also immer wieder durch andere ersetzt. Dadurch wird die Konzentrationsdifferenz zwischen den beiden Flüssigkeiten beiderseits der Membrane — und also auch die Dialysegeschwindigkeit — stets so hoch wie möglich gehalten. Diese Stromführung hat es ermöglicht, ein sehr großes Quantum Lauge auf einer geringen Membranoberfläche zu dialysieren.

Normal wird der Dialysator als Doppelapparat mit einer Membranoberfläche von 2×20 m² ausgeführt. Hierauf können in 24 Stunden mit Leichtigkeit 720 l Preßlauge (nach Società Italiana Rigenerazione Soluzioni Impure, S.I.R.S.I., nur 600—650 l) bis zur höchstmöglichen Erschöpfung von etwa $2^{1}/_{2}$ vH dialysiert werden.

720—750 l Preßlauge pro 24 Stunden mit ca. 200 g NaOH pro Liter und 1650—1700 l Wasser ergaben bei der Dialyse 1500—1600 l Reinlauge mit ca. 85 g NaOH pro Liter (nach S.I.R.S.I. 8 vH). Der Wirkungsgrad beträgt dabei 90 vH (nach S.I.R.S.I., 70 vH). Eine höhere Ausbeute kann nach dem Dialysierverfahren unmöglich erreicht werden, da die erschöpfte Lauge, um diesen Wirkungsgrad zu erreichen, nur noch ca. 17 g NaOH je Liter aufweisen darf. Da jedoch auch die Hemizellulose mit der erschöpften Lauge abfließt, und diese Substanz in Wasser nicht löslich ist, würde sich bei noch weitergehender Erschöpfung die Hemizellulose flockenartig ausscheiden und dadurch den Apparat verstopfen bzw. die Membran verschmutzen. Es

Abb. 6. Der innere Bau der Rahmen des Dialysators.

ist auch möglich, mit dem Apparat eine Reinlauge von höherer Konzentration zu gewinnen. Hierbei muß man bei gleichbleibender Ausbeute die Leistung etwas herabsetzen oder aber bei gleichbleibender Leistung sich mit einer Ausbeute von ca. 85 vH begnügen. Mit einem Dialysator werden pro Jahr 45000 kg Ätznatron zurückgewonnen. Die Jahreskosten für den Apparat stellen sich auf 250—300 RM., da nur eine geringe Menge billiger Membranen benötigt wird.

e) **Dialyseregeneration nach Cerini.** Die Arbeitsweise des Apparates nach Cerini (Società Italiana Rigenerazione Soluzioni Impure Castellanza, S.I.R.S.I.) ist auf den osmotischen Wechsel zwischen der Ablauge und dem Wasser durch die halbdurchlässigen Membranen der Diaphragmen aus chemisch vorbehandeltem Baumwollgewebe ge gründet. Die Membrane besteht, wie schon erwähnt, aus einem eigens dazu hergestellten Baumwollgewebe, welches zur Erzielung einer großen osmotischen Aktivität und einer langen Lebensdauer eine doppelte chemische Vorbehandlung erfahren hat. Die Lebensdauer der Membrane beträgt 8—12 Monate, entsprechend 35—55000 kg zurückgewonnenem festem Ätznatron. Die Lebensdauer einer Membrane aus Pergamentpapier beträgt dagegen nur 15—20 Tage. Der Cerini-Dialysator besteht aus rechteckigen, geschlossenen, auf besonderen Metallnetzen aufgespannten Säcken, welche in die zu reinigende Lösung getaucht werden. (Abb. 7.)

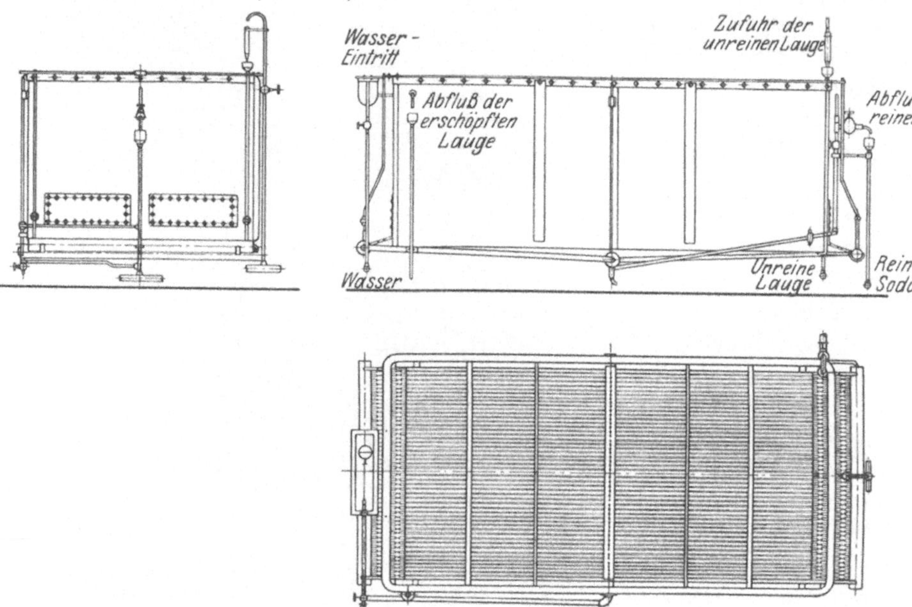

Abb. 7. Der innere Bau des Cerini-Dialysators.

Die Apparatur ist, soweit sie der Einwirkung von Natronlauge ausgesetzt wird, aus erstklassigem, kohlenstoffarmem Flußeisen hergestellt, während die Teile, welche nur mit Wasser und sehr verdünnter Lauge in Berührung kommen, aus einer eigens zu diesem Zweck ausgearbeiteten Nickellegierung bestehen. (Abb. 8.)

Die Ablauge in ihrer normalen Konzentration von 24—25° Bé (D. 1200 mit ca. 16 vH NaOH, ca. 2 vH organischen Substanzen und 4—5 vH Karbonat) wird dem Behälter bis zur Anfüllung des ganzen Raumes außer den Diaphragmen zugeführt und in letztere das Wasser eingeführt, so daß sie mit einer Flüssigkeit angefüllt sind, die zu Anfang Wasser und nachher reine Ätznatronlösung ist.

Das Wasser und die unreine Lauge sind also durch die Membranen der Diaphragmen voneinander getrennt, kommen aber an den Membranen auf einer sehr großen Oberfläche in Berührung (etwa 180 qm für jeden Dialysierapparat), wobei diese wegen ihrer Halbdurchlässigkeit die Osmose, d. h. den Durchgang nur des Ätznatrons erlauben. Infolge des osmotischen Druckes tritt das in der Ablauge enthaltene Ätznatron durch die Membranen in das Wasser ein, die Verunreinigungen werden außerhalb der Diaphragmen zurückgehalten. Das Ätznatron schlägt sich bei zunehmender Anreicherung in immer dichteren Schichten auf

Abb. 8. Ansicht des Cerini-Dialysators im Betrieb.

dem Boden der Diaphragmen nieder und wird dort als reine Lösung abgeführt. Die sich allmählich erschöpfende Ablauge verliert an Gewicht, steigt nach oben und wird von dort aus abgeleitet. Diese Vorgänge vollziehen sich vollkommen automatisch. Die Dichte der Reinlauge kann je nach Wunsch in weiten Grenzen eingestellt werden. Hinsichtlich Wirtschaftlichkeit erreichen Mengenleistung und Ausbeute bei einer Reinlaugendichte von 10—14 Bé (70—105 g NaOH im Liter) ein Optimum. Eine solche Reinlauge läßt sich mit festem oder flüssigem Ätznatron leicht auf die Dichte von 18 vH bringen, ohne daß Überschüsse an Dünnlauge entstehen. Die im Betriebe weitaus am meisten übliche Dichte beträgt 11—12° Bé; in diesem Falle ist das Volumen der aus dem Apparat kommenden Reinlauge doppelt so groß als das Volumen der zufließenden Preßlauge. Der Apparat wird in zwei Ausführungen gebaut. Nachstehend die Daten:

Anzahl der Membranen.	30	50
Wirksame Dialysefläche	180 m²	300 m²
Menge der in 24 Stunden verarbeiteten Preßlauge	700—850 l	1200—1450 l
	130—160 kg NaOH	220—280 kg NaOH
Reinlauge-Erzeugung in 24 Stunden	120—150 kg NaOH	200—250 kg NaOH
Jährliche NaOH-Erzeugung	40000—50000 kg	70000—85000 kg

Ausbeute: 90—95 vH.

Die Leistung des Cerini-Apparates beträgt bei 180 m² wirksamer Dialysefläche:

Gelblauge		Reinlauge	
Liter in 24 Stunden	NaOH in 24 Stunden	Liter in 24 Stunden	NaOH in 24 Stunden
645	120	1300	110
720	135	1440	122
790	150	1580	135
865	165	1730	150

bei 300 m² Dialysefläche:

Gelblauge		Reinlauge	
Liter in 24 Stunden	NaOH in 24 Stunden	Liter in 24 Stunden	NOOH in 24 Stunden
1150	218	2300	200
1220	232	2440	210
1300	246	2600	222
1370	261	2740	235
1440	277	2880	250

unter folgenden Bedingungen:

Konzentration der Preßlauge: 190 g NaOH je Liter;
Konzentration der Reinlauge: 85 g NaOH je Liter;
Temperatur der Flüssigkeit: 15—20° C;
Brunnenwasser von nicht zu hoher Härte (3—6° DH);
Membranen aus mittelschweren Geweben (300—330 g je Quadratmeter).

Interessant sind die Angaben, welche die diese Apparate bauende Firma betreffs der Dichte der bei der Dialyse erhaltenen Laugen gemacht hat; sie seien nachstehend angeführt.

Die mit etwa 7—8 vH an NaOH gewonnene, von Hemizellulose befreite Lauge wird in der notwendigen Verdünnung zum Lösen von Viskose oder auch zum Lösen neuer Mengen festen Ätznatrons benutzt. Einschließlich des für die Dialyse erforderlichen Wassers ist der Wasserverbrauch um etwa 5 vH höher, als sonst für das Lösen des festen Ätznatrons benötigt.

Dichte-Tabellen (Durchschnittresultate).

Preßlauge vor der Reinigung:
D: 1,200—1,210 entspr. 24—25° Bé
NaOH 16—17 vH entspr. 190—195 g je Liter
Na_2CO_3: 8—10 g je Liter
Hemizellulose 1,5—2 vH

Dichte der gereinigten Lauge			Dichte der erschöpften Lauge			
				NaOH je Liter nach Abzug der Karbonate g	Der Apparat arbeitet mit	
Dichte	NaOH vH.	NaOH je Liter	Dichte		Verlust vH.	Ausbeute vH.
1,0710	6,22	66,6	1,044	25,5	13	87
1,0750	6,58	70,7	1,040	22	11	89
1,0790	6,93	74,9	1,036	18,5	9,5	90,5
1,0830	7,30	79,1	1,032	15	7,5	92,5
1,0870	7,68	83,5	1,029	11,5	6	94
1,0910	8,07	88,0	1,025	8,5	4,5	95,5
1,0955	8,42	92,3	1,022	5	2,5	97,5
1,1000	8,78	96,0				
1,1040	9,14	101,0				
1,1080	9,50	105,3				
1,1120	9,90	111,0				
1,1160	10,30	114,9				

Die Ätznatronlauge muß dauernd einer genauen Analyse unterworfen werden. Bestimmt werden:

1. NaOH	5. NaCl
2. Na_2CO_3	6. Na_2SO_3
3. Fe_2O_3	7. Na_2SiO_3
4. Na_2SO_4	8. Na_3AlO_3

2. Die Einstellung der Merzerisations- (Tauch-) Laugen.

Das spez. Gewicht der Lösung wird durch Abwägen einer pipettierten Laugenprobe (zweckmäßig 10 cm³) ermittelt. Bei einer normalen Lauge beträgt die Dichte etwa 1,19. Nach dem Verdünnen mit destilliertem Wasser titriert man mit Normalschwefelsäure.

Beispiel: Zur Entfärbung der mit Phenolphthalein versetzten Probe (10 cm³) wurden 10,2 cm³ Normalschwefelsäure verbraucht, nach Zusatz von Methylorange zur Rotfärbung weitere 0,2 cm³.

a) Bestimmung des Natriumhydroxyds. Die Anzahl der bei der ersten Titration mit Phenolphthalein verbrauchten Kubikzentimeter Normalschwefelsäure (10,2 cm³), abzüglich der bei der zweiten Titration mit Methylorange (0,2 cm³) verbrauchten Kubikzentimeter, multipliziert mit 0,4 ergeben den NaOH-Gehalt in Gramm auf 100 cm³ Lösung:

$$0,4 \cdot (10,2 - 0,2) = 4 \text{ g NaOH.}$$

Da das spez. Gewicht dieser Lauge $d = 1,04$ ist, so ist der vH-Gehalt der Lauge an NaOH:

$$4 : 1,04 = 3,8 \text{ Gew.vH.}$$

b) Bestimmung des Natriumkarbonatgehaltes. Die Anzahl der bei der zweiten Titration mit Methylorange verbrauchten Kubikzentimeter Schwefelsäure, multipliziert mit 1,06 ergeben den Gehalt der Lauge an Natriumkarbonat auf 100 cm³ Lösung:

$$0,2 \cdot 1,06 = 0,212 \text{ g } Na_2CO_3.$$

Da das spez. Gewicht D: 1,04 ist, so ist der prozentuale Gehalt der Lauge an Natriumkarbonat:

$$0,212 : 1,04 = 0,2 \text{ Gew.vH}.$$

Einstellen einer vorhandenen Lauge auf die erforderliche Konzentration. Angenommen, die Analyse hätte ergeben, daß die Lauge 14,5 Gew.vH Gesamtalkali enthält, das spez. Gewicht sei $d = 1,17$, so sind im Liter

$$14,5 \cdot 1,17 \cdot 10 = 169,65 \text{ g Alkali im ganzen}$$

enthalten. Angenommen, es seien von dieser Lauge 4000 l vorhanden; sie enthalten dann

$$169,65 \cdot 4000 = 678\,600 \text{ g} \quad \text{oder} \quad 678,6 \text{ kg Gesamt-Alkali}.$$

Eine Trommel Ätznatron enthält gewöhnlich ca. 350 kg NaOH. Da der Zusatz von Bruchteilen eines Trommelinhaltes unpraktisch ist, werden 2 Trommeln Ätznatron zugesetzt.

$$350 \cdot 2 = 700 \text{ kg oder zusammen mit dem vorhandenen}$$
$$678,6 + 700 = 1378,6 \text{ kg}.$$

Die Einweichlauge muß 18,3 vH (Gew.vH) sein (was einem spez. Gewicht von 1,19 entspricht) oder im Liter:

$$18,3 \cdot 1,19 \cdot 10 = 217,77 \text{ g (rund 217,8)}$$

enthalten. Die 1378,6 kg festes NaOH ergeben somit:

$$(1378,6 \cdot 1000) : 217,8 = 6284 \text{ l Lauge oder 7478 kg Einweichlauge}.$$

Es sind aber schon 4000 l mit einem Gewicht von 4680 kg vorhanden. Der vorhandenen Lauge sind ferner 700 kg Ätznatron zugesetzt worden, so daß noch ein Zusatz an Wasser von

$$7478 - (4680 + 700) = 2098 \text{ kg oder Liter}$$

erforderlich ist.

Nach dem Zusatz der nötigen Menge NaOH und Wasser läßt man ca. 3 Stunden mischen und überprüft den Alkaligehalt der Lauge nochmals.

C. Schwefelkohlenstoff.

1. Allgemeines.

Neben dem Zellstoff und der Natronlauge spielt der Schwefelkohlenstoff als Rohstoff für die Viskoseherstellung eine wichtige Rolle. Roher Schwefelkohlenstoff enthält oft 6—10 vH gelösten Schwefel, meist große Mengen Schwefelwasserstoffen, wechselnde Quantität schwefelhaltiger organischer Verbindungen und mitunter auch anorganische Salze. Infolgedessen benutzt man in der Viskosefabrikation stets mit Metallsalzen gereinigten, doppelt rektifizierten Schwefelkohlenstoff. Er soll möglichst frisch sein, da beim längeren Lagern teilweise Zersetzung eintritt. Er soll wasserklar sein, keinen scharfen, widerlichen Geruch aufweisen, ein spez. Gewicht von 1,2633 bei 20° C haben und bei 46,1° C sieden. 50 cm³ Schwefelkohlenstoff dürfen beim Verdunsten auf einem Wasserbade keinen wägbaren Rückstand, höchstens Spuren von Schwefel hinterlassen. Bleikarbonat (bzw. Bleiazetat) darf beim Schütteln mit 10 cm³ Schwefelkohlenstoff nicht gebräunt werden. Ein positiver Ausfall der Probe zeigt die Anwesenheit von Schwefelwasserstoff an. Zur Probe auf organische Schwefelverbindungen und gelösten Schwefel bringt man etwa 2 cm³ Schwefelkohlenstoff mit einem Tropfen Quecksilber in einem trockenen Glase zusammen. Das Quecksilber darf sich nicht mit einer dunklen, pulverigen Haut überziehen. Werden 10 cm³ Schwefelkohlenstoff mit 5 cm³ destilliertem Wasser tüchtig geschüttelt, so darf dieses blaues Lackmuspapier weder röten noch entfärben (Prüfung auf Schwefelsäure bzw. schweflige Säure)[1]. Weist der Schwefelkohlenstoff einen der angeführten Mängel deutlich auf, so ist er unbedingt zu verwerfen.

Im folgenden sind die wichtigsten physikalischen Eigenschaften des Schwefelkohlenstoffs zusammengestellt. Sein Schmelzpunkt liegt bei — 112,8° C, sein Erstarrungspunkt bei — 116° C. Seine spez. Wärme bei 30° C beträgt 0,240 Kal., bei 80° C 0,260 Kal., sein Dampfdruck bei 20° C 298 mm, bei 30° C 435 mm, bei 40° C 618 mm, bei 50° C 857 mm. Der Siedepunkt liegt bei 46,1° C. Der Brechungsexponent ist n_D^{15} = 1,6315 und die Dielektrizitätskonstante bei 23,5° C 2,65, bei 20° C 2,64. Die Löslichkeit in Wasser beträgt bei

0° C	10° C	20° C	30° C
0,258 g	0,239 g	0,101 g	0,195 g CS₂

in 100 g Wasser. Bei niedriger Temperatur bildet Schwefelkohlenstoff mit Wasser ein Hydrat von der Formel $2\,CS_2 \cdot HOH$, das indessen schon bei — 3° C zerfällt. Das direkte Sonnenlicht zersetzt den Schwefelkohlenstoff laut Berthelots Beobachtung besonders in Gegenwart von Luftsauerstoff zu Kohlenoxyd, freiem Schwefel und einem polymeren, festen Kohlenoxysulfid. Nach Dixon und Russel verbrennt Schwefelkohlenstoff wie Phosphor unter Phosphoreszenz. Sie tritt schon bei 230° auf, während die eigentliche Entflammung bei 232° erfolgt[2]. Infolge der außerordentlich niedrigen Entzündungstemperatur ist in der Technik Selbstentzündung von Schwefelkohlenstoffdämpfen an heißen Metallflächen, z. B. Dampfheizungsrohren, oft beobachtet worden. Daher sollen Maschinen, in denen mit Schwefelkohlenstoff gearbeitet wird, tunlichst isoliert stehen.

Schwefelkohlenstoff als endotherme Verbindung explodiert auch in Abwesenheit von Sauerstoff, z. B. durch Detonation oder heiß gelaufene Maschinenteile, heftige Stöße und Erschütterungen. Doch pflanzt sich

---

[1] Vgl. E. Merck: Prüfung d. chem. Reagenzien auf Reinheit, 2. Aufl., S. 61. 1912.

[2] Vgl. Ullmann: Enzyklopädie der technischen Chemie 10, 182—183.

die Explosion nur kurze Strecken fort. Luft, die weniger als 0,063 g Schwefelkohlenstoff im Liter enthält, ist nicht mehr entflammbar. Mit Schwefelkohlenstoffdämpfen gesättigte Luft ist nicht explosiv, sie brennt ruhig ab. Im allgemeinen wird Eisen, Kupfer und Zink von Schwefelkohlenstoff nur wenig angegriffen; es wurde allerdings schon beobachtet, daß Eisen manchmal pyrophores Eisensulfid bildet, welches die Explosionsgefahr begünstigt. Es empfiehlt sich deshalb, nur verzinkte oder verbleite Eisengefäße und Rohrleitungen zu gebrauchen. Der Schwefelkohlenstoff nimmt äußerst leicht elektrische Ladung an; daher müssen die Maschinen, in welchen die Sulfidierung vorgenommen wird, wie überhaupt alle Metallgeräte, die mit Schwefelkohlenstoff in Berührung kommen, gut geerdet sein.

a) **Herstellung des CS_2.** Der für die Herstellung der Kunstseide erforderliche Schwefelkohlenstoff wird bis jetzt noch meistens von Schwefelkohlenstoff erzeugenden Werken bezogen. Neuerdings gliedern die Kunstseidenfabriken ihren Betrieben eigene Schwefelkohlenstoffanlagen an, teils wegen wesentlicher Verbilligung, teils um das Einlagern großer Mengen zu vermeiden. Die Furcht vor Feuersgefahr mag bei älteren Anlagen begründet gewesen sein, für zeitgemäße Werke hat sie keine Berechtigung mehr. Die alten Schwefelkohlenstoffanlagen, in denen noch Schamotteretorten und Destillierblasen bzw. Zwischengefäße von sehr großem Rauminhalt verwendet wurden, arbeiteten mit sehr geringen Drucken. Dabei kam es leicht vor, daß ein Unterdruck auftrat, wodurch das Eindringen von Luftsauerstoff möglich wurde und somit die Gefahr einer Entzündung nahelag. Auf Schwefelkohlenstoffwerken zeitgemäßer Bauart mit ihren vielseitigen Sicherungen ist noch nie ein ernster Unfall vorgekommen. Im nachfolgenden soll eine Schwefelkohlenstoffanlage anerkannt modernster Konstruktion beschrieben werden, wie sie die Firma Zahn & Co., G. m. b. H. in den letzten Jahren baut. Große Retorten von länglichem Querschnitt, die aus Sonderguß hergestellt sind, werden mit gut getrockneter Holzkohle gefüllt und durch Generatorgas, Öl usw. auf etwa 900° C erhitzt. Die Abgase der Heizung benutzt man zum Trocknen der Holzkohle. Nach Kausch[1] muß die Kohle sehr gut vorgetrocknet werden, da schon geringe Feuchtigkeit der Kohle die übermäßige Entwicklung von Kohlenoxyd, Kohlendioxyd und insbesondere von Schwefelwasserstoff begünstigt. Die Chemische Fabrik Griesheim-Elektron glüht deshalb die Holzkohle auf 1000—1200° C unter Abschluß von Luft gründlich vor. Zwei oder drei solcher Retorten werden jeweils in einem Mauerblock vereint. Eine bestehende Anlage läßt sich leicht vergrößern, indem einfach ein weiterer Retortenblock hinzugefügt wird.

---

[1] Kausch: Der Schwefelkohlenstoff. Berlin: Julius Springer 1929.

Das teurere Rohmaterial zur Herstellung von Schwefelkohlenstoff ist der Schwefel. Sein Preis macht ungefähr 70 vH der Gestehungskosten vom Schwefelkohlenstoff aus. Der theoretische Verbrauch von ca. 86 kg Schwefel für 100 kg Schwefelkohlenstoff wird in der Praxis nicht erreicht. Der zur Verwendung kommende Schwefel ist niemals rein, sondern hat fast durchweg Beimischungen von Sand, Bitumen usw.

Das zweite Rohmaterial zur Herstellung von Schwefelkohlenstoff ist die Holzkohle. Ihr Verbrauch beträgt $^1/_5$—$^1/_4$ des Schwefelverbrauches und ist von der Qualität abhängig. Am besten eignet sich Hartholzkohle, z. B. Buchen- oder Eichenkohle, auch andere veredelte, harte Holzkohlen können verwendet werden. Der Verbrauch an Dampf für die Destillation und die elektrische Kraft zum Antrieb der wenigen Motoren ist sehr gering. Die neuzeitlichen Anlagen sind so durchgebildet, daß nur mit sehr wenigen Arbeitskräften gerechnet zu werden braucht. Die Holzkohlentrocknung ist z. B. so angeordnet, daß die heißen Holzkohlen auf dem denkbar kürzesten Wege zu der Retortenfüllöffnung gelangen. Die Schwefelbeschickung ist ebenfalls sehr vereinfacht. Der Schwefel wird in besonderen Apparaten durch ausstrahlende Wärme kostenlos geschmolzen. Er fließt sichtbar in gleichmäßigem, regelbarem Strahl den Retorten zu, auf deren Boden er sofort verdampft. Die durch die glühende Holzkohle streichenden Schwefeldämpfe bilden unmittelbar den CS_2. Der gasförmige Schwefelkohlenstoff wird durch weite Rohre in sog. Vorlagen geleitet und verdichtet sich dort unter Wasser zu flüssigem Rohschwefelkohlenstoff. Er wird noch durch Schwefel, Schwefelwasserstoff und Holzkohlenteilchen verunreinigt, in Lagergefäße geleitet und stets unter Wasser gelagert. Die sich in der Vorlage sammelnden, nicht kondensierbaren Gase werden zusammen mit den bei der weiter unten beschriebenen Destillation des Schwefelkohlenstoffes anfallenden Gasen einer Absorption zugeführt. Ein gut übersichtliches Schema einer Schwefelkohlenstoffanlage zeigt die Abb. 9.

Um den Rohschwefelkohlenstoff von seinen Verunreinigungen zu befreien und ihn für die Viskoseseideherstellung brauchbar zu machen, muß er destilliert werden. Dies geschieht in einer kleinen Blase, welcher der Rohschwefelkohlenstoff ständig und sichtbar zufließt. Die Blase wird mit Dampf von $^1/_2$ Atm. beheizt. Die sich entwickelnden Schwefelkohlenstoffdämpfe gelangen in einen Röhrenkondensator, wo sie niedergeschlagen werden. In der Destillierblase bleibt der Schwefel zurück und wird ununterbrochen oder von Zeit zu Zeit daraus entfernt. Der flüssige, von Schwefel befreite, noch warme Schwefelkohlenstoff gelangt in einen Separator, in welchem der noch verbliebene Schwefelwasserstoff ausgetrieben wird. Darauf wird der Schwefelkohlenstoff in einem Röhrenkühler heruntergekühlt und durch einen Laugenreiniger geschickt, um die letzten Spuren von H_2S und Merkaptanen heraus-

zuwaschen. Der so erhaltene CS_2 ist von höchster technischer Reinheit;
die Bleiazetatprobe zeigt keinerlei H_2S an, der Schwefelgehalt beträgt
höchstens 0,004 vH, das spez. Gewicht ist 1,27.

Die unkondensierbaren Gase aus der Destillation und aus der Vorlage, in der Hauptsache Schwefelwasserstoff, enthalten noch manchmal
bis zu 20 vH Schwefelkohlenstoff. Um diesen zu gewinnen, werden die
Gase durch eine Absorptionsanlage geleitet; sie besteht aus eisernen
Türmen, in denen die Gase einem Ölstrom entgegengeführt werden, der
allen Schwefelkohlenstoff aufnimmt. Bei einer späteren Erhitzung des

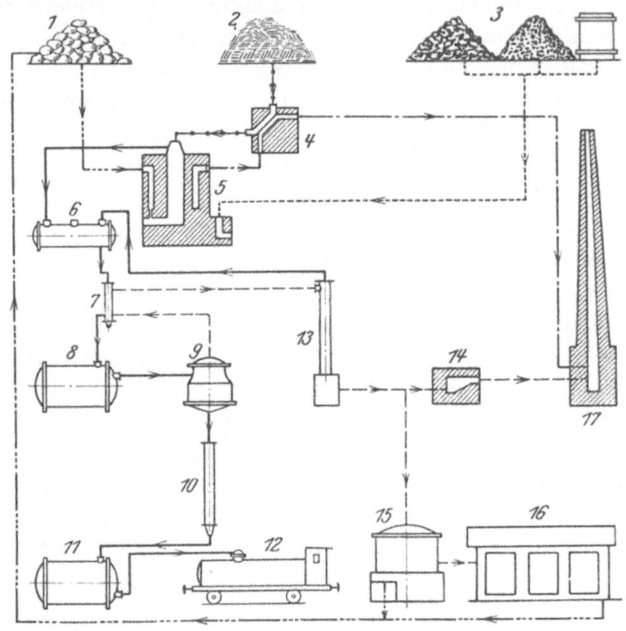

Abb. 9. Schema einer Schwefelkohlenstoffanlage.

Öles entweicht der Schwefelkohlenstoff wieder und wird verdichtet dem
Rohlager zugeführt. Die vom Schwefelkohlenstoff befreiten Endgase
enthalten 50—60 vH Schwefelwasserstoff. Diese Gase werden einem
Oxydationsofen (Claus-Ofen) zugeleitet, in welchem der Schwefelwasserstoff mittels Katalysator durch den zugeführten Luftsauerstoff in Schwefel und Wasserdampf zerlegt wird. Man gewinnt auf diese Weise 6—7 vH
der verwendeten Schwefelmenge zurück.

Die Anlage hat außer den kleinen Pumpen für den Ölumlauf keine
beweglichen Teile, deren Abdichtung infolge der fettlösenden Wirkung
des CS_2 schwierig ist. In der Anlage sind immer nur wenige 100 kg
Schwefelkohlenstoff ständig im Umlauf. Sie steht ständig unter 50
bis 60 mm WS-Druck, so daß ein Eintreten von Luft ausgeschlossen ist.

Der Betrieb wird ständig durch Thermometer und Schaugläser überwacht. Die Gasleitungen sind an den Übergangsstellen von einer Apparatur zur anderen durch Wasserverschlüsse unterbrochen.

Man stellt CS_2 auch in elektrisch beheizten Öfen her. Diese Anlagen arbeiten jedoch nach Angabe der Firma Zahn & Co nur dort wirtschaftlich, wo der elektrische Strom außerordentlich billig ist, z. B. wo die Kilowattstunde weniger als 1 Pfennig kostet.

Abb. 10 und 11 zeigen zwei zeitgemäße Schwefelkohlenstoffanlagen der Bauart Zahn. Auf Abb. 11 sieht man links das Retortenhaus mit der Vorlage, ferner die zu dem rechts befindlichen Destillationsgebäude führenden Schwefelkohlenstoff- und Gasleitungen, sowie an dem Destillationsgebäude die Öltürme der Absorption.

Abb. 10. Die Destillationsgebäude einer Schwefelkohlenstoffanlage.

Abb. 11 zeigt links das Retortenhaus. In den Anbauten sind die Vorlage und die Gaserzeuger untergebracht.

Schwefelkohlenstoff ist ein starkes Blut- und Nervengift. Das Einatmen der Dämpfe bewirkt Benommenheit, Blässe, Schlaffheit, örtliche Lähmungen, Herabsetzung der Reflexe, Bewußtlosigkeit, Unempfindlichkeit, Gliederschmerzen, Blindheit, Kopfschmerzen, Abmagerung, Schwindel, Neuritis, Gedächtnisschwäche, Stumpfsinn, Geisteskrankheiten usw. Besonders giftig wirkt Schwefelkohlenstoff auf Frauen. Diese sind daher Räumen, in welchen mit Schwefelkohlenstoff gearbeitet wird, fernzuhalten. Überall, wo Schwefelkohlenstoffdämpfe unvermeidlich sind, ist dauernd gewissenhaft zu ventilieren.

Abb. 11. Das Retortenhaus einer Schwefelkohlenstoffanlage.

b) Lagerung des CS_2. In Werken, wo mit größerem Verbrauch an Schwefelkohlenstoff zu rechnen ist, muß er in geschlossenen, gut verzinkten oder starkwandigen Bleirohrleitungen vom Vorratsbehälter in die Arbeitsräume befördert werden. Das Lagern von Schwefelkohlenstoff geschieht in großen Werken in eisernen, innen verbleiten bzw. stark verzinkten Kesseln, welche am besten in einer betonierten Grube unter

Wasser aufbewahrt werden, damit bei entstehenden Undichtigkeiten in den Kesseln der CS_2, der spezifisch schwerer ist als Wasser, sich unter ihm sammelt und von der Luft abgeschlossen bleibt. Das Schwefelkohlenstofflager ist außerhalb des Fabrikgebäudes (mindestens 15—25 m entfernt) anzulegen. Durch stark verzinkte Tauchrohre und geschlossene Rohrleitungen wird der Schwefelkohlenstoff bei Bedarf aus den Kesseln in der erforderlichen Menge in die Meßgefäße und von dort in die Sulfidiermaschinen geleitet.

Um die stark explosive, feuergefährliche Flüssigkeit aufzubewahren, aus den Transportfässern abzufüllen und in die Arbeitsräume zu befördern, wendet der Verfasser oft ein einfaches und sicheres Verfahren an, welches darin besteht, die Transportfässer mittels Gummischlauchheber in einen stehenden oder liegenden, vollkommen geschlossenen, verbleiten oder stark verzinkten Kessel zu füllen. Sind größere Mengen aufzubewahren, so können die Kessel und Gruben in Batterieform angeordnet werden. Die Gruben müssen mit einer leichten Ummauerung und Bedachung versehen werden, damit sie von der Außenwelt abgeschlossen sind. Selbstverständlich ist für natürliche Ventilation, Blitzschutzvorrichtung und Erdung der Kessel zu sorgen. Jeder Kessel muß neben der Abfüllöffnung, dem Tauchrohrstutzen zum Anschließen der Abzapfleitung, einem weiteren Stutzen zum Anschluß der Luftdruckleitung noch ein kleines Ventil zum Abblasen der komprimierten Luft und ein Mannloch haben. Der Kessel darf höchstens zu zwei Dritteln mit Schwefelkohlenstoff gefüllt werden. Zum Schutze gegen die Einwirkung der Druckluft wird der Schwefelkohlenstoff mit einer ca. 250—300 mm hohen Wasserschicht überdeckt, die auf dem Schwefelkohlenstoff schwimmt. Mit einer solchen einfachen und billigen Vorrichtung läßt sich Schwefelkohlenstoff ohne Gefahr lagern und mit Hilfe komprimierter Luft bequem in die Arbeitsräume transportieren.

Sicherer ist es natürlich, den Schwefelkohlenstoff anstatt mit Druckluft, mit Druckwasser aus den Lagerkesseln zu verdrängen und so zu den Sulfidiertrommeln zu befördern. Dieses Verfahren ist zur Zeit in den meisten Kunstseidenfabriken üblich. Beide Verfahren haben jedoch ihre Nachteile. Das Drücken mittels komprimierter Luft erfordert peinlichste Aufmerksamkeit und Gewissenhaftigkeit seitens des Bedienungspersonals. Es muß dauernd darauf geachtet werden, daß die auf dem Schwefelkohlenstoff schwimmende Wasserschicht in der genannten Höhe unverändert vorhanden ist. Nach Beendigung der Förderung ist der Druck abzublasen usw. Ein großer Nachteil der beiden Verfahren ist es, daß im Winter das Wasser gefrieren und dadurch viel Unheil anrichten kann. Ich hatte z. B. Gelegenheit, in einer Kunstseidenfabrik einen Vorfall zu erleben, der als typisch hingestellt werden kann. An einem kalten Wintertage kam ich gerade dazu, als ein Sulfidiermeister sich im Schwefelkohlenstofflagerhaus mit einer Lötlampe an einer Rohrleitung zu schaffen machte. Auf meine Frage, ob er sich der Gefahr bewußt sei, antwortete er, daß er wohl Bescheid wisse, doch könne nicht der ganze Betrieb stillgelegt werden, nur weil die Druckwasserleitung eingefroren sei. Im übrigen sei es nicht das erstemal, daß auf diese Weise geholfen werden müsse, und bisher sei ja noch nichts vorgekommen.

Nun will die Firma Martini & Hüneke alle diese Übelstände dadurch beheben, daß sie den Schwefelkohlenstoff mittels eines nichtoxydierenden Gases und somit unter Vermeidung der Bildung eines explosiblen Gemisches drückt. Dieses Verfahren hat die Firma zu einer tadellos arbeitenden Anlage ausgebaut. Das Verfahren besteht aus folgenden Sicherheitsmaßnahmen:

1. Anwendung nichtoxydierender Gase als Schutz gegen die Bildung explosibler Gemische, wie bereits vorher erwähnt;

2. selbsttätige Dichtigkeitskontrolle der Förderleitungen und Abschlußorgane durch Anwendung der Rohrbruchsicherung;

3. Zwangläufigkeit zwischen Flüssigkeitszapfung und Schutzgasnachtritt, die frei von allen Mechanismen ist und daher nie versagen kann.

Das Prinzip der Rohrbruchsicherung liegt in dem Gedanken, das flüssigkeitsführende Rohr mit einem zweiten Rohr zu umgeben und den Zwischenraum mit Fördergas anzufüllen (Abb. 12). Der so entstehende Gasmantel steht in unmittelbarer Verbindung mit dem Behälter. Undichtigkeitsquellen machen sich im Ruhezustand der Anlage durch

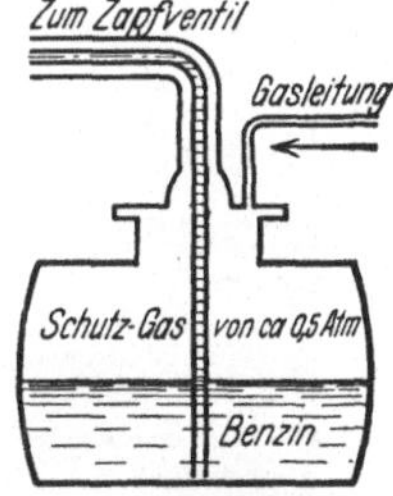

Abb. 12. Schema der Abdichtung der Förderleitungen.

Druckabfall sofort bemerkbar, während eine Zerstörung der Leitungen im Betriebszustand ein sofortiges Entweichen des Förderdruckes zur Folge hätte, wodurch die im Innenrohr stehende Flüssigkeit wieder in den Behälter zurücksinken würde, der unterirdisch im Erdreich eingelagert ist.

Das umstehende Bild (Abb. 13) veranschaulicht eine neuzeitliche Schwefelkohlenstoffanlage mit Gasdruckförderung nach dem System Martini & Hüneke. Der in Zisternen ankommende Schwefelkohlenstoff wird durch das Einlaßventil *1* unter Gefälle in den unterirdisch eingelagerten und mit Rostschutzisolierung versehenen Behälter *2* geführt. Die Vorratsmenge kann durch einen Schwimmerstandanzeiger jeweils leicht festgestellt werden. Aus dem Vorratsbehälter wird der Schwefelkohlenstoff durch die bruchsichere Überfülleitung *8* in den Tagesbehälter *9* hinübergeführt, dessen Inhalt meist so bemessen ist, daß er den Tagesbedarf der Fabrikation deckt. Die stehende Ausführung dieses Behälters erlaubt eine genaue Festlegung des Meßbereiches von Zentimeter zu Zentimeter, so daß der Tagesbehälter gleichzeitig auch zur Messung der verbrauchten Gesamtmenge dient. Als Meßorgan findet auch hier wieder ein Schwimmerstandanzeiger Verwendung, dessen Schauglasgehäuse in einem schmiedeeisernen Geschränk in der Nähe der Lagerung untergebracht ist. Von dem Meßbehälter führt eine bruchsichere Zapfleitung in die teilweise auch höher gelegenen

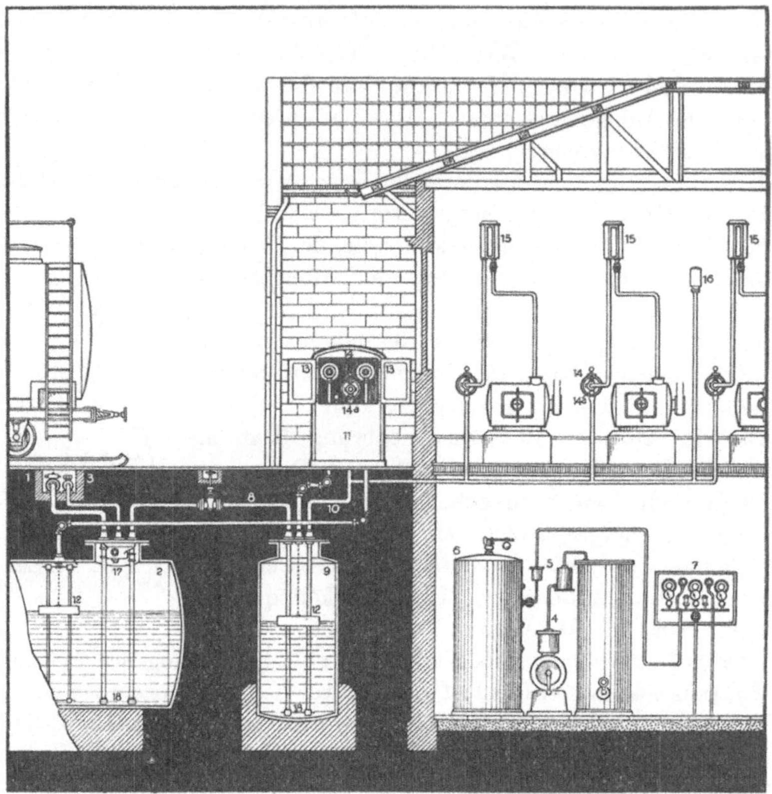

Abb. 13. Einrichtung einer neuzeitlichen Schwefelkohlenstoff-Förderanlage.
System **Martini & Hüneke.**

Fabrikationsräume. Die Notwendigkeit, den Sulfidiertrommeln eine genau begrenzte Menge Schwefelkohlenstoff zuzuführen, veranlaßte den Einbau selbstschließender Zapfventile in der Nähe der Sulfidiertrommeln. Wie die schematische Zeichnung zeigt, sind diese Ventile mit Meßgefäßen (*15*) verbunden, deren Inhalt durch eine verstellbare Meßeinrichtung so reguliert werden kann, daß jeweils die gewünschten Schwefelkohlenstoffmengen aufgenommen werden. Der beim Schließen der selbsttätigen Hebelzapfventile entstehende Flüssigkeitsstoß wird durch einen Windkessel (*16*) aufgenommen, der ebenfalls in bruchsicherer Ausführung geliefert wird.

Eine eigene Gaserzeugungsanlage, bestehend aus Pos. *4, 5, 6* und *7* ermöglicht die billige Herstellung der nichtoxydierenden Fördergase im eigenen Betrieb und macht damit die Anlage von einem Leihflaschenbezug unabhängig.

c) **Beseitigung des gasförmigen** CS_2. Zum Schluß wären noch einige Verfahren zur Beseitigung des gasförmigen Schwefelkohlenstoffs zu erwähnen. Beim Sulfidieren wird stets mit einem Überschuß an Schwefelkohlenstoff gearbeitet. Dieser Überschuß wird nach Beendigung der Reaktion aus der Sulfidiertrommel mittels Druck oder Absaugung entfernt. Handelt es sich nicht um große Betriebe, so können diese Gase direkt nach außen abgeblasen werden. Bei Großbetrieben könnten hierdurch jedoch verschiedene Schädigungen verursacht werden, und dieses einfache Verfahren ist aus diesem Grunde nicht anwendbar. Hier kommt Beseitigung oder Rückgewinnung in Frage. Es bestehen auf diesem Gebiet eine Reihe patentierter Verfahren. Ich will nur einige als Beispiele erwähnen[1]:

1. CS_2-Gase werden über Edelmetallkatalysatoren geleitet, die auf Asbest oder Kalk abgelagert sind[2].

2. Alkalizellulose vermag bei geringer Strömungsgeschwindigkeit des Gases CS_2 zu entfernen[3].

3. Alkalizellulose im Gemisch mit Kalk[4].

4. Mittels einer Aufschlämmung von Metalloxyden in Aminen unter Anschluß ionisierender oder lösender Verdünnungsmittel wird CS_2 aus Gasen entfernt[5]. Als Endprodukt verbleiben hierbei Thioharnstoffe und deren Derivate.

5. Der CS_2 wird aus Gasen durch Waschung mittels Anthrazenöl, Schwerbenzol und hochsiedenden Teerbasen mit einem Gehalt von 5 vH Anilin und 2 vH Schwefel absorbiert[6].

Auch Steinkohlenteer, Paraffin usw. vermögen CS_2-Gas zu absorbieren[7].

Der durch Ölwaschung aus den CS_2-haltigen Gasen entfernte Schwefelkohlenstoff kann durch Destillation zurückgewonnen werden. Ob ein Verfahren besonders für die Wiedergewinnung eines zur Sulfidierung geeigneten Schwefelkohlenstoffes für eine Kunstseidenfabrik rentabel ist, muß dahingestellt bleiben, ausgenommen in den Fällen, wo eine eigene Schwefelkohlenstoff-Erzeugungsanlage vorhanden ist.

---

[1] Nach O. Kausch: Schwefelkohlenstoff.   [2] DRP. 3785.

[3] Knoevenagel, E.: Gaebel **56**, 757—760.

[4] DRP. 250909.   [5] DRP. 216463.

[6] DRP. 119884, 120155, 121064.   [7] Funk, J.: Gaebel **53**, 869—871.

D. Wasser.

1. Allgemeines.

Als weiterer wichtiger Rohstoff bei der Viskoseherstellung ist das Wasser zu nennen; daher will ich diesen Hilfsstoff ebenfalls ausführlicher besprechen.

Es gibt Viskosefachleute, die von der Qualität des Wassers die gesamte Fabrikation beim Viskoseverfahren abhängig machen. In der Tat spielt die Beschaffenheit des Wassers eine hervorragende Rolle; indessen ist in der letzten Zeit die Wasserreinigung so vervollkommnet und verbilligt worden, daß man diesem Grundsatz nicht mehr beipflichten kann. Das Wasser muß selbstverständlich klar sein, d. h. es darf keine Schwebestoffe, wie z. B. fein suspendierten Ton, auch keine stark färbenden Humusverbindungen und keinen durch Fäulnis verursachten Geruch aufweisen. Die fast in jedem Brunnen — und auch Quellwasser- vorhandenen Kalzium-, Magnesium-, Aluminium- und Eisensalze sind für die Viskosefabrikation heute von geringerer Bedeutung, da sie leicht zu entfernen sind.

Je nach dem Arbeitsverfahren werden innerhalb 24 Stunden für ein Kilogramm Kunstseide etwa 2—3,5 m³ Betriebswasser benötigt, die größere Menge fällt natürlich auf die Morgen- und Nachmittagsstunden. Die Beschaffung des Wassers muß bequem und billig durchgeführt werden können. Man gewinnt es fast ausschließlich entweder aus dem Boden mittels Brunnen oder aus den Flüssen, Bächen und Seen. Die Gewinnung des Wassers mittels Brunnen ist nicht billig, auch nicht immer leicht. Oft liegen auch ungünstige Bodenverhältnisse vor, die einen hohen Salzgehalt und eine hohe Härte des gepumpten Wassers verursachen. Die Methode, das Wasser aus Flüssen, Bächen oder Seen zu pumpen, ist billiger und bequemer. Das gewonnene Oberflächenwasser ist meistens wenig salzhaltig und weich. Dagegen hat es die sehr unangenehme Eigenschaft, in bestimmten Jahreszeiten größere Mengen gelöster Humusstoffe und andere z. T. zersetzte organische Verbindungen zu führen, deren Entfernung schwierig und kostspielig ist. Es wird oft in Erwägung gezogen, ob es nicht rationeller ist, Brunnenwasser zu benutzen, dessen mineralische Verunreinigungen nach dem Kalk-Soda- oder Permutitverfahren entfernt werden. Die Beseitigung der organischen Verunreinigungen ist, wie bereits erwähnt, sehr schwierig und hauptsächlich sehr zeitraubend; auch erfordert sie große Reaktionsbehälter. In manchen Gegenden ist das Brunnenwasser alkalichloridreich, z. B. an den Ufern des Meeres, so daß nichts anderes übrigbleibt, als Oberwasser zu benutzen, wenn es auch einen beträchtlichen Teil organischer Bestandteile in Lösung enthält.

Bei der Herstellung von Gebilden aus Viskose braucht man zweierlei Wasser, nämlich

1. Wasser zur Viskosefabrikation selbst,

2. Wasser, das zum Waschen der fertiggestellten Zellulosegebilde gebraucht wird.

Das unter 1 genannte Wasser soll nach Möglichkeit chemisch rein sein, da die Zelluloseexanthogenatnatrium-Verbindung leicht mit etwa im Wasser gelösten Salzen reagiert. Wo reines Wasser nicht vorhanden ist, muß der zum Lösen der Viskose bestimmte Teil einer gründlichen Reinigung unterworfen werden. Sind nur Kalzium- und Magnesiumsalze, die sog. Härtebilder, in nicht zu großer Menge vorhanden, so lassen sie sich manchmal schon durch geringen Zusatz verdünnter Ätznatronlauge (Gelblauge) in der Wärme ausfällen und durch Filtration ausscheiden.

a) Enthärtung des Wassers nach den Kalk-Soda-Verfahren. Es empfiehlt sich, das zur Viskosefabrikation und zur Auflösung von Ätznatron benötigte Wasser nach dem Kalk-Soda-Verfahren chemisch zu reinigen, wobei man es leicht bis auf zwei deutsche Härtegrade von Härtebildnern befreien kann. Nach der Reinigung verbleiben im Wasser nur noch leicht lösliche Alkalisalze wie Natriumchlorid und Natriumsulfat. Der Enthärtungsprozeß ist aber unbedingt so durchzuführen, daß im Wasser nur noch Spuren von Alkalikarbonaten und sehr wenig Chloride verbleiben. Ein übermäßiger Alkalikarbonatgehalt kann in gewissem Grade eine Mattierung der Kunstseide hervorrufen. Übermäßiger Kochsalzgehalt erschwert dagegen die Filtration und das Verspinnen der Viskose.

Dieses chemische Reinigungsverfahren beruht auf Entfernung der vorübergehenden Härte, d. h. der Kohlensäure und der Bikarbonate des Kalkes und der Magnesia mittels Kalk (Kalziumhydroxyd), wobei die verbleibende Härte durch Sodazusatz beseitigt wird. Bei allen nach diesem Prinzip arbeitenden Verfahren wird in der Praxis der Ätzkalk dem Rohwasser in Form von gesättigtem Kalkwasser zugleich mit der erforderlichen Menge Soda (genau dosiert und dem jeweiligen Wasserdurchfluß angepaßt) zugeführt. Die Abb. 14 zeigt eine komplette Anlage nach dem Halvor-Breda-Verfahren. In einem kontinuierlich arbeitenden konischen Kalksättiger wird das zum Entfernen der vorübergehenden Härte notwendige gesättigte Kalkwasser hergestellt, und zwar in dem bekannten Lösungsverhältnis 1 : 778 (es muß natürlich beim Verlassen des Sättigers absolut wasserklar sein). In dem über dem Reaktionsraum befindlichen Laugenbehälter wird Soda in der notwendigen Konzentration gelöst. Die beiden Reagenzien gelangen mittels eines sinnreich konstruierten Dosierungsapparates mit dem Rohwasser (s. Abb. 15) durch ein Fallrohr in den unteren konischen Teil des Reaktionsraumes, das Gemisch steigt von dort nach oben, um dann in den geschlossenen Filter zu gelangen. Die größte Menge des Schlammes bleibt bereits in dem konischen Teil des Reaktionsraumes, aus welchem er von Zeit zu Zeit abgelassen wird. Der Filter hat den Zweck, die restlichen mitgerissenen Schlammteilchen abzusondern.

Um ein richtiges Funktionieren der Anlage zu erreichen, muß, wie bereits erwähnt, die Dosierung insbesondere des Kalkwasserzusatzes

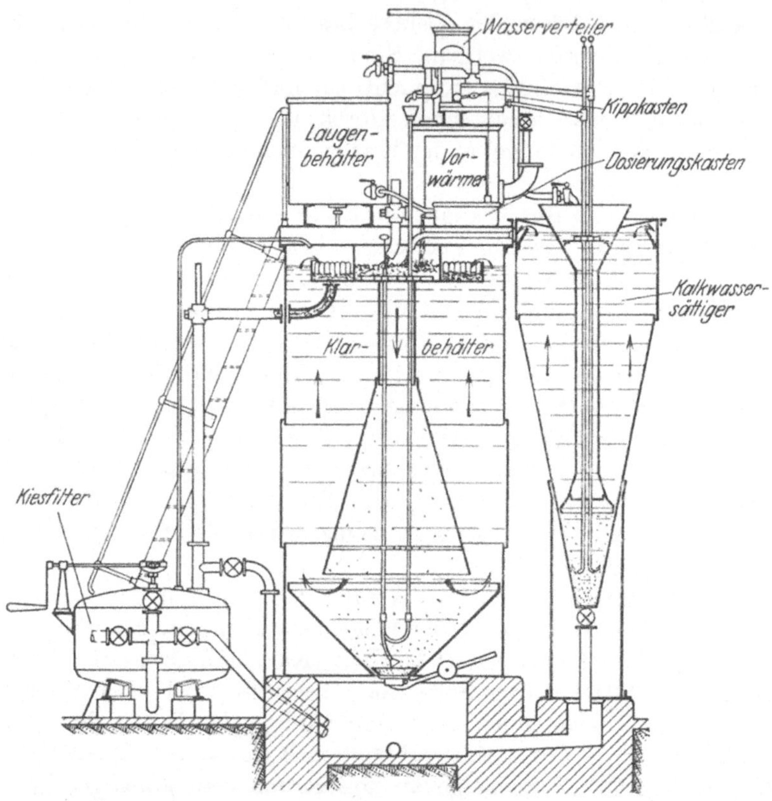

Abb. 14. Schnitt durch eine komplette Wasserreinigungsanlage. System Halvor-Breda.

genauest durchgeführt werden. Die Berechnung des erforderlichen Kalkwassers geschieht wie folgt: die je Liter ermittelten CO_2- und MgO-Werte werden mit dem Faktor 1,3 bzw. 1,4 multipliziert und das Resultat durch 10 dividiert, wodurch sie in Härtegrade umgerechnet und zu der temporären Härte zugerechnet werden. Man erhält auf diese Weise die pro Liter zuzusetzenden Milligramm 100 vH Ätzkalk, bzw. durch Multiplikation mit dem Faktor 1,25 die vom praktisch verwendeten 80 vH Kalk erforderliche Menge.

Man hat z. B. gefunden, daß das Wasser 52 mg CO_2 je Liter enthält, eine Gesamthärte von 16^0 und bei dieser Beschaffenheit eine Alkalinität von $18,2^0$ bei einem MgO-Gehalt von 11 mg je Liter hat, demnach also

$$52\,CO_2 \cdot 1,3 = 6,80^0$$
$$1\,MgO \cdot 1,4 = 1,54^0$$
$$18,2 - 2^0 = 16 \text{ temporäre Härte} = 16,00^0$$
$$\overline{24,34^0}$$

bzw. 243,4 mg 100 vH Ätzkalk oder $243 \cdot 1,25 = 303$ mg 80 vH Kalk auf einen Liter erfordert.

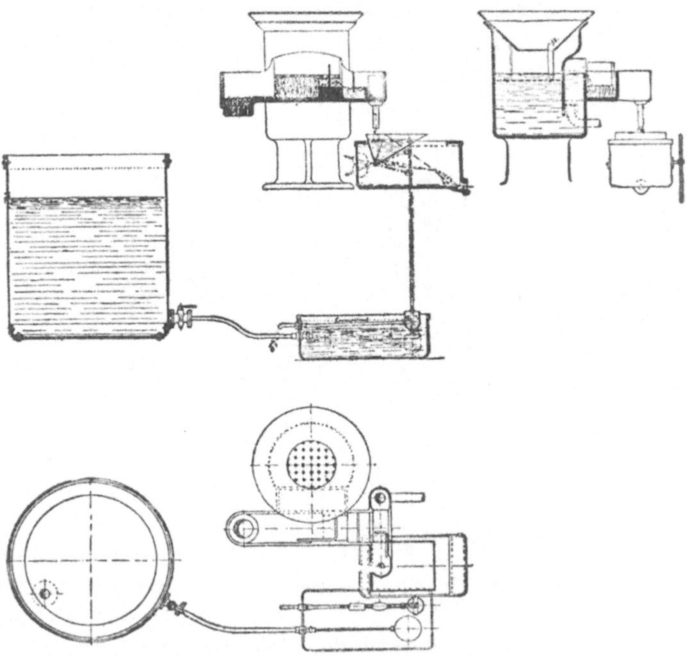

Abb. 15. Dosierungsapparat für Kalk und Soda der Wasserreinigungsanlage. System Halvor-Breda.

Die zur Beseitigung noch verbleibender Härte dienende Soda wird unter der Voraussetzung dosiert, daß für 1^0 verbliebener Härte 19 g wasserfreie Soda auf 1 cbm Wasser erforderlich sind.

b) Beseitigung der organischen Verunreinigungen. Benutzt man vielfach organische Bestandteile enthaltende Oberflächenwasser wie Fluß- bzw. Seewasser (Süßwasser), so wird das durch Kiesfilter vorgereinigte Rohwasser in dazu geeigneten Reaktionskesseln bzw. Behältern mittels Aluminiumsulfat von den organischen Bestandteilen befreit. Auch die temporäre Härte läßt sich mittels Aluminiumsulfat beseitigen nach der Gleichung

$$Al_2(SO_4) + 3\,Ca(HCO_3)_2 = Al(OH)_3 + 3\,CaSO_4 + 6\,CO_2,$$

wobei 40 g Aluminiumsulfat 10 g CaO oder 1 cbm Wasser von 1^0 temporärer Härte entsprechen.

Da insbesondere die Fällung der löslichen organischen Bestandteile des Wassers sehr träge verläuft und oft mehrere Stunden erfordert, ist es ratsam, diese Art der chemischen Reinigung warm durchzuführen. Aluminiumsalze sind bekanntlich für die Herstellung der Viskose äußerst schädlich, deshalb wird der Überschuß dieses Salzes mittels Natriumphosphat (auch Natriumthiosulfat) beseitigt. Die schleimigen voluminösen Niederschläge werden nach Durchführung der Reaktion mittels geschlossenen Filters beseitigt. Einen solchen Filter zeigt Abb. 16. Die meist mit Marmorgrieß gefüllten, geschlossenen Filter sind für eine solche Wasserreinigung besonders geeignet, da es möglich ist, das gereinigte Wasser durch eine Pumpe in das Verbrauchsnetz bzw. in den Hochbehälter zu drücken.

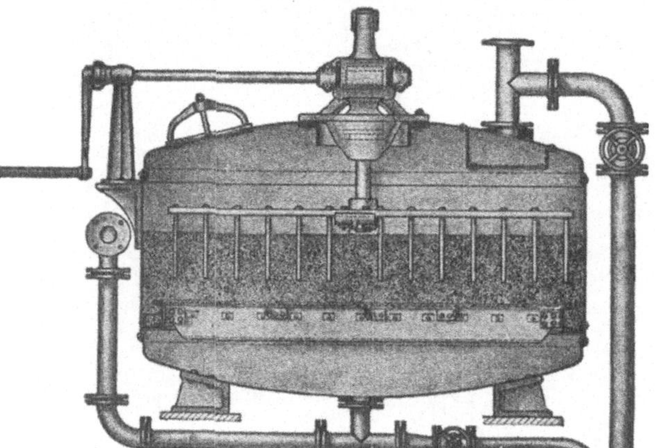

Abb. 16. Geschlossener Filter für Wasserreinigung. System Halvor-Breda.

Das für Waschzwecke nötige Wasser kann, wenn es nicht durch Humusverbindungen oder Fäulnisprodukte verunreinigt ist, mit Hilfe von Filtrier- und Enthärtungsanlagen so weit gereinigt werden, daß es ohne Nachteil verwendet werden kann.

Die Enthärtung dieses Wassers geschieht am besten nach dem Permutitverfahren, bei welchem dem Wasser die gesamte Härte entzogen wird nach der Gleichung

$$P \cdot Na_2 + Ca(HCO_3) = 2NaHCO_3 + P \cdot Ca \quad \text{oder}$$
$$P \cdot Na_2 + CaSO_4 = Na_2SO_4 + P\ Ca.$$

c) **Enthärtung und Reinigung des Wassers mittels Elektrizität.** Sehr interessant sind die in der letzten Zeit mit Erfolg aufgenommenen Versuche, das Wasser mittels der elektrischen Stromes, also auf elektrisch-mechanischem Wege zu reinigen. Diese Art der Reinigung hat den großen Vorteil, daß nicht nur die Härtebilder, sondern auch leicht lösliche Salze, wie z. B. Chloride (sehr wichtig) entfernt werden. Bis jetzt gelang dies nur mittels der sehr kostspieligen Destillation. Dieser unangenehme Umstand erhellt aus der Tatsache, daß das Wasser auf 100^0 C erhitzt bzw. in Dampfform übergeführt werden muß. Um 1 cbm Wasser zu verdampfen, benötigt man einen Energieaufwand von ca. 750 kWh. Man destilliert zur Gewinnung größerer Mengen chemisch reinen Wassers in Mehrfachverdampfapparaten, welche direkt geheizt werden. Es ist auch versucht worden, die Destillation dadurch wirtschaftlicher zu gestalten, daß man die Wärmeenergie noch anderweitig ausnutzte. Trotzdem ist es nicht gelungen, das Verfahren zu verbilligen.

Es ist nun gelungen, durch Anwendung elektrischer Methoden diese Wasserreinigung wesentlich vorteilhafter zu gestalten. So hat die Elektro-Osmose-G. m. b. H. Apparate gebaut, welche die Entsalzung des Wassers auf elektro-osmotischem Wege ermöglichen. Sie verwendet Zellen, in welchen das zu reinigende Wasser zwischen zwei Diaphragmen, die eine Dreiteilung der Zellen bewirken, durchgeleitet wird. In den beiden außen liegenden Zellen sind die Elektroden angeordnet. Das Verfahren soll tatsächlich sehr reines Wasser liefern und der Energieaufwand (natürlich abhängig von dem Salzgehalt des Wassers) etwa 20 W je 1 l bei einem Salzgehalt von 150 mg und 100 W bei einem Salzgehalt von 600 mg betragen.

Hat man sehr große Wassermengen zu reinigen, so spielt der Energieaufwand eine bedeutende Rolle. In diesem Falle arbeitet man mit einer niedrigen Spannung, etwa 7—18 V je Zelle, und kann die Entsalzung mit 1—12 kW je Kubikmeter durchführen. Benötigt man das elektrolytisch gereinigte Wasser in kleineren Mengen, so wird mit höherer Spannung gearbeitet, etwa 36—50 V je Zelle. Diese Spannungen kommen nur für geringere Tagesleistungen, z. B. 200 V in Frage, ermöglichen aber den Gebrauch einer billigeren Apparatur. Der größte Vorteil der Reinigung des Betriebswassers auf elektrischem Wege besteht in der Gewinnung eines chemisch absolut reinen Wassers, wie es auf dem Wege der Destillation nicht in gleichem Maße erreicht werden kann.

Es ist zu empfehlen, zweimal im Jahre eine Analyse des Wassers auszuführen, da auch bei Brunnenwasser die Jahreszeit die Wasserbeschaffenheit beeinflußt. Die Härteuntersuchung muß dagegen mindestens einmal wöchentlich vorgenommen werden.

II. Herstellung der Viskose.

Die Viskoseherstellung besteht aus einer Anzahl von Arbeitsgängen:

1. Der Zellstoff wird in Alkalizellulose übergeführt, die man einer „Vorreife" unterwirft;

2. die Alkalizellulose wird „sulfidiert", d. h. in die Zellulosexanthogenatnatriumverbindung übergeführt;

3. das Xanthogenat wird zu Viskose gelöst;

4. die Viskose wird filtriert;

5. reifen gelassen.

An diese Hauptoperationen können sich noch Nebenarbeiten, anschließen. Die Art der Durchführung jeder Phase richtet sich ganz nach dem Verwendungszweck der Viskose. Im folgenden soll die Herstellung von Viskose unter besonderer Berücksichtigung der Kunstseidenfabrikation besprochen werden.

A. Herstellung der Alkalizellulose (Merzerisation).

a) **Allgemeines.** Zunächst ist zu bemerken, daß der zur Herstellung der Viskose verwendete Zellstoff kein einheitliches Produkt darstellt. Abgesehen von den Verunreinigungen, welche in größeren oder kleineren Mengen jedem Zellstoff anhaften, ist auch seine α-Zellulose keineswegs einheitlich. Sie stellt vielmehr ein wechselndes Gemenge von verschiedenen Arten resistenter Zellulose dar, die verschiedene chemisch-physikalische Eigenschaften aufweisen. Zelluloselösungen, die aus verschiedenartiger α-Zellulose hergestellt werden, müssen in ihren Eigenschaften und Verhältnissen ebenfalls die gleiche Verschiedenartigkeit aufweisen.

b) **Theoretisches.** Die Herstellung der Alkalizellulose ist für die Qualität der fertigen Viskose von ausschlaggebender Bedeutung. Die sorgfältige und richtige Durchführung dieses Prozesses ist somit für die ganze Fabrikation von größter Wichtigkeit.

Die Theorie der Merzerisation ist trotz umfangreicher Erörterungen in der neuen Literatur noch nicht in allen Einzelheiten geklärt.

Gelegentlich eines wissenschaftlichen Versuches beim Filtrieren starker Natronlauge durch Baumwollzeug beobachtete Mercer im Jahre 1844, daß das Baumwollgewebe bei Berührung mit Natronlauge von etwa 27 vH eine starke Quellung erleidet, wobei die Zellulosefaser stark schrumpft bzw. sich verkürzt. Die so behandelte Baumwolle erwies sich nach dem Auswaschen der Lauge als schwerer und dichter, besaß eine erhöhte Zerreißfestigkeit und Farbaffinität und hatte 4,5 bis 5,5 vH Wasser (Hydratationswasser) aufgenommen. Erwärmen der Lauge zeigte Verlangsamung der Erweichung, Abkühlung dagegen Beschleunigung.

Betrachtet man die α-Zellulose nicht als ein Gemenge von mehr oder weniger feinen Fasern, sondern als einen massiven Körper, so erkennt man, daß die Zellulose bezüglich ihrer physikalischen Eigenschaften eine wenig elastische, harte und hornige Substanz darstellt. Diese Hornigkeit der Zellulosemasse, welche sich insbesondere an deren Oberfläche ausprägt, ist typisch für diese Substanz und wäre eventuell zu vergleichen mit der Oberfläche eines wenig elastischen, harten Pergamentpapiers. Eine der Hauptursachen für die Widerstandsfähigkeit der Natur- bzw. gewachsenen Zellulose gegen chemische Angriffe ist in dieser Hornigkeit zu finden.

Die Auflockerung der Zellulose erfolgt auf die primitivste Art durch Erweichen in Wasser, was man auch als Quellung bezeichnet.

Nach der Hypothese von Nägeli versteht man unter Quellung das Eindringen von Wasser zwischen die einzelnen Mizellen der Zellulosesubstanz. Der feste Zellulosekörper nimmt an Größe zu, er quillt. Das Quellungswasser gelangt also zwischen die Mizellen und dringt dann in sie ein.

Verwendet man kein reines Wasser, sondern vorzugsweise konzentrierte Lösungen von Alkalien, wie es Mercer getan hat, so wird die Quellung der Zellulose beschleunigt und dabei bedeutend erhöht. Nach J. R. Katz[1] soll bei Erreichung der sog. Verbindungskonzentration das Quellungsmittel durch Röntgenspektrum nachweisbar sein, und zwar verschwindet das Diagramm der Zellulose und statt dessen treten neue intensive Interferenzen am Äquator auf, welche nach Heß kurz „Alkalizellulosestreifen" genannt werden.

Die Veränderung im Röntgenspektrum zeigt, daß das Quellungsmittel auch in das Gittergefüge der einzelnen Mizellen eindringt und es umbildet.

Nach Heß soll für jede Laugenkonzentration eine bestimmte Temperatur bestehen, bei welcher alle Zellulosemizellen ihr ursprüngliches Gitter verloren haben. Diese Erscheinung tritt bei 37° C am stärksten hervor. Hierbei verändert sich der Kristallgitterbau der Mizellen vollkommen, d. h. er wird unregelmäßig; während bei der Quellung in Wasser bei Entziehung des Quellmittels eine Rückkehr zur alten, d. h. ursprünglichen Gestaltung des Kristallgitterbaues eintritt, ist dies bei Anwendung von starker Lauge nicht mehr der Fall.

Wird die Behandlung mit dem Alkali unter Spannung durchgeführt, so benötigt man zur Erreichung der Gitterveränderung in allen Mizellen eine stärkere Lauge als in nicht gespanntem Zustande.

Die Veränderungen im Gittergefüge der Zellulose treten am deutlichsten hervor, nachdem alle Zellulose zu der Gladstoneschen Verbindung $(2 \times C_6H_{10}O_5 .)NaOH$ umgesetzt ist.

Nach Vieweg, wie auch von Karrer bestätigt wurde, werden mit steigender Laugenkonzentration steigende Alkalimengen von der Zellulose aufgenommen. Die Kurve der aufgenommenen Alkalimengen zeigt jedoch zwei Knick- und Ruhepunkte, bei welchen innerhalb bestimmter Grenzen eine Konstanz der aufgenommenen Alkalimenge unabhängig von der steigenden Laugenkonzentration herrscht. Wie die nachstehend wiedergegebene Tabelle Viehwegs[2] über die Aufnahme von Natron durch Zellulose aus Laugen verschiedener Konzentration zeigt, liegt der

---

[1] Das Problem der Quellung der Zellulose und ihrer Derivate. Zellulose-Chemie **1930**, H. 2.

[2] Entnommen aus Hottenroth: Die Kunstseide.

erste Ruhepunkt in der Kurve zwischen den Laugenkonzentrationen von etwa 16—24 vH, der zweite bei etwa 35—40 vH.

Laugen-konzentration 100 ccm enthalten NaOH	NaOH in 100 g Zellulose	Laugen-konzentration 100 ccm enthalten NaOH	NaOH in 100 g Zellulose
g	g	g	g
0,4	0,4	20,0	13,0
2,0	0,9	24,0	13,0
4,0	2,7	28,0	15,4
8,0	4,4	33,0	20,4
12,0	8,4	35,0	22,6
16,0	12,6	40,0	22,5

Die bei dem ersten Ruhepunkt aufgenommenen etwa 13 vH Lauge entsprechen somit dem Mengenverhältnis von 1 Molekül NaOH auf 2 Moleküle $C_6H_{10}O_5$ (berechnet auf 1 Molekül $C_{12}H_{20}O_{10}$ werden verlangt 12,34 vH NaOH).

Durch die Quellung in Ätznatron wird die Zellulose außerordentlich plastiziert; sie wird kautschukartig und reaktionsfähig.

Auf Grund der Veränderung des Röntgenspektrums nimmt K. Heß als sicher an, daß nicht nur physikalische Umbildungen der Zellulose bei der Quellung in Natronlauge stattfinden, sondern auch eine chemische Bindung erfolgt.

Nach Hottenroth bleibt allerdings unentschieden, ob sich das Alkali mit der Zellulose unter Alkoholatbildung, also unter Austritt von 1 Molekül Wasser zu einer Verbindung $C_{12}H_{19}O_9ONa$ vereinigt, oder ob es sich nur um eine Addition handelt entsprechend der Formel $C_{12}H_{20}O_{10} \cdot NaOH$.

Ich bin der Ansicht, daß bei der Quellung der Zellulose in Alkali in erster Linie eine Addition des NaOH-Moleküls stattfindet, und daß dieser physikalische Vorgang erst nachträglich und allmählich in den chemischen Prozeß des Aufeinanderreagierens der beiden Substanzen übergeht.

Schon im Jahre 1913 habe ich in meinem Artikel „Zur Merzerisation der Sulfitzellulose für Viskose" in der Zeitschrift „Kunststoff" darauf hingewiesen, daß auf die Quellung der Zellulose in Alkali eine gewisse Spaltung der großen Zellulosemoleküle (Kriställchen), von mir „Depoly-merisation" genannt, folgt, worauf nach längerem Einwirken, auch unter Luftabschluß, ein Abbau des Zellulosemoleküls und zwar bis zur Kohlensäure stattfindet. Die Depolymerisation wäre somit als dasjenige Stadium zu betrachten, in welchem das Quellungsmittel in das Gitter-gefüge, es physikalisch verändernd, einzudringen beginnt (entgegen der einfachen Quellung, bei welcher sich das Quellungsmedium zwischen den einzelnen Mizellen einlagert); ebenso beginnt der Abbau zu weitgehen-der chemischer Veränderung des Zellulosemoleküls infolge zu energischen

Angriffes des Quellungsmittels nach erfolgtem Eindringen in das Gittergefüge der Mizelle.

Nachdem das Quellungsmedium durch Eindringen in das Gittergefüge der fadenförmigen Mizelle in der Zellulosesubstanz physikalisch, oder besser chemisch-physikalisch, mehr oder weniger fest verankert ist, hat die Zellulosemasse eine hohe chemische Reaktionsfähigkeit gegen geeignete Reagenzien erlangt.

Erstens können neue Zelluloseverbindungen entstehen durch Einwirkung von Stoffen, welche mit dem Quellungsmittel leicht Verbindungen eingehen. Als solche Zelluloseverbindung, welche naturgemäß sehr unbeständig ist, wäre die Viskose anzusehen.

Im zweiten Falle wird das in das Gitter der Mizelle eingedrungene Quellungsmedium nur als Brücke benutzt. Die Reagenzien dringen mit dem Quellungsmittel in die Mizelle, reagieren dort mit den entsprechenden Gruppen des Zellulosemoleküls, verbinden sich mit ihnen, oder zertrümmern das Molekül, Abbauprodukte der Zellulose liefernd, z. B. Glykose usw.

Beim Lagern nimmt der Natriumkarbonatgehalt der Alkalizellulose zu und der Gehalt an resistenter Zellulose ab. Alkalizellulose, die bei 23° C 72 Stunden aufbewahrt worden war, zeigte bei mikroskopischer Untersuchung noch die Struktur der mitunter schwach gedrehten Fasern des Sulfitzellstoffes; die meisten Fasern waren indessen rund und an der Oberfläche eingeätzt. Die Analyse dieser Alkalizellulose ergab:

α-Zellulose . . . . . . 24,50 vH
NaOH . . . . 13,64 vH $\Big\}$ gesamtes Alkali 15,36 vH.
Na_2CO_3 . . . . 1,72 vH

Nach $2^1/_2$ Jahre langer Aufbewahrung im hermetisch verschlossenen Glase zeigte die Alkalizellulose eine pastenartige Struktur; die faserige Beschaffenheit der Zellulose war bei mikroskopischer Untersuchung fast nicht mehr zu sehen. Einzelne noch sichtbare Faserbruchstücke erwiesen sich als leicht zerreiblich. In Wasser und Alkohol war die Masse unlöslich, mit Schwefelkohlenstoff bildete sie schnell ein dunkelbraunes, wäßriges Xanthogenat. Bei der Fällung mit Säuren lieferte die aus dem Xanthogenat hergestellte Viskose keine zusammenhängenden Gebilde, sondern lose Flocken. Die chemische Zusammensetzung der veränderten Alkalizellulose war

Zellulose . . . . 19,0 vH
NaOH . . . . 6,6 vH $\Big\}$ gesamtes Alkali 18,0 vH.
Na_2CO_3 . . . . 11,4 vH

Das Beispiel möge zur Bestätigung des oben Gesagten dienen. Beim Abbau des Zellstoffes entstehen also Kohlensäure bzw. Karbonate und Wasser.

Die Depolymerisation der Zellulose hängt nicht nur von der Einwirkungsdauer des Alkalis und der Laugentemperatur ab, sondern wie kürzlich entdeckt, auch von der Gegenwart von Sauerstoff, und zwar besitzen sowohl Luftsauerstoff wie auch leicht Sauerstoff abspaltende Verbindungen die Eigenschaft, das Zellulosemolekül bei Gegenwart von Alkali weitgehend abzubauen. Am 20. Januar 1915 ist in Österreich der Firma Courtauld Ltd. unter der Nr. 82086 ein Patent erteilt worden, welches die Lagerung der zur Viskoseherstellung bestimmten Alkalizellulose, die sog. „Vorreife", auf Grund dieser Erkenntnis überflüssig machen soll.

Nach Vieweg[1] hat mit Alkali behandelte Zellulose die Fähigkeit und Neigung sich zu depolymerisieren. Während das beim Eintauchen der Zellulose in ca. 18 vH Natronlauge entstehende Produkt der Formel $(C_6H_{10}O_5)_2NaOH$ entspricht, soll beim Auspressen der getauchten Alkali-Zellulosen die Verbindung $(C_6H_{10}O_5)_3NaOH$ entstehen, welche auch bei längerer Einwirkung des Alkalis in ihrer Zusammensetzung nicht verändert wird. Diese Erkenntnis bestätigt die Annahme, daß im ersten Stadium eine Addition des Alkalis an Zellulose, später eine Reaktion damit stattfindet.

Der Tränkungsprozeß wird von einer geringen Wärmeabsorption begleitet, eine Änderung des Reduktionsvermögens der Zellulose tritt nur in untergeordnetem Maße auf; die folgende Tabelle zeigt die Veränderung der Konzentration und der Temperatur der Lauge beim Merzerisieren von Sulfitzellstoff:

Dauer der Behandlung Min.	Konzentration Gew. vH	Temperatur ° C	Dauer der Behandlung Min.	Konzentration Gew. vH	Temperatur ° C
1	18,11	20,3	75	17,61	19,2
15	18,01	19,6	90	17,44	19,0
30	17,92	19,5	105	17,43	18,9
45	17,72	19,4	120	17,31	18,8
60	17,70	19,3	135	17,27	18,7

Während der Dauer des Prozesses nimmt also die Konzentration der Lauge um 0,84 Gew. vH, die Temperatur um 1,6° C ab.

Von welch großer Bedeutung die Temperatur bei der Merzerisation auf die Veränderung der Zellulose ist, kann man besonders aus dem Quellvorgang ersehen, denn je höher die Temperatur ist, um so schwächer ist die Quellung, und je tiefer die Temperatur sinkt, um so stärker wird die Quellung.

Die Zellulose wird durch Alkali auch chemisch beeinflußt, was daraus hervorgeht, daß bei Behandlung der Zellulose mit Natronlauge nicht nur die in Laugen löslichen Verunreinigungen, sondern zum Teil auch die α-Zellulose in Lösung geht.

---

[1] Ber. Hauptvers. d. Vers. d. Zellst. u. Pap. Chem. u. Ing. **1921**, 70.

Auf Grund der Feststellungen von J. d'Ans und A. Jäger löst sich ein beträchtlicher Teil der Zellulose bei Berührung mit Natronlauge. Ein ausgesprochenes Maximum dieser Fähigkeit wird bei 23° C erreicht.

Zellstoff.

Konzentration der Natronlauge	Gelöste Menge der Zellulose je 100 g Zellulose	Konzentration der Natronlauge	Gelöste Menge der Zellulose je 100 g Zellulose
8,0	1,7	28,0	2,8
12,0	6,7	31,0	2,2
16,5	4,4	35,2	1,3
19,7	3,3	38,6	0,1
24,0	2,9	43,4	—

Aus der Tabelle[1] ersieht man, daß bei der erwähnten Temperatur von 23° C das Maximum der Löslichkeit des Zellstoffes bei etwa 12 vH NaOH liegt. Zur Durchführung der Versuche wurden 4 g Zellstoff mit 80 cm³ Natronlauge behandelt.

Obige Ausführungen haben gezeigt, daß die Merzerisation des Sulfitzellstoffes ein höchst komplizierter, von den verschiedensten Faktoren abhängiger Vorgang ist. Nicht nur Unterschiede in der Qualität des zur Verarbeitung gelangenden Zellstoffes und der Natronlauge verursachen weitestgehende Veränderungen und Verschiebungen in dem Prozeß, sondern auch die Art der Durchführung der Merzerisation ist von großer Bedeutung für die weiteren Reaktionen und Eigenschaften der erhaltenen Produkte.

c) Praxis der Alkalizellulose-Fabrikation. Obwohl besonders in der letzten Zeit auch die theoretischen Erkenntnisse erwogen und berücksichtigt worden sind, beruht die praktische Durchführung der Merzerisation doch noch zum größten Teil auf der Empirik. Da in den Viskose verarbeitenden Fabriken aus wirtschaftlichen Gründen die Auswertung der gesammelten Erfahrungen noch immer die Hauptrolle spielt und spielen muß, so unterscheiden sich die Produkte der einzelnen Kunstseidenfabriken durch mehr oder weniger stark hervortretende Abweichungen, wenn auch im Prinzip bei allen die gleichen Arbeitsgänge angewendet werden.

d) Vortrocknung des Zellstoffes. Der Sulfitzellstoff wird, wie bereits erwähnt, von den Fabriken gewöhnlich in lufttrockenem Zustande geliefert. Beim Transport, insbesondere beim überseeischen, zieht indessen der Zellstoff noch beträchtliche Mengen Wasser an, und oft steht dem Viskosechemiker ein Zellstoff mit 20 und mehr vH Feuchtigkeit zur Verfügung. Der Wassergehalt der Zellulose schwankt oft selbst bei Probeentnahme aus dem gleichen Ballen erheblich. Um gleichmäßige und leicht verarbeitbare Viskosen zu erhalten, ist man daher gezwungen, den Zellstoff vorzutrocknen.

---

[1] Entnommen K. Heß: Die Chemie der Zellulose.

Zu diesem Zweck werden die Zellstoffblätter in einem gut ventilierbaren Raum auf gitterartigen Lattenholzgestellen lose mit Zwischenräumen aufgestellt und etwa 24 Stunden bei 50° getrocknet. Es ist ratsam, vorgewärmte Luft mit Hilfe eines Ventilators am Boden des Trockenraumes einzublasen; die feuchte Luft entweicht durch geeignete Klappen an der Decke des Raumes. Nach 24stündiger Trocknung wird der Zellstoff, der noch 6—8 vH Wasser enthält, der Trockenkammer zur Weiterverarbeitung entnommen. In der letzten Zeit haben verschiedene Maschinenfabriken zur Trocknung der Zellstoffblätter sinnreiche Maschinen, zum Teil mit automatischer Beschickung und Entleerung, konstruiert. Sie können, falls für Zirkulation einer genügenden Menge vorgewärmter Luft gesorgt ist, ebenfalls mit Erfolg verwendet werden. (Eine derartige Maschine zeigt Abb. 17.) Als Bandtrockner ausgebildet[1],

Abb. 17. Bandtrockner für Zellstoffblätter. System Friedrich Haas.

vermag diese Maschine bei einem Dampfverbrauch von 1,3—1,7 kg, je nach dem Gehalt an WE des zur Trocknung verwendeten Dampfes, 1 kg Wasser zu verdunsten.

Das Trocknen der Zellstoffblätter bei höherer Temperatur als 60° C ist zu vermeiden, da zu stark getrocknete Blätter infolge ungleichmäßiger Quellung die Ätznatronlauge schlecht und nicht gleichmäßig aufnehmen. Die hornige Oberfläche der Zellulose verhindert das Eindringen der Lauge in die engen Zwischenräume der Mizellen. Die ungleichmäßige Quellung kann man besonders deutlich bei Verarbeitung der erzeugten Alkalizellulose auf Viskose erkennen. Man erhält hierbei unhomogene Viskose, die mit all den Nachteilen behaftet ist, welche eine normale und gute Viskose nicht zeigen darf. Hieraus ergibt sich, daß ein gewisser Wassergehalt in der Zellulose vorhanden sein muß,

---

[1] Patent Friedr. Haas, Lennep (Rhld.).

um eine gleichmäßige Quellung in der Tauchlauge zu gewährleisten. Das die Zellulosemizellen in gewissem Sinne auseinanderschiebende Wasser vermindert die Kohäsion der Mizellen und erleichtert dadurch das Eindringen der Lauge in die Zwischenräume der Kriställchen. Es wird somit weniger eine Trocknung als ein Ausgleichen der Feuchtigkeit innerhalb der Zellulose herbeigeführt. Zellstoff mit verschiedenem Feuchtigkeitsgehalt ergibt nach der Merzerisation stets ungleichmäßige Alkalizellulose.

e) Vortrocknung des Zellstoffs ohne künstliche Heizung. Wie oben erwähnt, gelangen die Zellstoffblätter mit 6—8 vH Feuchtigkeitsgehalt zur Merzerisation. Um eine gleichmäßige Alkalizellulose zu erhalten, muß man stets dem Prinzip folgen: „Nur gute Vorbereitung des Rohstoffes bedingt gute Arbeit." Da in der letzten Zeit der Zellstoff von den Zellstoffabriken mit einem Feuchtigkeitsgehalt von nicht über 10 vH geliefert wird, so kommt es weniger auf eine Trocknung als auf einen präzisen Ausgleich der Wassermenge innerhalb des Zellstoffes an. Zu diesem Zwecke eignen sich meiner Ansicht nach die Papierausgleichstrockner besser als die eigentlichen Kanaltrockner der oben beschriebenen Art. Diese Apparate haben den großen Vorzug der Einfachheit und Billigkeit im Betrieb, da sie keine vorgewärmte, sondern Raumluft zur Trocknung verwenden. Auch ist der Ausgleich der Feuchtigkeit in den

Abb. 18. Ein Ausgleichstrockner für Zellstoffblätter. System Grüter, Grage & Co.

Einzelblättern des Zellstoffes, da sie mit entsprechenden Zwischenräumen voneinander hängen, ein bedeutend besserer, als er mittels anderer bekannter Trockenmaschinen erreicht werden kann. Das einfache Aushängen der Bogen im Raume genügt bereits, kostet aber nutzbaren Platz; die Arbeit auf ständig an einem andern Ort benötigten Leitern ist mühsam und umständlich, die Papiere können beschädigt und beschmutzt werden und die für das Aufhängen erforderlichen Klammern lassen bei Erschütterungen die Blätter fallen, was natürlich zu Verlusten führt. Wenn man alle diese Mängel vermeiden will, so sind mechanische Trockenanlagen erforderlich; je nach der Größe des Betriebes genügt entweder eine Aufhängevorrichtung ohne Luftbewegung, oder man wählt einen Trockner mit Luftumwälzung (wie solche von der Firma Grüter, Grage & Co. gebaut werden). Bei der Aufhängevorrichtung nach Abb. 18 ist das Aufhängen der Bogen im Arbeitsraum an unzureichenden Klammern vermieden. Man befestigt die Anlage an der Decke des Raumes, sie nimmt also keinen nutzbaren Raum in Anspruch, ebensowenig stört sie die unter ihr arbeitenden Maschinen.

Im Prinzip ist der Trockner ein endloser Transporteur, der an dem einen Ende beschickt, am anderen entleert wird. In einem schmiedeeisernen Traggerüst, dessen Form sich der Deckenkonstruktion anpaßt, laufen zwei parallele, endlose Ketten. Laufrollen sind in regelmäßigen Abständen in die Ketten eingebaut und bewegen sich in den zugehörigen Laufschienen des Traggerüstes. Den Laufrollenabständen entsprechend sind die beiden Ketten durch Traversen verbunden, und an den Traversen sind die eigentlichen Aufhängevorrichtungen pendelnd montiert. Je zwei Traversen bilden eine Aufhängegruppe mit 29 Doppelklammern, deren Zahl nach Bedarf vergrößert oder verkleinert werden kann. Die Länge des Transporteurs wird durch den vorhandenen Raum bestimmt. Eine Spannvorrichtung hält die beiden Ketten stets in gleichmäßiger Spannung. Besondere Sorgfalt ist auf die Durchbildung der Aufhängeklammern verwendet. Mittels eingebauter Daumenklammern, bei denen jeder Daumen eine selbsttätige Feder hat, die so angeordnet ist, daß kein besonderer Handgriff beim Ein- und Aushängen der Bogen nötig ist, werden die Platten festgehalten. Durch leichtes Anheben der Federdaumen werden sie in je zwei gegenüberliegende Klammern eingehängt und durch einen gleichartigen Handgriff nach der Trocknung wieder herausgenommen. Von einem Bedienungspodest aus, das zweckmäßig an einem Ende des Transporteurs angeordnet wird und auch wegnehmbar sein kann, wird zunächst eine Gruppe mit den Bogen versehen. Dann bewegt man den Transporteur durch Zug am Handkettenrad um eine Gruppe vorwärts, füllt diese usw. Die Abnahme der getrockneten Bogen erfolgt am anderen Ende des Transporteurs; ebensogut kann man aber auch durch Rückwärtsfahrt die Bogen am Ausgangspunkt wieder herausnehmen. Auf den oberen Laufschienen kehren die leeren Trockenleisten zur Aufgabestelle zurück. In die Doppelkammern hängt man 20 Bogen gleichzeitig. Durch die ausreichenden Zwischenräume streicht die Luft, die unter der Decke des Raumes am wärmsten ist.

Der Zellstofftrockner „Akklimatisator" DRP. (Abb. 19) mit Luftumwälzung ist hinsichtlich der Aufhängevorrichtung ebenso konstruiert, nur erfolgt die Fortbewegung der Bogen durch elektrischen Antrieb mit einer Geschwindigkeit von 0,2 m je Minute. Die Bogen hängen mit ihrer Fläche in der Bewegungsrichtung. Das schmiedeeiserne Traggerüst des Trockners ist an den beiden Seiten und unten kanalartig geschlossen. Auf der ganzen Länge des Kanals wird sowohl von unten als auch von beiden Seiten her Luft gegen die Blätter geblasen, wodurch eine gleichmäßige Durchlüftung erreicht wird. Die obere Seite des Trockners ist offen und läßt die verbrauchte Luft abströmen. Ein Ventilator saugt die erforderliche Luft aus dem Arbeitsraume an; es findet also eine ständige Umwälzung der Luft statt und der Zellstoff hat am Ende des Prozesses unbedingt die der Raumluft entsprechende gleichmäßige Feuchtigkeit.

Der Ventilator ist so angeordnet, daß die Strömungsrichtung der Luft dem Prinzip des Gegenstromes entspricht.

Selbstverständlich muß man bei Verwendung der Trockenanlagen Temperatur und Feuchtigkeitsgehalt in den Arbeitsräumen einer dauernden Kontrolle unterziehen und große Schwankungen mittels einer geeigneten Anlage, z. B. nach dem System Carrier, ausgleichen. Man könnte z. B. die „Akklimatisator-Anlage" im Vorreiferaum an der Decke anbringen, da die dort herrschende konstante Temperatur und Luftfeuchtigkeit einen tadellosen Ausgleich der im Zellstoff enthaltenen Feuchtigkeit bis auf etwa 7 vH bewirken. Die Staubfreiheit der Raumluft ist ebenfalls sehr vorteilhaft für den Rohstoff.

Der vollständige Ausgleich der Feuchtigkeitsmenge innerhalb des Zellstoffes wird in 12 Stunden bestimmt erreicht.

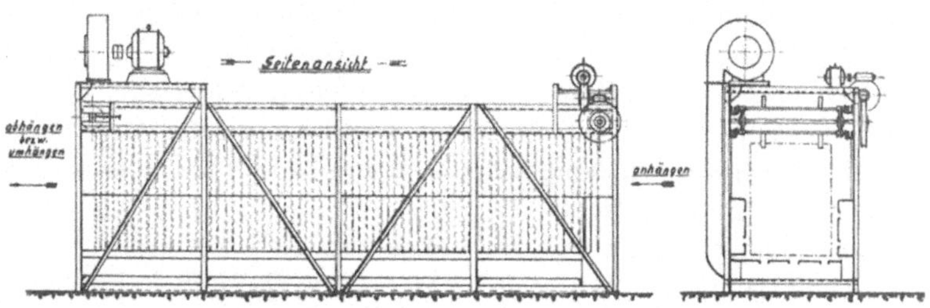

Abb. 19. Zellstofftrockner „Akklimatisator". System Grüter, Grage & Co.

f) Die eigentliche Merzerisation. In der Praxis wird der Zellstoff der Merzerisation in Blattform unterworfen. Es wird Natronlauge von insgesamt 17,8 vH Alkali verwendet, der unvermeidliche Karbonatgehalt ist miteinbegriffen. Diese Laugenkonzentration darf nicht unterschritten werden, da es bei weniger dichter Lauge nicht möglich ist eine Viskose herzustellen, welche den praktischen Anforderungen genügt. Auf Grund der Arbeiten von Prof. Dr. A. Lottermoser und Hans Radestock[1] soll eine Lauge unter 17 vH keine brauchbaren Viskosen ergeben. Verwendet man Laugen von 9 vH, so erhält man aus den gewonnenen Alkalizellulosen durch Sulfidieren überhaupt keine Viskosen. Bei 11 vH ist der Zellstoff noch nicht aufgeschlossen, obwohl ein Sulfidieren schlechterdings durchführbar ist. Nur mit Laugen von über 17 vH hergestellte Alkalizellulosen ergeben nach dem Sulfidieren eine klare Zelluloselösung.

Steigert man die Konzentration der Lauge über 18 vH, so erhält man Viskosen von einer niedrigeren Anfangsviskosität, proportional der Konzentration der Merzerisationslauge.

---

[1] Z. angew. Chem. **42** (1929).

Zu Anfang, als man zur Viskoseherstellung noch keine geeigneten Zellstoffe zur Verfügung hatte, war man gezwungen konzentriertere Merzerisationslaugen zu verwenden, und zwar ging man bis zu 18,5 Gew. vH insgesamt. Nachdem aber die Qualität des Zellstoffes durch die Verbesserung der Aufschlußverfahren gehoben worden ist, kann man in der Konzentration der Lauge zurückgehen.

Wie oben erwähnt, hat man festgestellt, daß eine Lauge von 17,8 Gew. vH insgesamt einschließlich etwa $^1/_2$ vH Na_2CO_3, für die Praxis genügt, aber keinesfalls unterschritten werden darf.

Nach R. Gaebel ergibt eine Alkalizellulose, welche mit stärkerer Natronlauge merzerisiert wurde, Viskosen mit höherem Schwefelgehalt, was aus spinntechnischen Gründen als Nachteil angesehen werden muß.

Nicht allein die Konzentration der Lauge, sondern auch die Dauer der Tränkzeit (Merzerisation) ist von großer Bedeutung. In der Praxis wird der Zellstoff gewöhnlich $1^1/_2$ Stunden in der Lauge belassen. In manchen Fabriken wird aber die Merzerisationsdauer bis auf 2 Stunden ausgedehnt. Maßgebend für die Dauer der Tränkzeit sind die chemisch-physikalischen Eigenschaften des verwendeten Zellstoffes.

Sind die Zellstoffblätter sehr dicht (stark gepreßt), oder war der chemische Aufschluß nicht vollkommen, so ergibt sich die Notwendigkeit einer längeren Merzerisation.

Auch das Mengenverhältnis der Lauge zum Zellstoff und die Dichte der aneinandergereihten Zellstoffblätter in dem Tauchbehälter ist von Einfluß auf die Tauchdauer.

Gewöhnlich werden die Zellstoffblätter 2 mm stark und von mittlerer Dichte (Pressung) geliefert. Erfahrungsgemäß quellen die Blätter um das Zwei- bzw. Dreifache ihrer Stärke im trockenen Zustande in der Tauchlauge auf. Wird dafür gesorgt, daß genügend Platz für die Ausdehnung der quellenden Blätter vorhanden ist, so braucht die Tauchdauer nicht über das normale Maß von $1^1/_2$ Stunden ausgedehnt zu werden.

Becker bezeichnet die Anwendung der zehnfachen Menge Lauge, auf den angewandten Zellstoff bezogen, als unbedingt notwendig.

Hottenroth steht auf dem Standpunkt, daß die $4—4^1/_2$fache Menge genügt, allerdings nur dann, wenn die Zellstoffmasse mit der Lauge in einer Maschine (Zerfaserer) dauernd geknetet wird.

Bronnert empfiehlt beim Tauchen die 16fache Menge der Lauge zu benutzen.

Ich halte beim Tauchen die 12fache Menge, beim Kneten im Zerfaserer die 6fache Menge Lauge, auf den zu behandelnden Zellstoff in trockenem Zustande berechnet, für ausreichend.

Auch die Temperatur der Merzerisationsanlage ist nicht ohne Einfluß auf die Qualität der gewonnenen Alkalizellulose.

Aus der Theorie ist bekannt, daß bei niedrigerer Temperatur eine bessere Merzerisation bzw. größere Aufnahme von NaOH durch den Zellstoff stattfindet. In der Praxis geht man gewöhnlich nie unter $17^1/_2{}^0$ C, wobei nach Ablauf von $1^1/_2$ Stunden Tauchdauer diese Temperatur um $1^1/_2{}^0$ C gestiegen ist.

In vielen Fabriken, besonders Kunstseidefabriken der Vereinigten Staaten von Amerika, wird der Zellstoff zur Herstellung der Viskose in Mischung mit Baumwolle (Linters) verarbeitet, und zwar werden auf 140 lbs. = ca. 53,6 kg Sulfitzellulose 86 lbs. = 39 kg trockene Baumwollzellulose in Blattform genommen. Da Baumwolle sich bekanntlich gegen wenig konzentrierte Lauge als widerstandsfähiger erweist, so merzerisiert man das erwähnte Zellstoff-Baumwoll-Gemisch länger, und zwar nicht unter 2 Stunden.

Gewöhnlich wird die Merzerisation in der Weise durchgeführt, daß man die Zelluloseblätter in gewissen Abständen voneinander und wiederum in bestimmten Abständen durch perforierte Stahlbleche bzw. Drahtsiebe getrennt ohne Bewegung während der angegebenen Zeit in der Tauchlauge beläßt.

Die ältere, aber jetzt aus Ersparnisgründen von einigen Werken wieder aufgegriffene Methode besteht in der Behandlung des Zellstoffes durch die Lauge in Kneten bzw. Zerfasern. Auch diese Methode ermöglicht die Gewinnung einer guten Alkalizellulose für die Viskoseherstellung.

Begreiflicherweise kann diese Methode dort angewendet werden, wo loses Zellstoffmaterial verarbeitet wird. Dagegen ist das erstgenannte Verfahren, das Tauchen des Zellstoffes in die Lauge ohne Bewegung, unbedingt dort vorzuziehen, wo der Zellstoff in Blattform vorliegt.

Nach erfolgter Tauchung muß die überschüssige Reaktionslauge aus dem Zellstoff abgeschleudert bzw. ausgepreßt werden. In einigen Viskose verarbeitenden Fabriken wird dieser Prozeß durch Schleudern durchgeführt. Für die Fabrikation von Kunstseide ist diese Methode aber zu verwerfen, da der Schleuderprozeß einen zu großen Aufwand an Kraft und Zeit erfordert und das Produkt außerdem in für die weiterhin noch zu besprechende „Vorreife" ungünstiger Weise beeinflußt, so daß es nicht möglich ist, eine einheitliche Alkalizellulose zu gewinnen. Auch das Abpressen bzw. die Entfernung der überschüssigen Lauge aus den getauchten Zellstoffblättern ist von großer Bedeutung für den weiteren Fabrikationsgang.

In manchen Fabriken wird der Zellstoff auf das Dreifache seines Trockengewichtes abgepreßt, wobei die ca. 6 vH Luftfeuchtigkeit und der Gehalt an resistenter Zellulose berücksichtigt werden; d. h. werden 400 kg Sulfitzellstoff mit 6 vH Luftfeuchtigkeit und 84 vH resistenter Zellulose merzerisiert, so wird die Alkalizellulose auf 236,88 kg abgepreßt. Die letztgenannte Zahl ergibt sich aus der Berechnung (100 — 6 Wasser × 84 : 100).

So weitgehend abgepreßte Alkalizellulose läßt sich verhältnismäßig schwer sulfidieren und ergibt schwer filtrierbare Viskosen, obwohl bekanntlich nach Burette[1] solche Viskosen zur Sulfidierung bedeutend weniger Schwefelkohlenstoff beanspruchen, und zwar nur 15—20 vH, bezogen auf das Trockengewicht des Zellstoffes, gegenüber 29—33 vH normal.

In den meisten Kunstseidefabriken wird die Abpressung des Alkalizellstoffes bis auf das 3,05fache durchgeführt, ohne Berücksichtigung des Luftfeuchtigkeitsgehaltes und Gehaltes an resistenter Zellulose des Zellstoffes. Diese Abpressung hat sich in der Praxis der Großbetriebe als günstig erwiesen; bis auf diesen Grad abgepreßte Alkalizellulosen liefern gut filtrierbare Viskosen.

2. Die Ausführung der Merzerisation.

a) **Das Pressen des Alkalizellstoffs.** Noch vor nicht zu langer Zeit wurden das Tauchen und das Abpressen der überschüssigen Lauge als zwei getrennte Arbeitsgänge durchgeführt. Dieses Verfahren erschwerte die Arbeit außerordentlich, erforderte viel Handgriffe und war mit viel Belästigungen der Arbeiterschaft durch das scharfe Alkali verbunden. Nun ist es seit mehreren Jahren gelungen, beide Operationen in einer gemeinsamen Maschine, der sog. hydraulischen Merzerisationspresse, durchzuführen. Der Zellstoff wird hierbei zwischen Stahlplatten eingelegt, mit Lauge behandelt und nach erfolgter Merzerisation die Lauge im gleichen Behälter durch einen hydraulisch betätigten Stempel abgepreßt.

Die bekannte Firma M. Häußer in Neustadt a. d. Hardt baut ganz vorzügliche, fast automatisch arbeitende Tauchpressen (Abb. 20). Die Presse „Original Häußer" mit unterer Entleerung ist so konstruiert, daß sie in einfacher Weise die Schwierigkeiten beseitigt, die sich bei der bisher üblichen Bauart der hinten ausstoßenden Presse hinsichtlich der Konstruktion und der Arbeit ergeben. Um die schwierige Abdichtung des Schiebers, die wegen dieser Abdichtung nicht zu umgehende Betätigung des Schiebers von Hand, die Unterbrechung der Führungsschienen durch den Schieber, die dadurch wieder erforderliche Hilfskonstruktion hinter der Presse und schließlich das Zurückführen der Bleche in die Ausgangsstellen von Hand zu beseitigen, wurde die Tauchwanne verlängert und durch den hinteren Holm hindurchgeführt. Zur Aufnahme des Druckes dient eine durch Wasserdruck von der Preßpumpe aus aufziehbare Stahlplatte, die sich während des Preßvorgangs oben und unten gegen den Holm legt.

---

[1] Franz. Pat. Nr. 430 221.

Die Ausstoßöffnung befindet sich ebenfalls im Boden der Tauchwanne, und zwar an der Stelle, bis zu welcher sich der gepreßte Stapel
nach Aufhebung des Preßdruckes wieder ausdehnt. Die Abdichtung
der Ausfallöffnung geschieht durch eine kleine Klappe mit Paragummi-
einlage.

Nachdem die Tauchzeit ziemlich beendet ist, wird bei noch gefüllter
Wanne der Preßzylinder eingeschaltet, worauf sich der Stapel zusammen-
und schließlich gegen den Preßholm schiebt. Nun wird die Lauge abgelassen und gepreßt. Nach beendeter Pressung wird die kleine Dich-
tungsklappe durch Umlegen eines Hebels geöffnet und der Rückzug-
kolben in Tätigkeit gesetzt. Dadurch werden die Zwischenbleche in
bekannter Weise zurückgezogen und der Inhalt jeder einzelnen Zelle
fällt, sobald er über die Öffnung im Wannenboden kommt, nach unten

Abb. 20. Tauchpresse „Original Häußer" mit unterer Entleerung.

in den Zerfaserer. Wenn sämtliche Zellen entleert sind und die Boden-
klappe geschlossen ist, kann die Presse ohne weiteres wieder beschickt
werden.

Neben den Tauchpressen, wie oben beschrieben, hat sich auch eine
Arbeitsmethode bewährt, die von der Kunstseidenfabrik Soieries de
Strasbourg ins Leben gerufen worden ist. Sie besteht darin, daß der
Zellstoff in einen größeren Tauchkorb eingelegt wird, dann mittels einer
elektrischen Hängebahn zum Tauchgefäß gebracht, getaucht, wieder
herausgenommen und einer horizontalen hydraulischen Presse zugeführt
wird (Abb. 21). Hier wird die getauchte Alkalizellulose im Tauchkorb
(Abb. 22) auf das notwendige Gewicht abgepreßt, passiert nach Verlassen der Presse eine automatische Waage auf der das Gewicht festgestellt wird, gelangt dann über den Zerfaserer und wird hier entleert.
Auch diese Methode gestattet ein bequemes und schnelles Arbeiten bei
größter Schonung des Bedienungspersonals.

b) Zerkleinern der Alkalizellulose. Die abgepreßte Alkalizellulose muß zerkleinert werden, um beim Sulfidieren den flüssigen

Schwefelkohlenstoff mit dem festen Alkalizellstoff möglichst schnell und gleichmäßig in Reaktion treten zu lassen. Der hierzu dienende Zerfaserer muß unbedingt sorgfältig gebaut sein. Es ist durchaus unangebracht, bei der Anschaffung dieser Maschine sparen zu wollen; die ganze Viskoseerzeugung kann hierdurch in Frage gestellt werden. Da der Zerfaserer beim Zerreißen des Alkaligutes zwischen scharfgezähnten Schaufeln und ebensolchem Grundwerk eine ganz beträchtliche Menge Reibungswärme erzeugt, muß die Möglichkeit vorhanden sein, die Maschine mit Leitungswasser oder der Salzsole einer Kältemaschine kühlen zu können.

Abb. 21. Tauchapparat für Zellstoffblätter. System Soieries de Strasbourg.

Das Preßgut wird im Zerfaserer unter beständiger Kühlung 3 bis 5 Stunden lang gemahlen. Der Endpunkt des Prozesses kann durch zwei Proben ermittelt werden:

1. Man schüttet den gemahlenen Stoff lose in einen tarierten Meßzylinder und stellt sein Gewicht fest. Ist der Stoff genügend zerfasert, so dürfen 1000 cm³ des lose eingeschütteten Mahlgutes nicht mehr als 230 g wiegen. Andernfalls ist entweder die Mahlzeit zu kurz oder die Maschine arbeitet nicht intensiv genug.

Es ist nicht erforderlich, genau einen Liter Mahlgut abzumessen. Wiegen z. B. 270 cm³ des zerkleinerten Alkalizellstoffes 62 g, so wiegt 1 l:

$$270 : 62 = 1000 : X; \quad X = 230 \text{ g}.$$

2. Etwa 10—20 g der zerfaserten Alkalizellstoffes werden in einen etwa 300 cm³ fassenden Erlenmeyerkolben gebracht und schnell mit

etwa 150 cm³ kaltem destilliertem Wasser übergossen. Nach Zusatz einiger Tropfen Phenolphthalein wird unter dauerndem Schütteln schnell mit Normalschwefelsäure titriert. Ist die Alkalizellulose gut zerfasert, so entfärbt sie sich gleichmäßig und fast gleichzeitig mit der sie umgebenden Flüssigkeit. Wenn indessen die Alkalizellulose eine mehr oder weniger große Anzahl nicht zermahlener Alkalizellstoffklümpchen enthält, so bleiben diese auch nach Zugabe überschüssiger Säure noch kurze Zeit rot gefärbt.

Statt in der geschilderten Weise zu merzerisieren, arbeitet man in kleinen Betrieben häufig in der Art, daß man einen in den Stopfbüchsen

Abb. 22. Hydr. Presse für getauchte Zellstoffblätter. System Soieries de Strasbourg.

dicht schließenden Zerfaserer mit Merzerisierungslauge füllt, die Maschine in Gang setzt und nach und nach den vorgetrockneten Zellstoff hineingibt. Für 100 kg Zellstoff verwendet man 600 l Lauge. Die Masse wird nach beendetem Zellstoffzusatz unter häufiger Benutzung des Wendegetriebes noch 2 Stunden gemahlen. Der zerfaserte Zellstoff wird durch Kippen der Maschine mit Hilfe krückenartiger Schaufeln in einen fahrbaren Korb geschüttet und mit einer geeigneten hydraulischen Presse zuerst, solange die Lauge nicht reichlich fließt, ganz langsam — stoßweise, dann schneller abgepreßt. Das abgepreßte Gut kommt in den Zerfaserer zurück und wird dort noch etwa 1 Stunde lang oder länger aufgelockert. Diese Arbeitsweise hat trotz scheinbarer Umständlichkeit eine Anzahl Vorzüge: beim kräftigen Durcharbeiten im Zerfaserer ist die Einwirkung der Lauge auf den Zellstoff vollkommener und gleichmäßiger als beim Tauchen der Zellstoffblätter in die unbewegte Flüssig-

keit. Die gesamte Tauchapparatur kommt in Wegfall, und die Maschinen-
anlage wird hierdurch erheblich vereinfacht. Endlich ist die Möglichkeit

Abb. 23. Zerfaserer neuester Konstruktion. System Werner & Pfleiderer.

gegeben, die Temperatur während der Merzerisation nach Belieben zu
verändern, was bei Ausschalten der Vorreife von Wichtigkeit ist.

Abb. 23 zeigt einen Zerfaserer neuester Konstruktion von Werner
& Pfleiderer. Die Maschine besitzt ein Fassungsvermögen für etwa

100—125 kg trocken berechnete Zellulose, ist mit Kühlvorrichtung reichlich versehen und wird automatisch mittels eines Zahnsegments bis
zu einem Neigungswinkel von etwa 45° gekippt (was besonders dann
von Vorteil ist, wenn der Zerfaserer auf einem Zwischenstockwerk aufgestellt ist und durch eine im Boden eingelassene Rutsche nach unten
entleert werden soll). Dieses Kippen gestattet die Entleerung der Maschine ohne jede manuelle Nachhilfe.

Die Maschine wird zeitgemäß mit direktem Antrieb durch Elektromotor sowie einem mit der Maschine gekuppelten automatischen Rever-
sierapparat versehen. Der elektromechanische Wendeapparat dient
dazu, sich von der Zuverlässigkeit des Bedienungspersonals, besonders
während der Nachtschicht, unabhängig zu machen und durch den
Wechsel der Drehrichtung der Mischflügel die Gleichmäßigkeit der
Zerfaserung zu fördern. Durch einfaches Umschwingen eines Handhebels
kann der Apparat außer Tätigkeit gesetzt und die Umsteuerung der
Drehrichtung wieder von Hand vorgenommen werden.

Die innere Konstruktion bzw. Ausführung der Maschine ist von nicht
minder großer Wichtigkeit wie der ganze Bau der Maschine. Noch sind
die Ansichten verschieden und deshalb werden die Zerfaserer vielfach
mit Bezug auf das Innere des Troges nicht dem heutigen Stand der
Technik entsprechend gebaut. Abgesehen von der tadellosen Bearbeitung der Muldenflächen, ist zu beachten, daß der Sattel der Maschine
den Anforderungen entsprechend gebaut ist. Firmen, welche den Sattel
in Stahlguß ausführen und die Arbeitsfläche (die Nocken) unbearbeitet
in Rohguß lassen, behaupten, hierdurch eine bessere Zerfaserung zu
erzielen, da die Gußhaut sehr hart ist und sich wenig abnutzt. Auf
Grund meiner Erfahrungen bin ich aber der Ansicht, daß der Sattel
bzw. die Sattelnocken aus dem Gußstück herausgearbeitet bzw. -gefräst
werden müssen, weil dadurch eine viel gleichmäßigere und schnellere
Zerfaserung ermöglicht wird, was durch die Praxis auch bereits bestätigt ist; es handelt sich um eine Zeitersparnis von mindestens 50 vH.

Da der Sattel die Hauptarbeitsfläche ist, so ist erklärlich, daß an
dieser Stelle die größte Menge mechanischer Wärme entwickelt wird.
Zwar gelingt es, die Wärme durch den Doppelmantel der Mulde zum
Teil abzuleiten, doch ist diese Kühlung technisch nicht einwandfrei.
Aus diesem Grunde veranlaßte ich vor ca. 10 Jahren die Firma Karl
Seemann, Borsigwalde, den Sattel des Zerfaserers gefräst und kühlbar
herzustellen. Schon die ersten Versuche haben die glänzendsten Erfolge
gezeitigt. Sie haben erwiesen, daß es wesentlicher ist, den Sattel zu kühlen
und nicht, wie oft zwecklos vorgeschlagen, die verlängerte Stirnwand
des Zerfaserers.

Ein weiterer Nachteil der Zerfaserer bestand in der Befestigung der
Bandagen an den Z-Flügeln.

Abb. 24 stellt einen Z-Flügel mit angeschraubten Bandagen, wie sie bisher noch vielfach gebräuchlich sind, dar. Zwar gestattet das Anschrauben der Bandagen theoretisch ein Verstellen gegenüber dem Sattel der Maschine, in der Praxis wird jedoch diese Möglichkeit nie benutzt. Dagegen wirkt das Anschrauben der gezahnten Schienen insofern ungünstig, als die Alkalizellulose sich in den Ritzen und Spalten

Abb. 24. Z-Flügel eines Zerfaserers alter Konstruktion.

festkeilt, was einen nicht ungefährlichen Reinigungsprozeß seitens des Bedienungspersonals erforderlich macht.

Die Aachener Misch- und Knetmaschinenfabrik Peter Küpper, Aachen hat auf mein Anraten hin diesen Fehler beseitigt, indem, wie Abb. 25 zeigt, die angeschraubten Bandagen in Wegfall kommen. Sie sind durch solche von geeigneter Form ersetzt und mit den Z-Flügeln zusammengebaut, so daß das Ganze ein Werkstück bildet. Diese Bauart der Z-Flügel hat sich in der Praxis tadellos bewährt, da das lästige

Abb. 25. Z-Flügel eines Zerfaserers. System Aachener Misch- und Knetmaschinenfabrik Peter Küpper.

Reinigen der Maschine in Wegfall kommt und die Zerfaserung denkbar gleichmäßig ausfällt.

Wenn auch der Zerfaserer auf den ersten Blick eine einfache Maschine zu sein scheint, so ist doch die richtige Konstruktion der einzelnen Details von unermeßlicher Bedeutung. Des Platzmangels wegen muß ich leider von weiteren Beschreibungen absehen.

c) Die Vorreife der Alkalizellulose. Um die Viskosität der fertigen Spinnlösung in den gewünschten Grenzen zu halten, ist eine gewisse Depolymerisation der Alkalizellulose erforderlich, die durch mehrtägiges Lagern bei bestimmter Temperatur herbeigeführt wird. Dieser Prozeß wird als Vorreife bezeichnet. Die Vorreife ist in der Praxis nicht so einfach durchzuführen, wie es auf den ersten Blick erscheint. Der Prozeß ist vielmehr von einer Anzahl Faktoren abhängig, deren Nichtbeachtung oft unangenehme Folgen zeitigt. Alkalizellstoff ist infolge seiner lockeren Struktur ein sehr schlechter Wärmeleiter; ein gleichmäßiges Durchwärmen der Fasermasse und damit eine gleichmäßige Depolymerisation der Zellulose bereitet daher Schwierigkeiten. Aus diesem Grunde lagert man in der Praxis die zerfaserte Alkalizellulose in möglichst kleinen, dünnwandigen, runden, besser noch eckigen Schwarzblechbehältern. Diese Büchsen dürfen nicht zu hoch sein, da sonst die Alkalizellulose durch ihr eigenes Gewicht zusammenbackt und dann ungleichmäßig warm wird. Das Arbeiten mit sehr kleinen Behältern kostet beim Füllen und Entleeren viel Arbeitskraft; auch wirkt die Vergrößerung der Oberfläche, die mit der Unterteilung der Masse in kleine Partionen Hand in Hand geht, nachteilig. In letzter Zeit machte man Versuche dieses Übel dadurch zu beheben, daß man zur Vorreife großе Gefäße, ähnlich den Sulfidiertrommeln verwendet, welche eine ganze Charge aufzunehmen vermögen. Gegen solches Verfahren ist nichts einzuwenden, sofern durch richtige Konstruktion der Maschine dafür gesorgt wird, daß eine richtige Verteilung der Wärme stattfindet und das Zusammenbacken und Austrocknen der Zellulosemasse verhindert wird. Ein Verfahren, welches an die alte Kastenmethode angelehnt ist, wurde z. B. durch das DRP. 501722 Kl. 12o Dr. A. Lehner und O. Kohorn geschützt. Nach diesem Verfahren werden mehrere durch Luftzwischenräume voneinander getrennte Kästen in einem gemeinsamen Rahmen vereinigt. Die schwenkbaren Abschlußdeckel der Kästen sind mit senkrecht dazu angeordneten Abdeckplatten derart verbunden, daß bei Öffnungsstellung der Deckel die Abdeckbleche den oberen Abschluß der Zwischenräume zwischen je zwei Kästen bilden. Dadurch wird verhütet, daß das einzufüllende Material etwa zum Teil in die Luftschlitze zwischen den einzelnen Kästen fallen kann.

Die äußere Schicht ist der schädlichen Einwirkung des Luftsauerstoffes und der Luftkohlensäure ausgesetzt und trocknet überdies stets etwas aus.

In der Technik haben sich Behälter bewährt, die einen Durchmesser von etwa 25 cm und eine Höhe von etwa 65 cm besitzen; als Kästen sind die Behälter 60 cm lang, 50 cm hoch und 20 cm breit. Ein solcher Kasten faßt 18 kg Alkalizellulose, wodurch für eine Charge von 100 kg trockenem Zellstoff etwa 17 Kästen erforderlich sind. Da in den Kunstseidenfabriken auch in dieser Hinsicht noch keine Normung existiert, findet man bezüglich der Größe der Kästen oft erhebliche Abweichungen. So empfiehlt z. B. Bronnert Vorreifekästen von 60 cm Länge, 40 cm Breite und nur 30 cm Höhe zu benutzen. Kästen mit diesen Abmessungen haben allein den Vorteil, daß das Eigengewicht der Alkalizellulose fast unberücksichtigt bleiben kann. Dagegen bleibt bei den beiden

Arten der Kästen die Gesamtoberfläche fast die gleiche. Nur das Fassungsvermögen der Bronnertschen Reifekästen ist etwas größer, 72 l gegenüber 60 l der ersten Bauart.

Die Behälter werden nach Füllung mit einem Blechdeckel oder einem paraffinierten Holzdeckel verschlossen und gelangen so in den Vorreiferaum, welcher dauernd gleichmäßig geheizt wird. In modernen Kunstseidenfabriken erfolgt die Beheizung durch Einblasen bzw. Umwälzen temperierter und angefeuchteter Luft (etwa 65 vH relativer Feuchtigkeit). Für eine Tagesproduktion von etwa 1500 kg Kunstfasern muß

Abb. 26. Warmlufterzeuger. System Cärrier-Lufttechnische Gesellschaft m. b. H.

der Vorreiferaum 25 m lang, 12 m breit, aber nur 2,75 m hoch sein. Der Raum ist allseitig bestens zu isolieren. (Als Wand- und Deckenisolation eignet sich sehr gut 10 mm starke Pappe oder entsprechend starke Asbestzementplatten.) In der Mitte des Raumes wird an der Decke ein schachtähnlicher Blechkanal (Aluminium) von 550 × 400 mm angebracht, der mit der breiteren Seite der Decke bzw. dem Boden zugekehrt ist. Er verjüngt sich in vier Stufen, anfangend mit 400 × 300 mm und endend mit 160 mm Breite und 300 mm Höhe. In der ganzen Länge sind auf jeder Seite sechs Austrittsöffnungen von 300 × 300 mm vorgesehen. Diese Öffnungen sind mittels verstellbarer Klappen regulierbar. Als Warmlufterzeuger bewährten sich tadellos automatisch arbeitende Apparate der Cärrier-Gesellschaft (Cärrier-Lufttechnische Gesellschaft m. b. H.). Die Abb. 26 zeigt eine ähnliche Anlage. Es ist besonders zu betonen, daß die Anwendung einer solchen Anlage eine durchaus gleichmäßige Temperatur im Vorreiferaum garantiert, bei welcher Schwankungen von mehr als 0,5⁰ nicht eintreten. Gleichzeitig wird auch die Raumatmosphäre bei einem bestimmten Feuchtigkeitsgehalt gehalten und somit das Eintrocknen der Zellulose mit Erfolg verhütet. Es wäre zu empfehlen, beim Umwälzen der Raumluft das Waschwasser mit Alkali zu versetzen, wodurch in der Luft vorhandene Kohlensäure gebunden würde, was äußerst wichtig ist. Sollte der Vorreiferaum aus Bequemlichkeitsgründen als Durchgangsraum angelegt werden, so ist unbedingt erforderlich, daß am Ein- und Ausgang Windfangvorhöfe vorgesehen werden.

Nur durch die erwähnte Art der Heizung ist es möglich, die Temperatur in allen Teilen des Raumes auf gleicher Höhe zu halten und sie, wenn erforderlich, schnell herauf- oder herunterzusetzen. Auch gestattet die Anordnung eine bequeme automatische Regulierung. Dies ist ein großer Vorteil, denn jeder halbe Grad ist für die Viskosität der fertigen Viskose von Bedeutung. Es ist durchaus unangebracht, bei der Anschaffung von automatischen Regulier- und Registrierapparaten sparen zu wollen. Immer gleichbleibende und überall gleichmäßige Temperatur im Vorreiferaum, auch gute Übertragung der Wärme

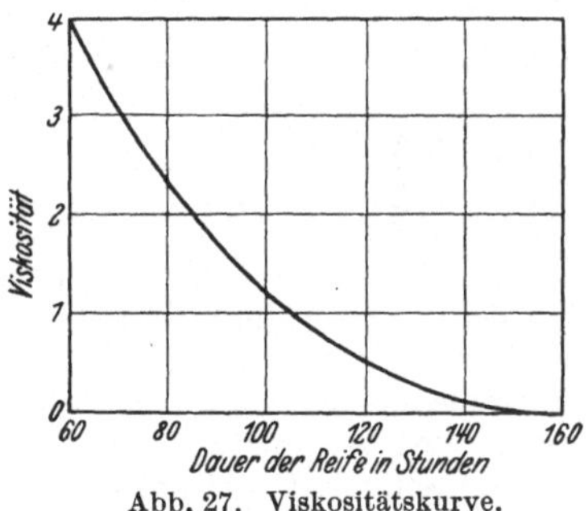

Abb. 27. Viskositätskurve.

auf die Blechbehälter bürgt für stets gleichbleibende Viskosität und leichte Filtrierbarkeit der erzeugten Spinnlösung.

In der Praxis läßt man den Alkalizellstoff 60—72 Stunden bei 22—25⁰ vorreifen. Hierbei wird die Reifezeit von dem Augenblick an gerechnet, in dem der Zellstoff mit der Tauchlauge in Berührung kommt. Längere Vorreife ist nicht üblich. Ein guter, zur Viskosefabrikation geeigneter Zellstoff wird in dieser Zeit zur Genüge abgebaut. Ist eine geeignete Viskosität der Spinnlösung unter den genannten Bedingungen nicht zu erreichen, so erhöht man die Temperatur jedesmal um einen halben Grad, bis der Erfolg befriedigt. Die Vorreifedauer, wie auch die Temperatur, sind abhängig von der Qualität des Zellstoffes und der Konzentration der verwendeten Tauchlauge. Aus der vorstehenden Kurve Abb. 27 ist die Abhängigkeit der Viskosität von der Dauer der Vorreife der Alkalizellulose ersichtlich.

Man hat auch versucht, den Zellstoff bei etwa 50⁰ C zu merzerisieren und hierdurch die Vorreife zu umgehen. Versuche, die der Verfasser bei 42—47⁰ C durchgeführt hat, gaben gute Resultate. Die Zuhilfenahme des Sauerstoffes bei der Vorreife gemäß österreichischer Patentschrift 82086 dürfte im Großbetriebe schwer durchführbar sein.

Viele Kunstprodukte erfordern keine Vorreife bei ihrer Herstellung, oft ist ein Abbau geradezu ein Nachteil. Näher hierauf einzugehen würde zu weit führen.

Nach Rassow[1] soll die Alterung nicht nur von den bereits im Kapitel „Merzerisation" erwähnten Faktoren abhängig sein, sondern auch von ultravioletten Strahlen, welche eine Steigerung des Alterungseffektes herbeiführen sollen. Um bei dem Reifeprozeß keine nachteiligen Faktoren einzuschalten, wird der Vorreiferaum stets vom Tageslicht abgeschlossen. Da die Vorreife im allgemeinen das Zellulosemolekül lockert und deshalb die Unangreifbarkeit bzw. Unempfindlichkeit der hergestellten Gebilde bis zu einem gewissen Grade ungünstig beeinflußt, so soll die Vorreifedauer und die Vorreifetemperatur in keinem Falle das absolut notwendige Maß übersteigen. Durch geschickte Anpassung und Regelung der abhängigen Faktoren (Zellstoffqualität, Tauchlauge, Tauchdauer, Vorreifedauer und Vorreifetemperatur) läßt sich die nachteilige Beeinflussung tatsächlich auf ein Mindestmaß verringern.

d) Bestimmung des Abbaues der Zellulose in der Alkalizellulose wird bei der Vorreife durch Ermittlung der α-Zellulose ausgeführt.

Eine abgewogene Menge von 3,5 g Alkalizellulose wird mit 50 cm³ 18 vH Natronlauge bei genau 20⁰ C innigst vermengt und 45 Minuten stehengelassen. Dann wird das Gemenge quantitativ durch ein Jena-Filtrierröhrchen (3 g — grobkörnig) abfiltriert, welches zu diesem Zweck bei 105⁰ C getrocknet und vortariert wurde. Nach der Absaugung der Lauge (es ist darauf zu achten, daß das Filtrat klar abläuft) wird die Zellulose mit 400 cm³ 8 vH Natronlauge gewaschen und während 5 Minuten trocken gesaugt. Das Waschen mit der 8 vH Lauge soll 30 Minuten dauern. (Es ist bei dieser Analyse wichtig, die Zeiten und die Temperaturen genauest einzuhalten, da das Resultat besonders durch das Waschen mit Lauge beeinflußt wird.) Die Zellulosemasse wird dann mit 10 vH Essigsäure neutralisiert, trocken gesaugt und 2 Minuten lang mit destilliertem Wasser gewaschen, bis das Waschwasser mit Lackmus neutral reagiert. Hierauf wird das Wasser aus der Zellulosemasse zweimal mit absolutem Alkohol verdrängt und bei 105⁰ C getrocknet. Nach Erkalten im Exsikkator wird die α-Zellulose gewogen.

Im alkalischen Filtrat, welches vor dem Ansäuern mit Essigsäure beiseite gestellt wurde, wird die β- und γ-Zellulose (total) mittels Filtration ermittelt. Zu einer Bestimmung wird $^1/_{10}$ des Filtrats benutzt (bei dieser Prüfung sind stets zwei parallele Bestimmungen auszuführen). Die Oxydation wird mittels Chromsäure ausgeführt. Man vergleiche die Analysenresultate mit denjenigen des Zellstoffes, besser noch der Alkalizellulose, falls solche Analysen sofort nach dem Tauchen und Mahlen, also vor dem Reifen, ausgeführt worden sind.

---

[1] Chemiker-Ztg. **1929,** 44.

B. Das Sulfidieren.

1. Theoretisches.

Die Sulfidierung erfordert ebenso wie die Merzerisation besondere Aufmerksamkeit, da eine unsorgfältige Durchführung des Prozesses das Produkt zur Weiterverarbeitung unbrauchbar machen kann.

Bevor ich die Herstellung des Zellulosexanthogenats im großen bespreche, sei eine kurze Erörterung über die zugrunde liegenden chemischen Vorgänge vorausgeschickt. Schwefelkohlenstoff bildet mit alkoholischer Natronlauge äthylxanthogensaures Natrium nach der Formel:

$$CS_2 + C_2H_5OH + NaOH \rightleftharpoons CS\diagup^{SNa}_{\diagdown OC_2H_5} + HOH$$

Analog entsteht aus Schwefelkohlenstoff und Alkalizellulose das zellulosexanthogensaure Natrium.

$$CS_2 + C_6H_9O_4ONa \longrightarrow CS\diagup^{OC_6H_9O_4}_{\diagdown SNa}$$

Diese Reaktion verläuft nicht ohne Nebenerscheinungen. Beim Zusammenbringen der beiden Komponenten reagieren Schwefelkohlenstoff und Natronlauge auch direkt miteinander unter Bildung von Alkalikarbonat und Thiokarbonaten, die bei ihrem Zerfall Sulfid, Hydrosulfid und Polysulfid bilden. Die Entstehung all dieser Verunreinigungen läßt sich durch entsprechende Leitung des Prozesses etwas hintanhalten.

Die Beständigkeit der entstandenen Zelluloseverbindung ist begrenzt; ihr spontaner Zerfall beginnt sogleich nach ihrer Bildung. Die Gegenwart der gleichzeitig entstandenen Verunreinigungen und die auftretende Temperaturerhöhung beschleunigen diesen Zerfall, ebenso die Anwesenheit von Luft, deren Sauerstoff- und Kohlensäuregehalt im gleichen Sinne wirkt. Nach Ansicht von Croß und Bevan, den Entdeckern des Zellulosexanthogenats, geht dieser Zerfall in der Weise vor sich, daß eine allmähliche Polymerisation des mit der Xanthogenatgruppe verbundenen Zelluloserestes stattfindet nach folgendem Schema.

$$SC\diagup^{OC_6H_9O_4}_{\diagdown SNa} + SC\diagup^{OC_6H_9O_4}_{\diagdown SNa} + H_2O \longrightarrow SC\diagup^{OC_{12}H_{19}O_9}_{\diagdown SNa}$$
$$+ NaOH + CS_2$$

$$SC\diagup^{OC_{12}H_{19}O_9}_{\diagdown SNa} + SC\diagup^{OC_{12}H_{19}O_9}_{\diagdown SNa} + HO_2 \longrightarrow SC\diagup^{OC_{24}H_{39}O_{19}}_{\diagdown SNa}$$
$$+ NaOH + CS_2 \text{ usw.}$$

Der Zerfall erfolgt also unter dauernder Abspaltung von SCSNa-Gruppen. Wenn der mit der Xanthogenatgruppe verbundene Zelluloserest bis zur Größe C_{30} oder C_{36} angewachsen ist, verliert die Verbindung ihre Löslichkeit. Der Ersatz des Natriums durch ein Schwermetall beschleunigt die Zersetzung. Die einzelnen Zwischenstufen der Reaktion lassen sich analytisch gut unterscheiden. Die Polymerisation des C_6-zum C_{12}-Xanthogenat erfolgt bei Zimmertemperatur bereits beim Sulfidieren und die daraus hergestellte Viskose erstarrt nach etwa 7 bis 9 Tagen zu einer Gallerte. Diese Gallerte schrumpft innerhalb weiterer 48 Stunden um etwa ein Fünftel ihres Volumens unter Ausscheidung einer wäßrigen Lösung von Sulfiden und Thiokarbonaten. Temperaturerhöhung beschleunigt das Gerinnen; bei 60° wird die Viskose innerhalb weniger Stunden fest. Die in der Viskose enthaltenen Beimengungen von Schwefelverbindungen begünstigen die Polymerisation des Xanthogenats. Die folgende Tabelle zeigt eine Reihe interessanter Versuche in dieser Richtung. Zu je 100 g einer normalen Viskose mit der Reife 8,5° Chlorammon nach Hottenroth wurden in verschiedenen Gläsern Schwefelnatrium, Natriumsulfhydrat (Natriumhydrosulfid) und Schwefelwasserstoff zugegeben, und zwar im äquivalenten Verhältnis entsprechend 5 g Schwefelnatrium (chemisch rein und wasserfrei). Eine Kontrollprobe blieb ohne Zusätze.

Versuch I ohne Zusatz	Versuch II Schwefel- natrium	Versuch III Natrium- hydrosulfid	Versuch IV Schwefel- wasserstoff	Zeit nach Stunden
Reife	Reife	Reife	Reife	
8,5°	8,5°	8,5°	8,5°	—
6,0°	6,0°	4,5°	2,4°	15
5,0°	5,0°	4,0°	koaguliert	24
3,8°	3,5°	3,0°	,,	47
2,5°	2,0°	koaguliert	,,	95
1,5°	1,0°	,,	,,	109

Wie aus vorstehender Tabelle hervorgeht, wirkt Schwefelwasserstoff am stärksten zersetzend auf die Viskose. Bei Versuch IV fiel der Reifegrad bereits nach 15 Stunden Einwirkungsdauer von 8,5° auf 2,4°, wogegen laut Versuch II bei Zusatz von Schwefelnatrium die Reife wie bei der normalen Viskose nur bis auf 6,0° gesunken war. Natriumhydrosulfid wiederum verursachte, wie aus Versuch III ersichtlich ist, bereits nach 15 stündiger Einwirkung ein Sinken der Reife auf 4,5°.

Die mit Schwefelwasserstoff behandelte Viskose war schon 24 Stunden nach Ansetzen des Versuches koaguliert, die mit Natriumhydrosulfid behandelte nach 95 Stunden. Der Zusatz von Schwefelnatrium scheint die Viskose nicht wesentlich zu beeinflussen. Die Versuche haben somit ergeben, daß lediglich Verunreinigungen von saurem Charakter zersetzend auf die Viskose wirken.

Die Menge des in der Lösung vorhandenen freien Natriumhydroxyds nimmt im Laufe der Zeit mehr und mehr ab, und kurz vor dem Erstarren der Lösung sind fast nur noch Alkalisulfide neben sehr geringen Mengen freier Natronlauge vorhanden.

Gaebel[1] führt an, daß überschüssige Natronlauge das Zellulosexanthogenatnatrium, wie dieses wohl auch bei äthylxanthogensaurem Natrium der Fall ist, nach folgenden Gleichungen zersetzt:

$$SC{<}^{OC_2O_5}_{SNa} + NaOH = SC{<}^{ONa}_{ONa} + C_2H_5OH \tag{1}$$

$$SC{<}^{OC_2H_5}_{SNa} + 2\,NaOH = SC{<}^{ONa}_{ONa} + NaHS + C_2H_5OH \tag{2}$$

$$SC{<}^{OC_2H_5}_{SNa} + NaHS = SC{<}^{SNa}_{SNa} + C_2H_5OH \tag{3}$$

$$SC{<}^{ONa}_{ONa} + NaOH = Na_2CO_3 + NaHS \tag{4}$$

Die Gleichungen 3 und 4 entsprechen den tatsächlichen Vorgängen bei der Zersetzung der Viskose, dagegen treffen die Gleichungen 1 und 2 bei Zellulosexanthogenatnatrium keinesfalls zu.

Setzt man vielmehr der Viskose mit fortschreitender Reife ständig neue Mengen Natronlauge zu, so läßt sich die Polymerisation verlangsamen, jedoch nicht völlig zum Stillstand bringen. Beseitigt man die sich bildenden Sulfide durch ständige Diffusion, so läßt sich das Festwerden der Zelluloselösung erheblich verzögern. Nur bei sehr großem Überschuß an Natronlauge von etwa 15 vH, entsprechend der Gleichung Gaebels, kann in gewissem Sinne reversible Koagulation eintreten. Metallsalze, wie Eisen- und Kalziumverbindungen, scheinen den Prozeß katalytisch, insbesondere fällend zu beeinflussen (vornehmlich gefürchtet werden Kupfersalze), während die Anwesenheit von Schwefelkohlenstoff das Reifen verlangsamt, ebenso die Gegenwart gewisser Salze, wie z. B. Natriumsulfit, das die meisten Verunreinigungen der Viskose in neutrale Thiosulfate überführt.

Beim Sulfidieren der Alkalizellulose entstehen nach Gaebel durch direkte Einwirkung von Schwefelkohlenstoff auf in dieser stets vorhandene überschüssige Natronlauge die verschiedenartigsten Nebenprodukte nach den Formeln:

$$CS_2 + 4\,NaOH = Na_2CO_3 + 2\,NaHS + H_2O \tag{1}$$

$$3\,CS_2 + 6\,NaOH = 2\,Na_2CS_3 + Na_2CO_3 + 3\,H_2O. \tag{2}$$

Es ist ohne weiteres klar, daß um so mehr diese Nebenprodukte entstehen, je größer der NaOH-Überschuß der Alkalizellulose ist. Dadurch erklärt sich die ganz richtige Annahme Gaebels, daß mit stärke-

---

[1] Herzog, R. O.: Technologie der Textilfasern, Bd. VII: Kunstseide.

ren Natronlaugen merzerisierte Zellulosen Viskosen mit bedeutend höherem Schwefelgehalt ergeben, da stärkere Tauchlaugen einen größeren NaOH-Gehalt in den Alkalizellulosen hervorrufen. Solche Viskosen zeigen bedeutend geringere Lagerungshaltbarkeit, die wahrscheinlich dadurch hervorgerufen wird, daß die Bildung von Natriumhydrosulfid als sauer reagierende Schwefelverunreinigung der Viskose auftritt (s. oben angeführte Tabelle bezüglich Beeinflussung der Reifegschwindigkeit der Viskose durch dieses Salz).

Verläuft aber die Nebenreaktion nach der Gleichung 2, d. h. entstehen keine sauer reagierenden Verunreinigungen der Viskose, so hat sie große Lagerbeständigkeit aufzuweisen. Bewiesen wird diese Tatsache durch die Erfahrung, daß Alkalizellulosen mit normalem NaOH-Gehalt, die mit einer größeren Menge Schwefelkohlenstoff sulfidiert wurden, nur sehr langsam zu reifen vermögen. Die Praxis hat diese Erfahrung durchaus bestätigt, und es ist daher unbedingt zu vermeiden, NaOH-reiche Alkalizellulosen mit großem Überschuß an Schwefelkohlenstoff zu sulfidieren.

Weiterhin lehrt die Praxis, daß Alkalizellulosen stets gleicher Zusammensetzung bei Verwendung ebenfalls gleicher Schwefelkohlenstoffmengen zur Sulfidierung (natürlich auch unter gleichen Bedingungen) stets einheitliche Viskosen mit gleichmäßiger Reifegeschwindigkeit ergeben.

Viele stark dissoziierende Elektrolyte fällen aus Viskose lösliches Zellulosexanthogenat der jeweiligen Polymerisationsstufe. Xanthogenat aus ganz frischer Viskose ist in Wasser und sogar in verdünnter Kochssalzlöung leicht löslich; das Xanthogenat der Stufe C_{12} läßt sich bereits mit nicht zu stark verdünnter Kochsalzlösung aussalzen, löst sich aber in Wasser und Natronlauge. Das C_{24}-Xanthogenat ist nur noch in Natronlauge löslich. Das Koagulieren auf Zusatz mehr oder weniger großer Elektrolytmengen ist ein gemeinsames Kennzeichen aller kolloiden Lösungen. Es beruht nach der Entdeckung von Hardy u. a. auf der elektrischen Ladung der Kolloidteilchen, die — je nach der eigenen Ladung des Kolloids — Kationen oder Anionen lebhaft absorbieren. Auch Nichtelektrolyte sind imstande, Zellulosexanthogenat zu fällen, wenn sie, wie z. B. Alkohol, wasserentziehend wirken. Das ausgeflockte Xanthogenat, welches Gelstruktur besitzt, läßt sich wie erwähnt, im Gegensatz zu der beim freiwilligen Gerinnen aus der Viskose ausgeschiedenen Gallerte, wieder in ein Sol überführen; man kann es daher — innerhalb gewisser Grenzen — als reversibles Kolloid bezeichnen.

Aus dem Vorstehenden dürfte ersichtlich sein, daß das Sulfidieren und Reifen der Viskose von einer ganzen Reihe von Einflüssen abhängig ist, und daß infolgedessen die Beherrschung der Vorgänge in der Praxis große Erfahrung und Umsicht verlangt.

Nach der Gladstonschen bzw. Viewegschen Theorie ist für die Alkalizellulose die Formel $(C_6H_{10}O_5)$ 2 NaOH anzunehmen. Danach würde theoretisch ein Molekül der α-Zellulose ein halbes Molekül Schwefelkohlenstoff verlangen, oder auf 100 kg absolut trockene α-Zellulose benötigt man 23,4 kg Schwefelkohlenstoff.

Der Zellstoff ist aber, abgesehen von der Feuchtigkeit, keinesfalls als reine α-Zellulose anzusprechen, vielmehr schwankt sein Gehalt an α-Zellulose zwischen 85—90 vH. Ginge man bei der Berechnung der notwendigen Menge Schwefelkohlenstoff von der α-Zellulose aus, so würden 100 kg technischer Zellstoff z. B. mit 85 vH Gehalt an α-Zellulose nur 18,697 kg Schwefelkohlenstoff verlangen. Dies ergibt sich aus der Rechnung

$$100 \text{ kg Zellstoff} - 6 \text{ kg Feuchtigkeit} = 94 \text{ kg absolut trockener Zellstoff}$$
$$94 \times 85 : 100 = 79,9 \text{ kg } \alpha\text{-Zellulose.}$$

Wie vorstehend erwähnt, benötigt ein Molekül α-Zellulose ein halbes Molekül Schwefelkohlenstoff. Somit verlangen 79,9 kg α-Zellulose (welche in 100 kg technischem Zellstoff enthalten sind)

$$79,9 \cdot 23,4 : 100 = 18,697 \text{ kg Schwefelkohlenstoff.}$$

Die Erfahrung hat indessen gelehrt, daß die aus 100 kg luftfeuchtem Zellstoff gewonnene Alkalizellulose etwa 29 kg Schwefelkohlenstoff bindet. Berücksichtigt man, daß der Zellstoff nach der Merzerisation auf das 3,05fache ausgepreßt wird und, anstatt laut Gladstonescher Theorie 9,827 kg NaOH zu enthalten, ca. 48 kg NaOH fest aufweist, so ist die Annahme berechtigt, daß die Differenz des Schwefelkohlenstoffes nach der Berechnung $29 - 18,697 = 10,303$ kg vom überschüssigen Ätznatron zur Bildung der obenerwähnten Nebenprodukte bzw. Verunreinigungen verbraucht wird.

Da der zur Verarbeitung gelangende Sulfitzellstoff in seiner Zusammensetzung schwankt, der NaOH-Gehalt der Alkalizellulose ebenfalls nicht gleichmäßig ausfällt, so ist es für die Praxis unmöglich, die zur Sulfidierung notwendige Menge Schwefelkohlenstoff anzugeben, vielmehr ergibt sich diese Menge für jeden Fall aus den vorliegenden Verhältnissen. Gewöhnlich überschreitet die Menge des zur Verwendung gelangenden Schwefelkohlenstoffes nicht 32 vH des Gewichtes des in Arbeit genommenen lufttrockenen Sulfitzellstoffes.

2. Praxis des Sulfidierens.

Die vorgereifte Alkalizellulose wird in eine sechseckige oder runde mit Mannloch versehene Trommel eingebracht. Das Fassungsvermögen der Trommel muß so bemessen sein, daß eine Charge (etwa 300 kg Alkalizellulose) den Hohlraum nur etwa zu $^2/_3$ füllt, um ein gutes Mischen zu gewährleisten. Um während der Dauer des Prozesses die Tem-

peratur regulieren zu können, ist das Faß mit einem Kühlmantel ausgestattet. Nachdem die Trommel luftdicht verschlossen und in langsame
Rotation (etwa 1—2 Touren in der Minute) versetzt worden ist, wird
mit fließendem Wasser energisch gekühlt, um die vom Reiferaum her
etwa 23⁰ C warme Alkalizellulose in ca. 1—1¹/₂ Stunden auf 18—19⁰ C
zu bringen. Die Temperatur wird mit Hilfe eines an der Trommel
angebrachten Thermometers festgestellt. Ist die Temperatur erreicht,
so wird aus dem Meßgefäß, welches sich seitlich der Sulfidiertrommel
befindet, Schwefelkohlenstoff durch ein in die Trommel ragendes Sieb-
rohr in einem Zeitraum von etwa 8 Minuten zugegeben. Hierbei ist
darauf zu achten, daß der Schwefelkohlenstoff sich in der ganzen Alkalizellulose gleichmäßig verteilt, d. h. mit jeder einzelnen Faser in Berührung kommt und diese durchdringt. Die Reaktion beginnt bei der
genannten Temperatur sofort nach dem Einbringen des Schwefelkohlenstoffes. Wird der Schwefelkohlenstoff nicht sorgfältig genug verteilt,
so verläuft die Reaktion ungleichmäßig, so daß einzelne Alkalizellulose-
fasern schon fertig xanthogeniert sind, während andere Partien erst
äußerlich angegriffen wurden. Solche Xanthogenate ergeben selbstverständlich ungleichmäßige Viskosen, die sich nicht nur schlecht
lösen, sondern auch schlecht filtrieren und verspinnen lassen.

Es hat nicht an Vorschlägen zur Beseitigung dieses Übelstandes
gefehlt. So hat man versucht, den Schwefelkohlenstoff in größerer
Verdünnung, z. B. in Dampfform oder in einem organischen Lösungsmittel, wie Benzin, Benzol u. ä., gelöst, auf die Alkalizellulose einwirken
zu lassen. Diese Methoden haben sich in der Technik nicht einbürgern
können. Die Vereinigten Glanzstoffabriken in Deutschland haben ein
Verfahren angewendet, nach dem man den Schwefelkohlenstoff mit der
Alkalizellulose bei etwa 5⁰ zusammenbringt, wobei keine merkliche
Reaktion erfolgt, und erst nach Durchtränkung aller Fasern die Reaktion durch Erwärmen des Gemisches auslöst. Diese Arbeitsweise führt
ohne Zweifel zu guten Resultaten. Eine Abkühlung bis auf 5⁰ C ist
indessen nicht erforderlich, da schon bei 10⁰ Schwefelkohlenstoff und
Alkalizellulose außerordentlich langsam miteinander reagieren. Bei
Beginn der Sulfidierung färbt sich die Masse allmählich gelb und dunkelt
im Verlauf der Reaktion erheblich nach. Der Prozeß ist beendet, wenn
die Masse eine orangegelbe Farbe, die einer 10 vH Kaliumbichromat-
lösung in etwa 10 mm starker Schicht vergleichbar ist, angenommen hat.
(Es empfiehlt sich, den Arbeitern eine derartige Lösung zum Vergleich
auszuhändigen.) Bei zu weitgehender Sulfidierung erhält man braune
Xanthogenate. Mit der Veränderung der Farbe steigt auch die Temperatur des Reaktionsgemisches von 18⁰ bis auf etwa 23⁰. (Man muß
bemüht sein, diese Temperatur, d. h. 23⁰ C, schnell zu erreichen und
die Reaktion bei dieser Temperatur durchzuführen.) Bei dieser Tem-

peratur ist die Sulfidierung in etwa $2-2^3/_4$ Stunden beendet. Eine gut sulfidierte Alkalizellulose darf ihre ursprüngliche lockere Struktur nicht verloren haben. Bei zu langer Behandlung wird das Xanthogenat glasig und bildet Klumpen von Haselnuß- bis Kopfgröße. Hierbei entsteht ein Xanthogenat mit anderen chemischen Eigenschaften. Jedenfalls wird durch Übersulfidieren, besonders bei Gegenwart eines Überschusses an Schwefelkohlenstoff, die Viskosität der fertigen Lösung stark herabgesetzt und es entstehen, wie bereits erwähnt, viele Verunreinigungen, die bei der weiteren Verarbeitung der Viskose infolge ihres hohen Schwefelgehaltes lästig werden. Auch läßt sich ein übersulfidiertes Xanthogenat schwer lösen. Es ergibt unhomogene Viskosen, die sich schlecht filtrieren lassen. Aus all diesen Gründen sucht man die Sulfidierung mit möglichst wenig Schwefelkohlenstoff bei möglichst niedriger Temperatur und in kürzester Zeit durchzuführen.

Nach beendeter Sulfidierung wird der überschüssige Schwefelkohlenstoff mit einem indifferenten Gas abgeblasen oder besser abgesaugt. Falls nur ein geringer Überschuß vorhanden ist, erübrigt sich diese Maßnahme. Das fertige Xanthogenat wird dann durch das Mannloch der Trommel in den Mischer geschüttet.

In der Praxis benutzt man zur Durchführung des Sulfidierprozesses sechseckige Trommeln, wie in Abb. 28 (Maschinenbauanstalt Pirna) veranschaulicht von etwa 1450 l Inhalt und nur 700 mm Breite. Diese Form hat sich aus Bequemlichkeitsgründen eingeführt und gut bewährt. Der aus der erwähnten Breite und dem Inhalt der Sulfidiertrommel sich ergebende Durchmesser darf nicht überschritten werden, da man bei Anwendung eines größeren Durchmessers Gefahr läuft, daß die eigene Schwere der Alkalizellulosemenge die Ursache von Klumpenbildung wird.

Abb. 28. Sechseckige Sulfidiertrommel.

Die Trommel wird durch ein seitlich angebrachtes Schneckengetriebe in langsame Rotation versetzt. Um eine gewisse Umwälzung des Reaktionsgutes innerhalb der Trommel zu ermöglichen, darf diese nur zu $^3/_4$ gefüllt werden; daher kann man mit dieser Maschine nur Chargen von höchstens 100—120 kg trockenem Zellstoff verarbeiten. In letzter Zeit ist man aus Gründen der Rationalisierung bestrebt, mit größeren Chargen, d. h. 200 und mehr Kilo (auf trockenen Zellstoff bezogen) zu arbeiten. Zur Erzielung einer besseren Beschickung und Entleerung der Trommel und zum Zweck einer energischeren und exakteren Durchführung der Kühlung während des Prozesses ist man bei so großen Mengen gezwungen, eine andere Form der Sulfidiertrommel zu wählen.

In der Praxis hat sich im allgemeinen das oft gebräuchliche Schneckengetriebe als Antrieb für die Sulfidiertrommel wenig bewährt, da die ungleichmäßige Belastung der Formel mit Alkalizellulose zur Erwärmung des Schneckengetriebes führt und hierdurch eine Explosion verursachen kann. Dieser Umstand veranlaßte mich seinerzeit, an Stelle des Schneckengetriebes Zahnradgetriebe zu nehmen, wie es aus der Abb. 28 ersichtlich ist.

Bekanntlich ist Schwefelkohlenstoff in Gasform stark explosiv und bedeutet somit eine große Gefahr, die man unbedingt im Auge behalten muß. Die Entzündung des Schwefelkohlenstoffes kann durch verschiedene Ursachen hervorgerufen werden, z. B. durch Reibung gleichartiger Metallteile aneinander, Erwärmung usw. Es ist daher notwendig, die Alkalizellulose vor der Einfüllung in die Trommel auf metallische Fremdkörper genauest zu untersuchen, was am besten dadurch geschieht, daß man die Alkalizellulose ein weitmaschiges Drahtsieb passieren läßt.

Der aus den Vorratsbehältern durch Blei- bzw. verzinkte Eisenrohre dem Meßgefäß der Sulfidiertrommel zugeführte Schwefelkohlenstoff muß der in der Trommel befindlichen Alkalizellulose schnell zugegeben werden. Früher bestand die Ansicht, den Sulfidierprozeß besser durchführen zu können, wenn man den Schwefelkohlenstoff in kleineren Portionen langsam in die Sulfidiertrommel einführt, doch hat sich diese Arbeitsweise nicht bewährt.

Es ist unbedingt darauf zu achten, daß die Innenflächen der Sulfidiertrommel absolut glatt sind und aus einer Eisenlegierung bestehen, welche durch Schwefelkohlenstoff wenig angegriffen wird. Ist die Innenfläche der Trommel erst einmal rauh geworden, so verursachen diese Stellen ein starkes Haften bzw. Kleben des Xanthogenats, das zur Entfernung ein äußerst unangenehmes und nicht immer zulässiges Schaben bzw. Reiben erfordert.

Wie bereits erwähnt, muß der Schwefelkohlenstoff schnell und dabei absolut gleichmäßig in der Reaktionsmasse verteilt werden. Dies geschieht mittels eines perforierten Rohres, welches in der Mitte der Trommel in der ganzen Länge angebracht ist. Um eine Verstopfung der feinen Löcher in diesem Rohr zu verhindern, hat es sich in der Praxis als ratsam erwiesen, das Rohr aus Reinnickel herzustellen und den Einbau so vorzunehmen, daß es zur Reinigung jederzeit leicht aus der Trommel entfernt werden kann. Viele Kunstseidefabriken bandagieren das Rohr mit Verbandmull, um es vor Verunreinigungen zu schützen und die Perforationslöcher offen zu halten.

Es ist ferner darauf zu achten, daß die Füll- bzw. Entleerungsöffnungen der Sulfidiertrommel so groß wie möglich gehalten werden, da eine schwierige Beschickung und Entleerung der Trommel einerseits das Bedienungspersonal gefährdet, andererseits durch Absorption des Sauerstoffes durch das Xanthogenat für letzteres von Nachteil ist.

Da beim Sulfidierprozeß große Wärmemengen entwickelt werden, ist es notwendig, die Maschine bzw. den Inhalt der Trommel dauernd zu kühlen. Dies darf aber nicht mittels kalten Wassers geschehen, da der durch den Reaktionsprozeß und die daraus resultierende Erwärmung sich bildende Wasserdampf hierbei an den Innenwänden der Trommel zu tauähnlichen Tropfen kondensiert wird. Dieses Kondenswasser wird nun von der umwälzenden Reaktionsmasse heruntergewischt und verursacht folglich

1. eine Veränderung der Zusammensetzung der Alkalizellulose,

2. eine teilweise Lösung des schon gebildeten Xanthogenats. Hierdurch wird begreiflicherweise eine ungleichmäßige und mangelhafte Sulfidierung hervorgerufen, was wiederum zur Bildung ungleichmäßiger, schlecht löslicher Viskose führt.

C. Lösen des Xanthogenats.

1. Allgemeines.

Das Lösen des hochkolloiden, sehr stark quellenden Zellulosexanthogenats muß unter starker mechanischer Einwirkung durch Rühren, Zerreiben und Quetschen erfolgen, um homogene Lösungen zu erzielen. Die beim Lösen entstehende Quellungs- und Reibungswärme muß durch ununterbrochene Kühlung abgeleitet werden. Je intensiver die Kühlung, desto geringer ist die Gefahr des schnellen, unliebsamen Nachreifens der Viskose. In der Kunstseidenindustrie dient zum Lösen stets etwa 4 vH Natronlauge. Die Alkalität der Löseflüssigkeit begünstigt die Quellung des Xanthogenats und macht die Viskose haltbarer. Durch kräftige mechanische Bearbeitung läßt sich die Viskosität der Lösung erniedrigen; eine Erscheinung, die oft fälschlich als Molekülabbau angesehen wird.

Die Dauer des Lösens ist davon abhängig, wieviel Zeit das Xanthogenat zum Quellen braucht. Der Versuch, die Quellung zu beschleunigen oder gar zu unterdrücken, führt nur zu Mißhelligkeiten. Gewöhnliche Rührwerke sind für den Zweck schlecht zu gebrauchen. Die Maschinen müssen kräftig gebaut und mit guten Knetflügeln versehen sein, da die Flügel beim Lösen großen Widerstand zu überwinden haben. Ferner müssen die Maschinen große Kühlflächen besitzen. Ein solches Rührwerk, bzw. ein Xanthogenatauflöser, ist aus der Abb. 29 ersichtlich. In der gut gekühlten Mulde befinden sich ein Rührwerk und ein Quetschwerk (Turbine). Nachdem in den Löser die notwendige Menge Natronlauge gegeben worden ist, wird zuerst das Rührwerk in Gang gebracht und der Löseflüssigkeit dann sehr schnell das Xanthogenat zugesetzt. Es ist außerordentlich wichtig, das Xanthogenat möglichst rasch in den Mischer zu befördern, da die krümlige sulfidierte Alkalizellulose den Sauerstoff der Luft gierig absorbiert, wodurch die Viskosität der kolloiden Lösung verringert wird, und auch die Güte, besonders die Festigkeit der hergestellten Kunstseide beträchtlich leidet. Eine halbe Stunde nach Einführung des Xanthogenats in den Mischer wird auch die Turbine in Betrieb gesetzt. Da das Xanthogenat dauernd kleine Klumpen bildet, die ein ungleichmäßiges Nachreifen (Nachsulfidieren) veranlassen, so wird zum Zerschlagen bzw. Zerdrücken derselben eine Spezial-Zahnradpumpe (z. B. Fabrikat Neidig, Mannheim) Abb. 30 eingeschaltet, die gleichzeitig eine Zirkulation der Viskose im Kreislauf bewirkt. Diese Pumpe hat bei nur 50 Touren eine Umpumpleistung von 2 cm³ stündlich. Sie besitzt eine

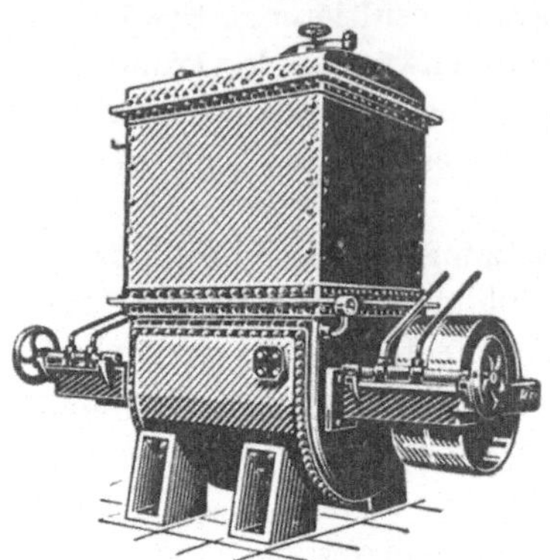

Abb. 29. Viskoseauflöser.

Zahnlückenentlastung um die Quetschung der Förderflüssigkeit in den Zahnlücken im Augenblick des tiefsten gegenseitigen Zahneingriffes zu verhindern, was besonders bei viskosen Flüssigkeiten von Vorteil ist, weil erfahrungsgemäß bei Pumpen, die keine solche Einrichtung besitzen, in dem genannten Augenblick Flüssigkeitsquetschungen von einer Druckhöhe entstehen können, die das Zehn- und Zwanzigfache und noch mehr des eigentlichen Förderdruckes beträgt, wodurch Erwärmung und andere unliebsame Nachteile auftreten. Der Löseprozeß ist in etwa 3—4 Stunden beendet. Zur Erreichung einer besseren und schnelleren Homogenität der viskosen Lösung wird oft eine sog. Zerreibmaschine hinter der Zahnradpumpe eingeschaltet, deren Wirkungsweise aus der Konstruktion

Abb. 30. Spezial-Viskose-Zahnrad-
pumpe.

ersichtlich ist. Abb. 31 zeigt die Maschine in geöffnetem Zustande (System Neidig, Mannheim).

Die Maschine besitzt im Inneren mehrere, abwechselnd rotierende und stillstehende Mahlscheiben mit Lochungen in abnehmender Größe, durch welche die mittels der obenerwähnten Pumpe zugeförderte Viskose hindurchtritt. Hinter dem Lochscheibensatz befindet sich noch ein federbelasteter, auf eine stillstehende Ringfläche angepreßter Zerreibteller, der infolge seines großen Durchmessers der gesamten, durch

die Maschine hindurchtretenden Viskosemenge ausreichenden Durchfluß freigibt, wenn er sich von seiner Sitzfläche infolge des Viskosedruckes nur um wenige Zehntelmillimeter erhebt. Es entsteht also am
Rande dieses Tellers ein ringförmiger Spalt von nur $^2/_{10}$—$^3/_{10}$ mm
Schlitzbreite, jedoch von beträchtlichem Umfange, durch welchen die
gesamte Viskosemenge hindurchtreten muß. Auf diese Weise wird
erreicht, daß selbst die nach dem Passieren des Lochscheibensatzes
etwa noch vorhandenen kleinen Viskoseknöllchen zerrieben werden,
bevor sie den Spalt passieren können. Die Viskose wird demgemäß bei
einmaligem Durchgang durch die Maschine in einen vollständig homogenen Zustand übergeführt. Die Viskose muß je nach ihrer Eigenart der
Maschine unter einem
Druck von 2—4 Atm.
zugeführt werden. Die
sich während des Zerreibprozesses in der
Maschine entwickelnde
Wärme wird durch
Kühlung abgeleitet.

Die Lösung des
Xanthogenats wird am
besten bei 15° C, aber
keinesfalls bei höherer
Temperatur als 17° C
durchgeführt. Erfahrungsgemäß läßt sich
das Xanthogenat bei

Abb. 31. Viskose-Zerreibmaschine, System Neidig.

weniger als 15° C in der Lösung schwer dispergieren und auch die
beim Löseprozeß auftretende Quellung vollzieht sich langsam und
schlecht. Bei höherer Temperatur als 17° C treten jedoch unliebsame
Reifeerscheinungen auf. Da das Xanthogenat dem Mischer mit etwa
23° C zugeführt wird, empfiehlt es sich aus technischen Gründen, die
Lösungsnatronlauge vorerst auf 10° C abzukühlen, beim Mischen kommt
dann die Lösung auf die notwendigen 15° C.

Eine gute Viskose soll völlig homogen sein, 7,7—8,0 vH Zellulose
und 6,6—7,0 vH (Gew. vH) Alkali (insgesamt) enthalten und ein hellgelbes, honigartiges Aussehen haben. Beim Reifen dunkelt die Viskose
bald nach, zum Teil deswegen, weil stets in der Lösung vorhandene
Schwermetalle (besonders Eisen) mit der Zeit vollständig in dunkle
Sulfide übergehen. Sehr starke Verfärbung deutet auf Anwesenheit sehr
großer Mengen von Verunreinigungen. Oft werden der Lösungslauge 5 vH
(auf den trockenen Zellstoff berechnet) Natriumsulfit (wasserfrei) beigegeben, um die Bildung von sauren Sulfiden in der Viskose zu erschweren.

Die Viskosität der Viskose wird je nach ihrem Verwendungszweck
eingestellt. Zur Erzeugung von Kunstseide verwendet man im allgemeinen eine Viskose mit der Standardviskosität von 25 Sekunden;
Abweichungen zwischen 22 und 28 Sekunden sind normal und zulässig.

Abb. 32. Vakuum-Xanthat-Viskosekneter.   System Werner-Pfleiderer.

Inhomogene Viskose ist besonders zur Kunstseidenfabrikation schlecht
zu gebrauchen. Sie läßt sich schlecht oder gar nicht filtrieren, weil sich
das schlecht gelöste Xanthogenat auf dem Filtertuch ablagert und seine
Poren verschmiert; sie reift ungleichmäßig, läßt sich schwer verspinnen
und die daraus gewonnenen Fertigfabrikate färben sich ungleichmäßig an.

Mitunter werden der Löseprozeß, wie auch die Sulfidierung, in
dem Vakuum - Xanthat -Viskosekneter[1] (Abb. 32) durchgeführt. Diese

---

[1] System Werner-Pfleiderer.

Maschine gestattet, die fertige Viskoselösung von der gereiften Alkalizellulose an in einem Arbeitsgang herzustellen. Die gereifte Alkalizellulose wird in dieser Maschine unter Luftabschluß mit Schwefelkohlenstoff behandelt. Der überschüssige Schwefelkohlenstoff wird durch die Vakuumhaube abgesaugt; anschließend daran erfolgt die Verdünnung mit Lauge unter Zuhilfenahme einer zweiten, wesentlich höheren Drehgeschwindigkeit für die Mischflügel und des im Vakuumdeckel eingebauten heb- und senkbaren Hilfsrührwerkes, welches den Zweck hat, die oberen Partien der Lösung in dauernder Bewegung zu halten. Der Sulfidier- und Lösevorgang erfordert eine Zeitdauer von etwa 5 Stunden, einschließlich Füllung, Entleerung und Reinigung. Die Eigenart der Maschine erfordert, daß nicht die ganze Löseflüssigkeit dem sulfidierten Gut auf einmal zugesetzt wird, da dann die erhaltene Viskose niemals völlig homogen wird, wenn sie auch nach längerem Rühren homogen erscheint. Um eine homogene Lösung zu erhalten, muß die Löseflüssigkeit zu Anfang in kleinen Portionen in größeren Zwischenräumen zugesetzt werden; später kann man in kleineren Abständen größere Portionen zuführen, während die Geschwindigkeit der Knetflügel vergrößert, bzw. das Hilfsrührwerk in Tätigkeit gesetzt wird. Mengt man Viskosen, die in verschiedenen Partien hergestellt und gelöst worden sind, miteinander, so fehlt diesem Gemisch oft die Gleichmäßigkeit, welche man durch Anwendung eines Rührwerkes herbeiführt.

Abb. 33. Liegendes Viskoserührwerk.

Abb. 33 zeigt ein für diesen Zweck konstruiertes liegendes Rührwerk (Maschinenfabrik und Apparatebauanstalt Pirna) mit dem großen Fassungsvermögen von etwa 6 m³. Der Mischprozeß dauert gewöhnlich $2^1/_2$ Stunden. Da der Mischer als Druckkessel gebaut ist, kann von dort aus auch die Filtration vorgenommen werden.

2. Praxis des Lösens, besonders für die Kunstseidenherstellung.

Zunächst werden die zum Lösen des Xanthogenats erforderlichen Mengen Natronlauge und Wasser auf Grund der Analyse der Alkalizellulose berechnet.

Beispiel: Die Analyse einer Charge Alkalizellulose, die aus 100 kg Zellstoff besteht, habe folgende Zahlen ergeben:

26,4 vH Zellulose
15,7 vH Gesamtalkali,

und die Charge selbst habe ein Gewicht von 304,94 kg.

Da beim Umfüllen aus einer Maschine in die andere Verluste entstehen, rechnet man mit einem etwas geringeren Chargengewicht. Die Erfahrung hat ergeben, daß die Verluste etwa 0,4 kg betragen.

$$304,94 - 0,4 = 304,54 \text{ kg}.$$

304,54 kg Alkalizellulose enthalton laut Analyse

$$(304,54 \cdot 26,4) : 100 = 80,4 \text{ kg resistenter Zellulose}.$$

Da die Viskose 7,8 vH resistente Zellulose enthalten soll, so ergeben die 80,4 kg Zellulose

$$(80,4 \cdot 100) : 7,8 = 1030 \text{ kg Viskose}.$$

304,54 kg Alkalizellulose enthalten laut Analyse

$$(304,54 \cdot 15,7) : 100 = 47,81 \text{ kg Gesamtalkali}.$$

Da die Viskose 6,7 vH Gesamtalkali enthalten soll, so müssen in 1030 kg Viskose enthalten sein

$$(1030 \cdot 6,7) : 100 = 69 \text{ kg Ätznatron}.$$

Die Löseflüssigkeit muß also enthalten

$$69 - 47,81 = 21,19 \text{ kg Ätznatron}$$

oder in Form von 18,3 vH Lösung, die im Betriebe zur Verfügung steht,

$$(21,19 \cdot 100) : 18,3 = 115,8 \text{ kg Lösung } 18,3 \text{ vH}.$$

Bei einem spez. Gewicht der Lösung von 1,19 sind das

$$115,8 : 1,19 = 97,3 \text{ l Lösung von } 18,3 \text{ vH}.$$

Die beim Sulfidieren einer Charge gebundene Schwefelkohlenstoffmenge beträgt, wie oben erwähnt, 29 kg

Alkalizellulose	304,54 kg
Schwefelkohlenstoff	29,00 „
Natronlauge 18,3 vH	115,80 „
	449,30 kg

Zur Herstellung der Viskose müssen demnach noch

$$1030 - 449,30 = 580,70 \text{ kg oder l Wasser}$$

zugesetzt werden.

In der Praxis erhält die Viskose oft noch verschiedene Zusätze, z. B. Stoffe zur Beschleunigung oder Verlangsamung der Reife, zur Beseitigung der Verunreinigungen der Viskose und zu ihrer Veredlung. Das Gewicht dieser Stoffe muß dann selbstverständlich bei der Berechnung berücksichtigt werden. Die Großindustrie verwendet oft reinstes Natriumsulfit als Zusatz zur Viskose, und zwar in Mengen von 5 vH auf den trockenen Zellstoff berechnet. Natriumsulfit verlängert die Reifedauer der Viskose, verringert die oxydierende Wirkung des Luftsauerstoffes und beseitigt einen beträchtlichen Teil der Verunreinigungen in der Rohviskose, indem es die Sulfide in Thiosulfate überführt. Auch verringert ein Natriumsulfitzusatz zur Viskose die Ausscheidung des lästigen Schwefelwasserstoffes beim Spinnen ganz beträchtlich, wobei sich auf der Faser fein verteilter Schwefel niederschlägt.

Man hat auch versucht, oxydierend wirkende Substanzen zuzusetzen, um die in der Viskose vorhandenen Schwefelverbindungen zu oxydieren, die Zähigkeit der Viskose herabzusetzen und sie schneller reifen zu lassen. Aus der großen Zahl von Vorschlägen zur Veredelung der Viskose seien noch einige herausgegriffen. So wollte der Verfasser der Rohviskose Kali- oder Natronseife zusetzen, oder auch Seife bildende Substanzen, um das Verspinnen der Lösung in sauren Bädern zu erleichtern. Die französische Patentschrift 451156 will in der gleichen Absicht der Rohviskose Ammoniak zusetzen, und zwar etwa $5^1/_2$ vH auf den trockenen Zellstoff berechnet. Auf weitere Neuerungen kann hier des Platzmangels wegen nicht eingegangen werden.

3. Die Viskosität.

a) **Allgemeines.** Die Viskosität einer aus nicht vorgereifter Alkalizellulose hergestellten Viskose mit etwa 8 vH Zellulose ist sehr hoch; sie hat fast teigartige Konsistenz. Je länger die Vorreife dauert, und je höher die dabei angewandte Temperatur ist, um so dünnflüssiger wird die Viskose. Eine Viskose, die aus einer 72 Stunden lang bei ca. 24^0 C vorgereiften Alkalizellulose hergestellt ist und einen Zellulosegehalt von etwa 7,7 vH aufweist, besitzt im allgemeinen im Vergleich zu 30^0 Bé starkem Glyzerin eine 2,5—3mal so große Viskosität.

In der Praxis ist es üblich, die Dauer der Vorreife konstant zu halten und nur die Temperatur vorsichtig zu variieren, weil auf diese Weise die erforderliche Viskosität leichter zu erreichen ist. Würde man Vorreifedauer und Temperatur zugleich ändern, so wäre es unmöglich, gleichmäßig viskose Lösungen zu erhalten. Die Qualität des Zellstoffs und die Arbeitsweise bei der Merzerisation sind für die Einstellung der Temperatur im Vorreiferaum maßgebend. Die notwendige Temperatur kann nur durch vorsichtige Versuche praktisch festgestellt werden.

Wie bei allen kolloiden Lösungen, so nimmt auch bei der Viskose die Zähigkeit mit zunehmender Temperatur stark ab; die Messungen sind daher stets bei gleicher Temperatur vorzunehmen. Im allgemeinen wächst die Zähigkeit der Lösungen organischer Kolloide mit steigender Konzentration sehr rasch. Viskose läßt sich dagegen verhältnismäßig stark verdünnen, ohne eine bedeutende Viskositätserniedrigung zu zeigen, Es ist demnach unvorteilhaft, eine Viskositätsverminderung durch Verdünnen der Viskose erzielen zu wollen. Nur für einige Spezialzwecke, z. B. zur Erreichung normaler Viskosität bei aus nicht vorgereiften Alkalizellulosen hergestellten Viskosen ist deren Verdünnung angängig.

Eine gute Spinnlösung muß bei nicht zu hoher Viskosität eine gute Kohäsion aufweisen. Ein beim Abtropfenlassen von Viskose an der Luft entstehender flüssiger Viskosefaden darf nicht kurz abreißen, die Lösung muß vielmehr „spinnen" — wie man in der Praxis zu sagen pflegt. Vielfach wird die Kohäsion mit der Viskosität verwechselt. Eine Lösung kann dünnflüssig sein, aber trotzdem große Kohäsion besitzen. Andererseits kann eine dickflüssige Viskose sehr „kurz" sein, wie der Fachausdruck lautet.

b) Die Viskositätsbestimmung. Die Zähigkeit wird in der Praxis nach zwei Methoden bestimmt:

1. Ausfließenlassen der Lösung aus einer engen Öffnung,

2. Fallen einer Kugel durch die Lösung.

1. Eine etwa 30 cm lange und 25—30 mm weite Glasröhre wird an einem Ende zu einer etwa 2—3 mm weiten Öffnung ausgezogen. Dieses Glasrohr füllt man bis zu einer Marke mit 30 Bé starkem Glyzerin von 15° C und läßt das Glyzerin 100 Sekunden lang ausfließen. Die Zeit wird mit einer Stoppuhr gemessen. Der Stand der Glyzerinoberfläche nach dem Ausfließen wird durch einen zweiten Strich auf dem Rohre markiert. Das auf diese Weise geeichte Viskosimeter wird mit der zu untersuchenden Viskose gefüllt und die Zeit gemessen, innerhalb deren die zwischen den beiden Strichen befindliche Viskosemenge ausfließt. Eine normale Kunstseidenviskose braucht dazu 250—300 Sekunden. Durch 100 dividiert, ergibt die Zahl die sog. Viskosität.

2. Bei der zweiten Methode wird die Fallzeit einer glatten Metall- bzw. Glaskugel in der zu untersuchenden Viskose gemessen. An einem an seinen Enden verschließbaren Glaszylinder von etwa 40—50 cm Höhe und 20—25 mm Durchmesser werden zwei Markierungsstriche in einem Abstand von 25 cm angebracht. Man füllt den Zylinder mit der zu untersuchenden Viskose und läßt eine Glas- oder Metallkugel mit $^3/_{16}$ engl. Zoll Durchmesser durch die Lösung hindurchfallen. Die Zeit, die die Kugel zum Zurücklegen der Strecke zwischen den beiden Marken braucht, ist die „Viskosität". Der Versuch läßt sich durch einfaches Umdrehen des Zylinders sofort wiederholen. Als Vergleichsflüssigkeit können auch andere zähe Flüssigkeiten genommen werden.

Zu erwähnen wären noch die Viskositätsbestimmungen mittels Cochius-Viskosimeter und die Methode nach Kämpf. Nach Cochius läßt man in einem etwa 7 mm weiten Glasrohr, in welches Viskose eingefüllt wird, in senkrechter Stellung eine Luftblase zwischen zwei Marken aufsteigen. — Nach Kämpf soll man sehr genaue Messungen vornehmen können, indem man die Drehgeschwindigkeit eines besonders konstruierten Drehkörpers in der zu untersuchenden Viskoselösung bestimmt.

D. Die Filtration.

a) Allgemeines. Die fertig gelöste Viskose wird aus dem Mischer mit Hilfe von Pumpen, Druckluft oder Vakuum durch Rohrleitungen in die Zwischenbehälter (g), (g_1) usw. (Abb. 34) und von dort zum Filtrieren in die Arbeitskessel h, h_1, h_2, h_3 usw. befördert.

Die Viskose enthält stets Verunreinigungen verschiedenster Art, z. B. aus den Maschinen stammende Eisenpartikelchen, Kalziumnatriumkarbonatkristalle, unlösliche Sulfide, andere Schwebestoffe, wie Schwefel,

und schließlich ungelöste Zellstoffasern.
Die Herstellung von Kunstfasern und Filmen, wie Glaspapier oder Zellophane, erfordert eine von mechanischen Verunreinigungen völlig freie Viskose. Derartige Beimengungen stören beim Spinnen die Kon-
tinuität des Arbeitsvorganges durch dauernd wiederholtes Verstopfen der feinen
Öffnungen der Spinndüse erheblich, bei
der Filmfabrikation beeinträchtigen sie
die Durchsichtigkeit und Klarheit des
Zellulosegebildes. Auch Luftblasen werden durch die Filtration beseitigt. Bei
der Herstellung an-
derer Gebilde aus
Viskose ist eine Fil-
tration oft nicht
erforderlich. Die zu
filtrierende Viskose
soll homogen, durch
Schwebestoffe we-
nig verunreinigt sein
und normale Zähig-
keit haben. Unter
diesen Bedingungen
passiert die Lösung
die Filterschicht
auch bei mäßigem
Druck in kurzer
Zeit.

Ist die Viskose
nicht einwandfrei
gelöst, so verklebt
der schlecht gelöste
Teil schon nach kur-
zer Zeit die Poren
der Filterschicht so
gründlich, daß kein
Druck mehr im-
stande ist, auch nur

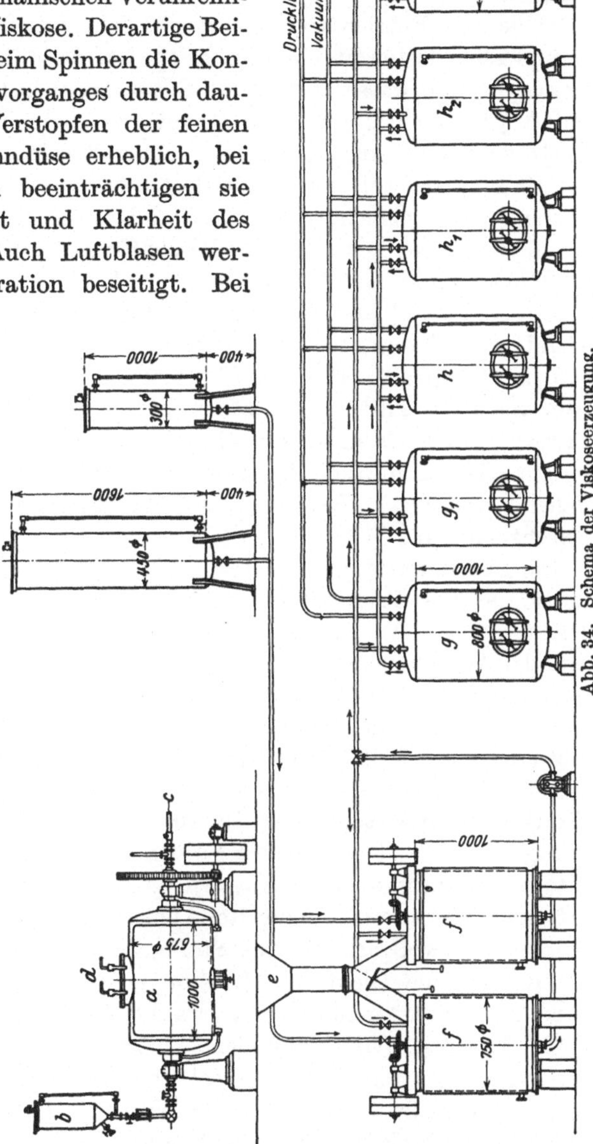

Abb. 34. Schema der Viskoseerzeugung.

einen Tropfen Viskose hindurchzupressen. Auch große Mengen von
Schwebestoffen und Kristallen können die Ursache schlechter Filtration
sein. Schwermetalle und Erdmetalle vermögen das Zellulosexanthogenat

unlöslich oder sehr schleimig zu machen. Es ist deshalb darauf zu achten, daß weder mit den Rohstoffen, noch durch das Lösewasser größere Mengen Schwermetall- oder Erdmetallsalze in die Viskose gelangen.

Schlechtes Filtrieren kann ferner durch ungeeignetes Filtermaterial bedingt sein. Gefürchtet werden beispielsweise Filtertücher und Wattepackungen, die wasserabstoßende Substanzen, insbesondere Öle, Fette und Appretur enthalten. Die Gewebe sollen nicht zu dicht sein, die Watte darf nicht kurzfaserig, also nicht etwa aus alten Lumpen hergestellt sein und soll eine Oxyzellulose enthalten, kurz, sie darf nicht stauben. Ein schlechtes Filtermaterial kann die Viskose mehr verunreinigen als reinigen. Bei der Beschaffung des Filtriermaterials sollte der Kostenpunkt erst in zweiter Linie berücksichtigt werden, da ein gutes Material Zeit und Verdruß spart und der Verbrauch geringer ist als bei billigem Material, so daß die teure Anschaffung sich im Gebrauch bald bezahlt macht. Das zum Filtrieren der Viskose benutzte Material kann nach gründlichem Waschen mit verdünnter Natronlauge und Wasser vorteilhaft noch zum Filtrieren der Natronlauge verwendet werden. Das Filtertuch besteht gewöhnlich aus einseitig gerauhtem Flanell (sog. Biber), Nesselstoff, und mitunter aus feinstem Batist; die Zwischenlage aus Watte.

Die Filtrierwatte muß frei von Fetten, Harzen und Wachsen (Extraktion mittels Äther-Alkohol) sein; sie darf nicht stauben (nicht überbleicht, auch nicht aus alten gerissenen Lumpen hergestellt sein) und keinerlei Appretur enthalten. Die Löslichkeit der Watte in 8 vH Natronlauge muß gering sein, auch dürfen die Einzelfasern in Lauge dieser Konzentration nicht übermäßig quellen bzw. schleimig werden (Prüfung unter dem Mikroskop). Die Watte muß locker und elastisch sein.

Wie die Watte als Filtermaterial, so muß auch der Filterstoff zur Filtration geeignet sein. Das Gewebe darf keinerlei Appretur, Öle oder sonstige Flüssigkeit abstoßende Substanzen enthalten. Die ungerauhte Seite muß Flusenfreiheit aufweisen (gesengt sein). Wenn die Kostenfrage nur eine untergeordnete Rolle spielt, so benutzt man aus merzerisiertem Baumwollgarn gewebte Stoffe, da sie längere Lebensdauer aufweisen und eine leichtere Filtration gewährleisten. Verwendet man Flanell, so benutzt man einseitig gerauhte Gewebe mit 27×17 (oder 15) $= 425$ Maschen. (Oft empfohlene Maschenanzahl $21 \times 17 = 457$ hat sich weniger bewährt). Bei Nessel (flusenfrei und gut gebleicht) muß der Stoff $39 \times 34 = 1326$ Maschen besitzen. Batist, welcher zum Bepacken bzw. Wickeln der Kerzenfilter verwendet wird, soll unbedingt aus bestem merzerisierten Material bestehen und $45 \times 40 = 1700$ Maschen aufweisen. Nebenbei erwähnt kann der gleiche Stoff auch zu Vorschaltscheibchen vor den Spinndüsen verwendet werden (an seiner

Stelle wird in den letzten Jahren Nickelgewebe mit 2000 Maschen je Quadratzentimeter als vorteilhaft empfohlen.

b) **Ausführung der Filtration.** Zum Filtrieren dienen Rahmenfilterpressen mit geschlossenem Zu- und Ablauf, wie sie in der gesamten chemischen Industrie verwendet werden. Die Größe der Rahmen richtet sich nach der Breite des zur Verfügung stehenden Stoffes. Um bequem hantieren und leicht abdichten zu können, sollte die Rahmengröße 60 × 60 cm nicht übersteigen. Werden große Filterflächen benötigt, so nehme man lieber eine größere Anzahl von Rahmen. Eine Filtrierfläche von 10 m² vermag in 24 Arbeitsstunden im allgemeinen 7200 l Viskose zu filtrieren. Viskose, die zur Erzeugung von Kunstseide dienen soll, wird zweimal hintereinander filtriert und kurz vor dem Verspinnen, oder auch im Laufe des Spinnprozesses noch ein drittes Mal. Eine gründliche Filtration erleichtert das Spinnen ganz erheblich. Die erste Filterpresse wird aus Ersparnisgründen nur mit einer doppelten Schicht Flanelltuch ohne Watteeinlage bepackt. Es werden für diese Bepackung bereits so lang gebrauchte, gewaschene Tücher verwendet, daß eine genügend schnelle Filtration erreichbar ist.

Die Packung der Rahmen der zweiten Filterpresse besteht aus einer Lage einseitig gerauhtem Flanell (Köperbindung), dessen rauhe Seite nach innen gekehrt ist, einer Watteschicht, die 230—250 g (nach Bronnert sogar 350 g) je Quadratmeter wiegt, und wieder einer Lage einseitig gerauhtem Flanell, dessen rauhe Seite wiederum nach innen gekehrt ist.

Die dritte Filterpresse wird genau wie die zweite bepackt, nur mit dem Unterschied, daß die letzte Flanellschicht auf der Austrittseite durch gebleichtes und gesengtes Nesseltuch ersetzt wird. Die Lösung wird gewöhnlich mit etwa 5—3,5 Atm. Druck filtriert. Bei sehr zäher und inhomogener Viskose ist indes ein erheblich größerer Druck erforderlich, aber nicht höher als 6 Atm.

Im allgemeinen ist es ratsam, die Viskose sofort nach dem Lösen, oder etwa 15—20 Stunden danach zu filtrieren, da bekanntlich in den ersten 24 Stunden die Viskosität der Lösung abnimmt, um nach Ablauf dieser Zeitspanne wieder anzusteigen.

Bei einer Tagesproduktion von 1000—1500 kg Kunstseide empfiehlt es sich, je drei Filterpressen mit etwa 12 m² Filterfläche zu verwenden, d. h. für die obengenannten drei Filterstufen insgesamt etwa 100 bis 110 m² Filterfläche.

Es sind meist zwei Filterpressen dauernd unter Druck, d. h. in Betrieb, die dritte Presse steht bepackt als Reserve bereit. Selbstverständlich muß zur Vermeidung von Luftblasen in der filtrierten Viskose der Eintritt in die Presse stets von unten erfolgen. Die erste Filtration dauert immer länger als die zweite, und zwar um etwa die Hälfte der zur zweiten Filtration benötigten Zeit. Haben z. B. 5000 l Viskose zur ersten Filtration 7 Stunden gebraucht, so passiert die gleiche Partie die zweite Presse in ca. 4 Stunden. Es ist ratsam, die zweite Filtration stets unter geringerem Druck durchzuführen als die erste, da man bei niedrigerem Druck begreiflicherweise einen besseren Filtrationseffekt erzielt.

War die Viskose gut gelöst, so ändert sich ihre Viskosität beim Filtrieren nicht. Eine Wiederholung der Zähigkeitsmessung nach dem Filtrieren dient daher zur Kontrolle des Lösevorganges.

c) Behandlung des gebrauchten Filtermaterials. Gewöhnlich wird die gebrauchte Watte von der Viskose freigewaschen und, da eine Kunstseidenfabrik keine Maschinen zur Auflockerung des Materials oder zur Bildung des tadellosen Fließes besitzt, verkauft. Die Gewebe dagegen werden gereinigt und weiter verwendet. Das Waschen der Filtertücher muß mit Vorsicht durchgeführt werden, d. h. die Viskose darf nicht durch vorzeitiges Koagulieren auf den Fäden des Gewebes fixiert werden. In Spezialmaschinen werden die Tücher durch Quetschen mit entsprechenden Mengen 5—6 vH Natronlauge von der Viskose befreit, zwischen Gummiwalzen ausgequetscht und mit viel kaltem Wasser (mechanischer Anprall z. B. durch Brause erleichtert das Waschen) gründlich gesäubert. Nachdem man sich überzeugt hat, daß die Viskose gründlich entfernt ist, wird mit 1 vH H_2SO_4-Lösung abgesäuert und wieder gründlich gespült, eventuell unter Verwendung von etwas Natriumkarbonat.

Die so gereinigten Tücher werden gut geschleudert und, ohne getrocknet zu werden, wieder verwendet. Sollen die Tücher aufbewahrt werden, so legt man sie in saubere Zement- oder Steinbottiche, die mit sauberem Wasser gefüllt sind. (Kommt eine längere Aufbewahrung in Frage, so setzt man dem Wasser, um Fäulnis zu verhüten, ein antiseptisches Mittel zu.)

E. Das Reifen der Viskose.

a) Theoretisches. Die filtrierte Viskose wird in größeren Kesseln längere Zeit gelagert. Das Wesen des während dieser Zeit stattfindenden Reifevorganges ist schon bei der Besprechung der Sulfidierung ausführlich erörtert worden; infolgedessen soll hier nur noch der praktische Zweck dieser Maßnahme erläutert werden. Beim Reifen verschiebt sich nicht nur die Zusammensetzung des Zellulosexanthogenatmoleküls, sondern, was für die Praxis besonders wichtig ist, auch die Eigenschaften der aus der Viskose regenerierten Zellulose erleiden eine durchgreifende Veränderung. Auch das Verhalten der Viskose gegenüber Fällungsreagenzien hängt von ihrem Reifezustand ab. Es ist bereits erwähnt worden, daß ältere Viskose sich leichter aussalzen läßt als frisch hergestellte. Im allgemeinen nimmt die Stabilität der Viskose mit zunehmender Reife ab. Junge Viskose wird z. B. durch stark dissoziierende Salze oder schwach dissoziierende Säuren schwer und langsam koaguliert, sehr reife Viskose wird dagegen durch solche Agenzien nicht nur koaguliert, sondern sogar zu Zellulosehydrat zersetzt.

Unreife Viskose liefert ohne Rücksicht auf die Art ihrer Fällung Zellulosehydrat, das dicht und wenig quellbar ist, in trockenem Zustande sich holzig anfühlt, ein mageres Aussehen zeigt und im trockenen Zustande gegen Zug und Reibung außerordentlich widerstandsfähig ist. Die mangelnde, unregelmäßige Quellbarkeit gibt sich u. a. durch schlechte und ungleichmäßige Farbstoffaufnahme zu erkennen. Unreife Viskose ergibt auch bedeutend dehnbarere Fäden.

Weit gereifte Viskose ergibt dagegen eine sehr voluminöse Zellulose, die leicht quillt, in trockenem Zustande weichen baumwollartigen Griff zeigt und wenig Reiß- und Reibfestigkeit besitzt. Sie läßt sich leicht anfärben und ist gegen chemische Reagenzien weniger widerstandsfähig. Die Beschaffenheit und der Wert des Endproduktes sind also in erster Linie von der richtigen Durchführung des Reifeprozesses und der Wahl der geeigneten Polymerisationsstufe abhängig. Diese Faktoren können unter Umständen die Wirtschaftlichkeit eines Viskosebetriebes entscheidend beeinflussen. Es lassen sich jedoch keine festen Regeln aufstellen, da der Reifegrad, bei dem man die Viskose verarbeitet, von den Ansprüchen abhängt, die an das fertige Gebilde gestellt werden, ferner vom Fällverfahren und noch manchen anderen Faktoren. Gewöhnlich wird die Viskose mit der Reife 10^0 Chlorammon nach Hottenroth versponnen.

Beim Zersetzen junger Viskosen mit Säuren oder sauren Salzen entsteht gewöhnlich ein Zellulosehydrat, das durch feinst verteilten Schwefel milchig getrübt ist. Der Schwefelgehalt derartiger Gebilde ist aber stets höher als bei Produkten, die aus gereifter Viskose hergestellt sind. Dieser Schwefel läßt sich auch durch nachträgliche Behandlung mit Schwefelnatriumlösung nur unvollkommen entfernen. Gereifte Viskose gibt nach der Fällung schwefelärmere Gebilde. Auch ist der zurückbleibende Schwefel weniger fein verteilt und läßt sich infolge des gesteigerten Quellungsvermögens der Zellulose leichter auswaschen. Im trockenen Zustande sind die Erzeugnisse aus gereifter Viskose bei sorgfältiger Nachbehandlung glasklar.

Professor Berl, Darmstadt, hat den Reifevorgang ultramikroskopisch untersucht, um einen tieferen Einblick in die dabei stattfindenden kolloidchemischen Vorgänge zu gewinnen. Nach seinen Beobachtungen ist die bisherige Anschauung, nach der das Zellulosexanthogenatmolekül beim Reifen zu größeren Molekülaggregaten zusammentritt, unzutreffend. Es findet vielmehr ein Zerfall der Xanthogenatverbindungen statt, der bis zur völligen Rückbildung von Zellulose und bekannten Schwefelverbindungen fortschreitet. Die frei werdenden

Zellulosemoleküle zeigen dabei absolut kein Bestreben, sich zu größeren Komplexen zu polymerisieren, sie bleiben vielmehr in der kolloiden Lösung schweben.

Der Zerfall des Zellulosexanthogenats dauert so lange, bis sämtliche Zellulosemoleküle von ihrem Xanthogenatrest befreit sind. Sofort nach Vollendung des Zerfalls ballen sich die schwebenden kolloiden Zelluloseteilchen zusammen, wobei die Viskose koaguliert.

Nach diesen Ergebnissen ist der Reifeprozeß keine Polymerisation, sondern ein Zerfall der Zellulosexanthogenatverbindung. Viele Eigenschaften einer überreifen Viskoselösung lassen sich durch diese Auffassung des Reifeprozesses vorzüglich erklären.

b) **Praxis des Reifens.** In der Praxis läßt man die Viskose z. B. in liegenden oder stehenden Kesseln (Abb. 35) bei 18° C 48—60 Stunden (im Durchschnitt 50 Stunden) reifen, und zwar vom Sulfidieren bzw. vom Augenblick der Schwefelkohlenstoffzugabe gerechnet. Die Temperatur wird im Hochsommer mit Hilfe einer Ammoniak- oder Kohlensäurekühlmaschine entsprechend niedrig gehalten. Die Größe (gewöhnlich 5—6 cbm) und Anzahl der Lagerkessel richtet sich nach der Menge der Viskose und der Dauer der Reife. Jeder Kessel besitzt ein Wasserstandsglas und vier Stutzen zum Anschluß von Vakuum-, Druckluft-, Einfüll- und Abzapfleitungen, am Boden einen Ablaßhahn, seitlich oder oben ein Mannloch und ein Manometer. Der Durchmesser der verwendeten Kessel beträgt in der Praxis höchstens 2 m, da bei dem schlechten Wärmeleitvermögen der Viskose die Lösung in größeren Behältern leicht Temperaturdifferenzen aufweist und dann ungleichmäßig reift. Auf jeden Fall muß die Viskose nach der Filtration die

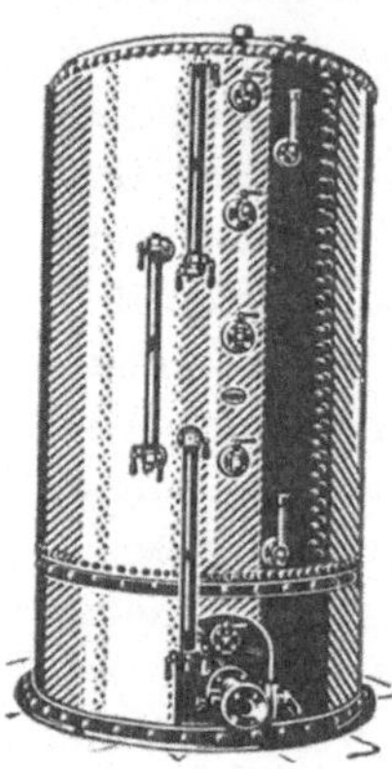

Abb. 35. Viskose-lagerkessel.

Temperatur des Reifekellers besitzen, ehe sie in die Reifekessel abgelassen wird. Bei der Wahl des Kesseldurchmessers ist auf guten Temperaturausgleich Rücksicht zu nehmen. In der Praxis versucht man, durch die angegebenen Maße dieser Forderung nach Möglichkeit zu genügen. Um die gesamte Viskosemenge möglichstgleichmäßig zu temperieren, stellt man die Reifekessel vorteilhaft in einem Raum auf (Viskosekeller), welcher mit Korkplatten isoliert ist und mittels Lufttemperieranlage dauernd auf die notwendige Temperatur heruntergekühlt wird. Auch sieht man die Viskosekessel von einem Kühlmantel umgeben, um sie mittels temperierten Wassers zu kühlen. Diese Methode erfordert Isolierung jedes einzelnen Kessels, ist aber technisch einwandfrei.

F. Verarbeitung der Viskose.

1. Die Rückbildung der Zellulose.

Die Rückbildung der in der Viskose gelösten Zellulose durch Zersetzen des Xanthogenats hat für die Industrie auf Grund der Entdeckung verschiedener Fällverfahren, die aus der Viskose wertvolle Gebilde herzustellen gestatten, große Bedeutung erlangt. Die stark alkalische Viskose läßt sich, wie leicht verständlich, durch sauer reagierende Stoffe oder solche, die leicht ihr Säureradikal abgeben, aber auch durch energische und lange dauernde Erhitzung fällen.

Die erstgenannte Arbeitsweise ist bis heute für die Viskoseindustrie die wichtigste geblieben, da sie bei richtiger Anwendung und entsprechender Wahl der Reagenzien stets gutes Zellulosehydrat liefert. Rohviskose, die außer Zellulosexanthogenat noch verhältnismäßig viel Nebenprodukte enthält, gibt beim Behandeln mit stark sauren Stoffen unter starker Schwefelwasserstoffausscheidung Zellulosehydrat, welches durch elementaren Schwefel stark verunreinigt ist. Der bei der Zersetzung der Viskose durch Säure stattfindende Reaktionsverlauf läßt sich etwa folgendermaßen beschreiben: Die Viskose besteht im wesentlichen aus einer Anzahl von Zellulosexanthogenat-Natriummolekülen bestimmter Größe, die in einer durch Sulfide, Polysulfide, Thiokarbonate und andere anorganische und organische Verbindungen verunreinigten Natronlauge schweben. Bringt man diese Lösung mit einer verdünnten Säure zusammen, so werden in erster Linie die Verunreinigungen der Viskose zersetzt, wobei sich hauptsächlich Schwefelwasserstoff und Kohlensäure, wahrscheinlich wenig Merkaptane, Schwefelkohlenstoff und mehr oder weniger kolloidaler Schwefel ausscheiden. Das Zellulosexanthogenat wird unter Abspaltung des Natriums zunächst zum Koagulieren gebracht und durch weitere Einwirkung der Säure unter Schwefelwasserstoffentwicklung zersetzt. Hierbei treten die frei gewordenen Zellulosehydratmoleküle zu einem mehr oder weniger dichten Gefüge zusammen. Bei weitgereifter Viskose erfolgt der Zusammentritt träge, das Endprodukt besitzt infolgedessen eine lockere, wenig dichte Struktur. Ein derartiges Zellulosegebilde zeigt selbst im trockenen Zustande wenig Festigkeit und geringe Dehnung, ist aber sehr geschmeidig, weich und im hohen Grade durchsichtig. Es besitzt gutes Reflexionsvermögen für Lichtstrahlen und zeigt daher hohen Glanz. War die Viskose jung oder verlief die Trennung des Zellulosemoleküls vom Dithiokarbonsäurerest schnell, so weist das erhaltene Gebilde große Dichte auf. Es sieht im getrockneten Zustande mager aus, fühlt sich hart und holzig an, ist sehr fest, reflektiert infolge einer stets rauhen Oberfläche das Licht schlecht und hält die eingeschlossenen Verunreinigungen hartnäckig zurück.

Weitgereifte Viskosen müssen bekanntlich durch ein Fällbad mit höherem Säuregehalt ausgefällt werden als junge Viskosen. Dadurch erhält man einen gewissen Ausgleich bei den Produkten aus verschieden reifen Viskosen, insbesondere bei Fäden bezüglich der Ausfärbbarkeit bei gleichem Glanz und Griff.

Die aus stark reifen Viskosen erzeugten Endprodukte weisen eine lockere und wenig dichte Struktur auf und schrumpfen daher beim

Trocknen stärker ein als aus junger Viskose hergestellte Gebilde, was sich auch bei der Spannungstrocknung bemerkbar macht. Übrigens ist die Schrumpfung und Festigkeit der gefällten Gebilde nicht allein vom Alter der Viskose bzw. der Zusammensetzung des Fällbades abhängig; abgesehen von der Qualität des zur Verarbeitung gelangenden Zellstoffes ist die Art seiner Verarbeitung auf Viskose von großer Bedeutung. Zu starke Alkali-Tauchlaugen, zu ausgedehnte Tauchdauer und auch zu lange Vorreife sind nicht ohne Einfluß insbesondere auf die Naßfestigkeit der Zellulosegebilde, und zwar im ungünstigen Sinne. Interessant und bemerkenswert ist die Erscheinung, daß auch der Sulfidierprozeß im vorliegenden Falle von Bedeutung ist. Wird die Sulfidierung mit wenig Schwefelkohlenstoff oder kurze Zeit, auch bei niedriger Temperatur durchgeführt, so erhält man bei der Fällung aus solchen Xanthogenaten, ohne Rücksichtnahme auf die Zusammensetzung der Fällbäder, stets bedeutend festere (insbesondere im nassen Zustande), aber beim Trocknen wenig zusammenschrumpfende Gebilde. Die Verminderung der Schrumpffähigkeit und die Erhöhung der Naßfestigkeit kann also durch Anwendung verschiedener Schwefelkohlenstoffmengen, allerdings innerhalb gewisser Grenzen, variiert werden. Wie schon erwähnt, bleibt die Zusammensetzung des Fällbades völlig ohne Einfluß auf die Dichte des Gebildes (d. h. es ist gleichgültig, ob man erst ein Koagulationsbad und eine spätere Zersetzung mittels Säuren [Stearn oder Müller II] anwendet).

Nach Ansicht Gaebels[1] sollen bei der Fällung von stark reifen Viskosen konzentriertere Fällbäder mit größerem Säuregehalt verwendet werden, um die Diffusionsgeschwindigkeit des Fällbades in die gefällten Gebilde zu erhöhen und damit das Festwerden der äußeren Hüllen zu verhindern, ehe die inneren Partien zersetzt sind, wodurch einer nachträglichen Sprengung der Oberfläche des Fadens durch Schwefelwasserstoff vorgebeugt wird.

Daß ältere Viskosen mehr Säure zur Regeneration verbrauchen als jüngere, beruht auf einem Irrtum, da Viskosen verschiedenen Alters in ihrer Zusammensetzung bezüglich Alkalität gleichbleiben, also auch die gleichen Mengen Säure zu ihrer Zersetzung benötigen.

a) **Schwefelwasserstoffentstehung.** Besondere Beachtung erfordert der bei der Fällung frei werdende Schwefelwasserstoff nach Art und Menge seiner Entstehung. Verläuft die Reaktion schnell, so bildet sich der Schwefelwasserstoff in Form von Bläschen, welche die zunächst entstehende Zellulosehaut beim weiteren Fortschreiten der Reaktion ins Innere des Viskosegebildes durchbrechen und es schwammig, mürbe und unansehnlich machen. Bei sachgemäßer Fällung darf demnach keine derartige Schwefelwasserstoffausscheidung stattfinden, die Fäl-

---

[1] Herzog, R. O.: Technologie der Textilfasern Bd. VII: Kunstseide.

lungsflüssigkeit muß vielmehr imstande sein, die entstehenden Gase dauernd schnell zu lösen oder infolge ihrer Zusammensetzung chemisch zu binden. Die Löslichkeit von Schwefelwasserstoff in reinem Wasser ist aus der folgenden Tabelle zu entnehmen:

Ein Vol. Wasser absorbiert unter 760 mm Atm. Druck

bei	0° C	4,3706 Vol.	Schwefelwasserstoffgas	
„	5° C	3,9652 „	„	
„	10° C	3,5858 „	„	
„	15° C	3,2326 „	„	
„	20° C	2,9053 „	„	
„	25° C	2,6041 „	„	
„	30° C	2,3290 „	„	
„	35° C	2,0799 „	„	
„	40° C	1,8569 „	„	usw.

Die angeführten Zahlen zeigen, daß das Lösungsvermögen des Wassers bei Schwefelwasserstoff mit zunehmender Temperatur stark abnimmt. Andere Stoffe, z. B. Alkohol, besitzen ein bedeutend höheres Lösungsvermögen für Schwefelwasserstoff. So löst 1 Vol. Alkohol bei 0° und 760 mm Druck 17,9 Vol. H_2S.

Ähnlich wie Alkohol verhalten sich alle organischen Verbindungen, die eine oder mehrere Hydroxylgruppen enthalten, z. B. Glyzerin und insbesondere Glykose. Auch aus anderen Gründen setzt man in der Praxis dem Fällbade mit Erfolg Glykose zu, und zwar um Schwefelwasserstoff zu oxydieren. Ferner läßt sich die Schwefelwasserstoffentwicklung durch den Zusatz gewisser Salze zum Fällbad mildern. Hierbei spielen besonders solche Metalle eine Rolle, welche auch in schwach saurer Lösung leicht Sulfide bilden.

b) Verhalten der Zinksalze im Bade. Besonders Zinksalze haben sich in dieser Hinsicht als geeignet erwiesen. Bezüglich des Zusatzes von Zinksulfat zum Fällbade gehen in Fachkreisen die Meinungen auseinander. Indessen hat sich dieser Zusatz in Mengen von nicht mehr als 1,5 vH vorzüglich bewährt. Das Zinksalz reagiert bekanntlich mit Schwefelwasserstoff unter Bildung von Zinksulfid. In stärkeren mineralischen Säurelösungen ist diese Reaktion reversibel, und zwar steht die Reversion im direkten Verhältnis zu der Konzentration der Säure. In der Grenzzone zwischen dem aus dem Loch der Spinndüse heraustretenden alkalischen Viskosefaden und der ihn umgebenden sauren Flüssigkeit spielt somit das dem Fällbade zugesetzte Zinksulfat die Rolle eines Schwefelwasserstoffüberträgers, indem es durch ununterbrochen stattfindende Umkehrreaktion die Ausscheidung des Schwefelwasserstoffgases in Bläschenform verhindert. Diesen Vorgang könnte man veranschaulichen in den Gleichungen

$$ZnSO_4 + H_2S \rightleftarrows ZnS + H_2SO_4$$
$$ZnS + H_2SO_4 \rightleftarrows ZnSO_4 + H_2S.$$

Da aber das Fällbad nicht allein aus Schwefelsäure besteht, andererseits die Viskose mit ihren Begleitprodukten bei der Zersetzung mittels Mineralsäuren nicht nur Schwefelwasserstoff liefert, so ist die oben angeführte Gleichung in Wirklichkeit wahrscheinlich komplizierter.

c) Beeinflussung der gefällten Zellulose durch Schwermetallsalze bzw. durch Zinksalze. Außerdem ist nachgewiesen worden, daß dem Fällbade zugesetzte Zinksalze den Querschnitt der Einzelfasern stark beeinflussen, und zwar erhöhen sie die Rauhheit der Faseroberfläche bzw. die Zackigkeit des Querschnittbildes. Diese günstige Beeinflussung ist z. B. für die Verarbeitung der Viskosegarne auf schnellaufenden Wirkmaschinen von ausschlaggebender Bedeutung. Es ist anzunehmen, daß infolge leichterer Herausdiffundierung des Schwefelwasserstoffes aus der bereits gefällten Fasermasse im Inneren des Faserschlauches der osmotische Druck stark sinkt, wobei der hohe osmotische Druck des Fällbades in gewissem Sinne eine Zusammenpressung der Faser verursacht. In gleicher Weise wirken im sauern Medium auch einige andere Schwermetallsalze, die zwar das Schwefelwasserstoffgas nicht zu binden vermögen, es aber addieren. Besonders günstig erwiesen sich mit Bezug auf Unschädlichmachung von Schwefelwasserstoffgas die Kadmiumsalze. Die in dieser Richtung von mir durchgeführten Versuche bestätigen diese Ansicht; der sich auf der Faser niederschlagende orangerote Niederschlag von Kadmiumsulfid kann leicht durch eine geeignete Nachbehandlung abgelöst werden. Unter den gegebenen Verhältnissen verbietet sich leider die Anwendung von Kadmiumsalzen wegen ihrer Giftigkeit.

Die vielfach aufgestellte Behauptung, daß auch die Anwendung von Zinksalzen die Arbeiter schädigt, entspricht in keiner Weise den Tatsachen. Die hier und da vorgekommenen Schädigungen sind allein auf den Kadmiumgehalt solcher Zinksalze zurückzuführen.

Ähnlich wie Zinksalze, nur in schwächerem Maße, wirken Magnesiumsalze. Im Laufe der Zeit hat man zur Verhinderung der Schwefelwasserstoffentwicklung im Fällbad noch andere, z. B. oxydierend wirkende Verbindungen u. ä. vorgeschlagen, wie schweflige Säure[1].

Übrigens scheidet junge Viskose stets größere Mengen von bläschenförmigem Schwefelwasserstoff aus als gereifte. Dieses Verhalten scheint mit der beim Reifen der Viskose stattfindenden Umwandlung der Monosulfide in Polysulfide zusammenzuhängen, welche beim Zusammentreffen mit Säure keinen Schwefelwasserstoff, sondern Polyschwefelwasserstoff ausscheiden. Dieser zerfällt in der sauren Lösung außerhalb des gefällten Gebildes in Schwefelwasserstoff und fein verteilten amor-

---

[1] Franz. Pat. 542032 von E. Bronnert: Verfahren zur Herstellung sehr feiner, nicht verklebter Fäden von Viskoseseide.

phen Schwefel, der eine starke Trübung des Fällbades hervorruft. Hierdurch findet auch die reichliche Schwefelablagerung auf der Oberfläche der Zellulosegebilde, die aus weit gereifter Viskose hergestellt sind, ihre Erklärung. Die Bildung des Schwefelwasserstoffs ist besonders bei der Herstellung dickwandiger Viskosegebilde, z. B. Filmen hinderlich, da stärkere Schichten von Zellulosehydrat auch in nassem Zustande Gase nur sehr schwer durchlassen. In der Praxis arbeitet man daher in solchen Fällen mit Bädern, welche die Zersetzung der Viskose so langsam wie möglich, oft erst im Laufe von Stunden bewirken.

Die Erzeugnisse aus Viskose werden bei ihrer Herstellung stets mechanisch auf Zug, Druck, Reibung usw. beansprucht. Um das Gebilde bereits bei seiner Entstehung möglichst widerstandsfähig zu machen, ist es wünschenswert, seine Quellbarkeit auf das geringstmögliche Maß herabzusetzen. Die Größe der Quellung hängt von der quellenden Substanz und vom Quellungsmedium ab. Da es sich hier um die Quellung eines einzigen Stoffes, nämlich von Zellulosehydrat handelt, interessiert lediglich der Einfluß des Quellungsmediums. Chloride, Chlorate, Nitrate, Bromide, Jodide und Zyanide erhöhen das Quellungsvermögen ganz bedeutend, während Azetate, Zitrate, Tartrate und insbesondere die Sulfate die Quellung vermindern, beide in der Weise, daß die Wirkung des folgenden Gliedes der Reihe immer größer ist als die des vorhergehenden. Auch Nichtelektrolyte, wie z. B. organische Verbindungen, verringern die Fähigkeit zur Quellung.

Die Aufgabe der Viskose verarbeitenden Industrie besteht nun darin, die Zusammensetzung des Fällbades so zu wählen, daß ein Zellulosehydratgebilde entsteht, welches den gestellten Forderungen im nassen und im trockenen Zustande möglichst weitgehend entspricht.

Die im Laufe der Zeit zur Fällung der Viskose vorgeschlagenen Verfahren lassen sich in vier große Gruppen teilen. 1. Die erste Gruppe umfaßt die Verfahren, bei denen die Koagulation und Zersetzung der Viskose mit Hilfe leicht dissoziierbarer Salze, welche ihr Säureradikal leicht abgeben, vorgenommen wird. 2. Die zweite Gruppe umfaßt Fällbäder, die aus sauren Salzen bestehen. 3. Die dritte Gruppe umfaßt die Fällung und Zersetzung der Viskose mit reinen Säuren. 4. Endlich ist es noch möglich, die Viskose durch Einwirkung leicht dissoziierbarer, aber ihr Säureradikal nicht abgebender, neutraler Salze zu koagulieren und in einem zweiten Nachbehandlungsbade durch Säuren bzw. saure Salze zu zersetzen.

d) Fällung der Viskose durch Ammonsalze. Das erste technisch brauchbare Fällbad zur Regeneration der Viskose ist vom Engländer Stearn[1] vorgeschlagen worden. Es besteht aus einer Lösung

---

[1] DRP. 108511 Kl. 29b vom 18. Oktober 1898.

von Ammoniumsalzen, besonders Chlorammonium vom spez. Gewicht 1,05—1,06.

Ammoniumsalze sind gut wasserlöslich. Trotzdem die Lösung neutral reagiert, ist der an das Ammoniumradikal gebundene Säurerest imstande starke Alkalien wie Ätznatron, weitgehend abzustumpfen, wobei Ammoniak entweicht. Hierauf beruht die Fähigkeit der Ammoniumsalze, die stark alkalische Viskose sehr rasch zu koagulieren. Diese Fähigkeit wird durch die aussalzende Wirkung, welche alle Elektrolyte kolloiden Lösungen gegenüber zeigen, noch verstärkt. Bei stundenlanger Einwirkungsdauer zersetzen die Ammonsalze die Zellulosexanthogenatverbindung in wasserunlösliches Zellulosehydrat unter Bildung von Ammoniumsulfid und hauptsächlich Ammoniumsulfhydrat. Die Reaktion verläuft um so schneller, je reifer die Viskose und je höher die Temperatur des Bades ist.

Die Verwendung von Fällbädern aus Ammoniumsalzen, die sehr milde und stufenweise auf die Viskose wirken und gute, hochglänzende Gebilde liefern, bedeutete für den damaligen Stand der Viskosefabrikation eine sehr wertvolle Bereicherung. Die Erfindung hat den Anstoß zur Weiterentwicklung der Entdeckung von Croß und Bevan gegeben. Das von Stearn empfohlene Ammoniumchlorid läßt allerdings das gefällte Zellulosehydrat zu stark quellen und vermindert damit die mechanische Widerstandsfähigkeit der entstehenden Gebilde. Diese Nachteile treten, wie bald erkannt wurde, bei Verwendung des billigeren Ammoniumsulfats nicht auf, da allgemein die Sulfate die Quellbarkeit vermindern.

Ein Übelstand bei der Benutzung von Fällbädern aus Ammoniumsalzen besteht darin, daß die einzelnen Fasern im Faden durch die im Bade entstehenden Ammoniumsulfide bzw. Ammoniumsulfhydrate oder auch infolge unvollständiger Zersetzung des Zellulosexanthogenats miteinander verkleben. Dieser Nachteil wurde durch die patentierten Verfahren von Henckel von Donnersmark[1] im Jahre 1903 behoben, nach denen die im Ammonsalzbade gefällten Fäden mit geeigneten Schwermetallsalzen nachbehandelt oder diese Salze dem Ammonsalzbade selbst zugesetzt werden sollen. Obwohl die Verwendung von Ammonsalzbädern im Vergleich mit anderen gebräuchlichen Fällverfahren verhältnismäßig teuer ist, wird ihre Anwendung heute noch in verschiedenen Kombinationen vorgeschlagen. In der Tat sind sie für manche Zwecke, z. B. bei der Herstellung von Filmen, wo ein sehr mildes, langsam wirkendes Bad erforderlich ist, schwer zu ersetzen und werden heute noch benutzt.

e) Fällbäder Müller I und Müller II. Die Versuche der Industrie, ein billigeres Bad zu finden, welches die Viskoselösung in einem Zuge

---

[1] DRP. 152743 und 153817 Kl. 29b.

zu brauchbaren Zellulosehydratgebilden zu regenerieren vermochte, blieben lange Zeit erfolglos. Insbesondere führten Versuche mit reinen Mineralsäuren trotz häufiger Änderung der Bedingungen nicht zum Ziel. Die stark durch Sulfide und andere Schwefelverbindungen verunreinigte Viskose lieferte bei der Zersetzung mit starken Mineralsäuren stets poröse, glanzlose, also unbrauchbare Erzeugnisse. Am 2. Mai 1905 meldete Dr. Max Müller in Altdamm ein Verfahren zur Herstellung von Gebilden aus Viskose in Deutschland zum Patent an, das unter der Nummer 187947 Kl. 29b erteilt wurde. Das Verfahren ist gekennzeichnet durch die Verwendung eines Fällbades aus Schwefelsäure, in der ein Salz, vorzugsweise ein Sulfat, aufgelöst ist. Die Müllersche Erfindung besteht also in der Feststellung, daß Bisulfatlösung Viskose auch in Gegenwart von freier Schwefelsäure selbst bei Zimmertemperatur zu glänzenden Zellulosegebilden zu regenerieren vermag. Bald wurde indessen erkannt, daß nicht jede Viskose bei der Fällung im Müller-Bad das gewünschte Resultat ergibt, sondern daß vielmehr die Reife der Viskose, ihre Alkalität und nicht zuletzt ihr Reinheitsgrad (worauf schon die Patentbeschreibung hinweist) eine wichtige Rolle spielen.

Einen wesentlichen Fortschritt brachte das DRP. 287955 Kl. 29b der Vereinigten Glanzstoffabriken (angemeldet am 15. Februar 1912). Dieses Verfahren beseitigt auch beim Verspinnen von Rohviskose, wie ausdrücklich im Beispiele angegeben, alle Nachteile des Müller-Verfahrens durch Anwendung eines Fällbades, in dem die Säure halb gebunden, also als Bisulfat, vorhanden ist, und das außerdem einen Überschuß an neutralem Salz enthält. Das Verfahren ist für die Viskose verarbeitende Industrie von größter Bedeutung geworden, da es sich durch Billigkeit, Vollkommenheit und vielseitige Verwendungsmöglichkeit auszeichnet. Beide Verfahren (in der Praxis oft als Müller I und Müller II bezeichnet) arbeiten mit Bisulfat, also mit halbgebundener Säure. Müller erkannte demnach als erster, daß außer den neutralen, leicht dissoziierbaren und spaltbaren Ammonsalzen auch halbgebundene Schwefelsäure ein geeignetes Fällbad ergibt.

f) Verhalten der Viskose gegenüber freien Säuren. Freie Säuren, besonders Mineralsäuren und insbesondere Schwefelsäure, zeigen meist beträchtliche Dissoziation. Hierbei gilt das Gesetz, daß die Aktivität einer Säure von der Konzentration der freien Wasserstoffionen abhängt. Die Schwefelsäure ist unter diesem Gesichtspunkt am stärksten; sie zerfällt beispielsweise bei einer Konzentration von 98 g in 10 l Wasser zu etwa 50 vH in die Ionen $SO_4'' + 2H^+$ und bei höheren Konzentrationen noch teilweise in $SO_4H' + H^+$ Ionen. Infolge ihrer starken Dissoziation läßt sich die Säure als solche zur rationellen Fällung von Rohviskose nicht verwenden, denn bei der sehr schnell verlaufenden

Zersetzungsreaktion werden plötzlich große Mengen Schwefelwasserstoff frei, die keine Zeit haben sich in der Fällflüssigkeit zu lösen, so daß sie als Bläschen entweichen und das gefällte Gebilde unansehnlich machen. Die Technik mußte daher nach einer Schwefelsäureverbindung suchen, die einen geringeren Dissoziationsgrad aufweist. Dieser Forderung entspricht das von Müller vorgeschlagene Natriumbisulfat in hervorragendem Maße. Eine weitere Zurückdrängung der Dissoziation wurde durch Zugabe von neutralem Natriumsulfat zum Fällbad nach DRP. 287955 erreicht. Eine solche Herabsetzung des Dissoziationsgrades ist naturgemäß nur bei mehrwertigen Säuren möglich. In der Tat sind einwertige Mineralsäuren in der Viskoseindustrie bis jetzt nicht angewandt worden. Ein weiterer Vorteil bei Anwendung von schwefelsauren Salzen liegt in ihrer Eigenschaft, die Quellung des regenerierten Zellulosehydrats zu vermindern. Außerdem besitzt das Natriumsulfat, insbesondere das Natriumbisulfat den Vorzug, den osmotischen Druck des Fällbades bedeutend zu erhöhen, wodurch Fäden, die in einem Bade mit Zusatz von größeren Mengen dieser Salze gefällt werden, in zackiger Form (im Querschnitt gesehen) ausfallen. Eine interessante Arbeit zum Nachweis dieser Erscheinung haben Lottermoser und Schiel[1] ausgeführt. Die Referenten erklären, daß der Querschnitt eines Fadens umso unregelmäßiger ausfällt, je mehr Natriumbisulfat im Reaktionsbad enthalten ist und erklären sich den Vorgang derart, daß beim Eintritt des Viskosestrahles in ein solches Bad sich um denselben sofort eine Schicht ausgefällter Zellulose bildet, die eine mehr oder weniger semipermeable Wand darstellt. Man hat also einen mit Viskoselösung gefüllten, im Fällbad hängenden Schlauch vor sich. Der osmotische Druck der im Inneren des Schlauches befindlichen Viskoselösung sinkt unter dem koagulierenden Einfluß des Fällungsmittels, und der hohe osmotische Druck des Spinnbades verursacht die Wanderung der Flüssigkeit aus dem Schlauchinneren nach außen, wodurch der Schlauch zusammengepreßt wird. Da mit zunehmendem Natriumbisulfatgehalt der osmotische Druck des Fällbades steil ansteigt, ist es klar, daß der Unterdruck im Viskoseschlauch um so größer werden und die Zusammenpressung des Fadens um so stärker in die Erscheinung treten muß, je mehr Natriumbisulfat das Fällbad enthält. Dieser Vorgang wird noch dadurch begünstigt, daß die Porosität des Zelluloseschlauches mit höherem Gehalt des Spinnbades an Natriumbisulfat zunimmt.

Nach den Vereinigten Glanzstoff-Fabriken gehörigen DRP. 240846 Kl. 29b vom 26. September 1908 und DRP. 260479 Kl. 29b vom 16. September 1922 wird die Azidität der Schwefelsäure einmal durch Magnesiumsulfat, bzw. Natriumsulfat + Zinksulfat + Ammo-

---

[1] Z. angew. Chem. **43** (1930).

niumsulfat, ein andermal durch Zusatz von organischen Stoffen mit alkoholischem Charakter und Fettsäuren, insbesondere aber Glykose, heruntergesetzt. An den Beispielen dieser Patentschriften erkennt man, daß die Anmelder vom Ammoniumsulfatbade ausgegangen sind, die allzu milde Wirkung des letztgenannten Salzes durch einen Zusatz von Schwefelsäure behoben und die H-Ionenkonzentration durch Zusatz von Sulfaten und organischen Stoffen wieder zurückgedrängt haben. Beide Bäder sind zum Fällen von Rohviskose gut geeignet, und zwar besonders dann, wenn man ihre Zusammensetzung der Reife und Alkalität der Viskose entsprechend anpaßt. Die Wirkung der Glykose im Fällbad beruht wohl auf ihrer Eigenschaft gebildeten Schwefelwasserstoff zu oxydieren, bevor die Viskose koaguliert.

g) **Fällung mittels organischer Säuren.** Man hat auch versucht, organische Säuren zur Fällung von Viskose zu verwenden, z. B. nach DRP. 274 550 Kl. 29 b vom 14. April 1912 (Milch- und Glykolsäure), nach DRP. 283 286 Kl. 29 b vom 16. April 1913 (Zitronen- und Weinsäure) und Patent der Vereinigten Staaten von Amerika 792 888 von Ch. Ernst (Herstellung von Fäden aus Viskose) (Methylalkohol und Essigsäure) und Brit. Pat. 2529 von Ch. Stearn (Herstellung von Fäden, Blättern oder Filmen aus Zellulose), wobei ein Spinnbad mit 10—20 vH Essigsäure vorgeschlagen wird. Außerdem wäre noch zu erwähnen, daß zur Fällung der Viskose auch andere organische Säuren vorgeschlagen worden sind, wie Oxalsäure, Ameisensäure usw. Gewöhnlich werden den daraus hergestellten Bädern noch Salze der gleichen Säure zugesetzt. Diese Säuren sind indessen heute meist noch so teuer, daß die Anwendung der Verfahren in Großbetrieben kaum in Frage kommt. Die organischen Säuren haben außerdem den Nachteil, daß sie in erster Linie nur die Nebenprodukte des Zellulosexanthogenats zersetzen, auf letztgenanntes nur koagulierend wirken, d. h. man erhält einen im wesentlichen in ziemlich reiner Form ausgeschiedenen Faden aus Zellulosexanthogenat, der wieder löslich ist und erst durch Nachbehandlung mittels Mineralsäure zu Zellulosehydrat zersetzt wird.

Unter dem Einfluß der beiden Müller-Verfahren haben natürlich eine Reihe von Erfindern versucht, neue Fällungsmethoden für Viskose auszuarbeiten; so sind eine ganze Reihe von Patenten entstanden, deren vollständige Aufzählung hier zu weit führen würde. Die Erfindungen bestehen im wesentlichen aus verschiedenen Kombinationen der Müller-Verfahren, wobei den Bädern häufig noch mehrwertige Alkohole, Fettsäuren und andere organische Stoffe wie Benzolverbindungen u. ä. zugesetzt werden. Neuerdings beschäftigt sich die Technik besonders mit dem Problem der Herstellung äußerst feinfädiger Viskoseseide, wobei die geeignete Zusammensetzung der Fällbäder eine wesentliche Rolle spielt.

Überhaupt müssen bei der Fällung der Viskose bestimmte Bedingungen genauest eingehalten werden, und zwar nicht nur betreffs der Zusammensetzung des Spinnbades, sondern auch in bezug auf Temperatur, Schlepplänge (Dauer der Berührung des Fadens mit dem Reaktionsbade) usw. Die Temperatur spielt insofern eine wichtige Rolle, als man durch Herabsetzung bzw. Erhöhung eine schnellere oder langsamere Fällung erreichen kann. Auch ist, wie bereits oben angeführt, die Fähigkeit Schwefelwasserstoff zu lösen, beim kälteren Bade größer als bei einem wärmeren. Auf die Qualität des gefällten Gebildes hat dagegen die Temperatur nur einen untergeordneten Einfluß; sie ist in der Hauptsache abhängig von der Spinngeschwindigkeit, auch evtl. von der Nachreife der zur Verwendung gelangenden Viskose.

h) Schlepplänge. Noch vor einigen Jahren hat man der Schlepplänge große Bedeutung zugemessen in der Annahme, daß sie ein sehr wichtiger Faktor für die Qualität des gefällten Gebildes sei. In neuerer Zeit konnte diese Ansicht auf Grund der gemachten Erfahrungen nicht mehr aufrechterhalten bleiben, und es hat sich ergeben, daß die Schlepplänge und auch die Temperatur lediglich die Zersetzungsgeschwindigkeit der Viskose beeinflussen.

i) Streckspinnverfahren. Die bisher übliche Kunstseidenfaser von ca. 7 Deniers übertrifft an Dicke die Naturseide um das Mehrfache. Ein derart starker Faden fällt bei geringfügigen Schwankungen in der Zusammensetzung des Fällbades oft wenig elastisch aus und besitzt geringe Deckkraft, ein Nachteil, der besonders bei der Weiterverarbeitung der Seide sich störend bemerkbar macht. Je feiner die einzelnen Fasern im Faden sind, desto wertvollere mechanische Eigenschaften besitzt er. Zu ihrer Herstellung hat man bereits verschiedene Wege eingeschlagen.

Gewöhnlich streckt man den noch nicht vollständig fixierten Faden im koagulierten Zustande, indem man aus Spinndüsen mit den normalen Spinnlöchern von 0,1 mm Durchmesser eine geringere Menge Viskose ausfließen läßt, als zum Spinnen der normalen Faser erforderlich ist. Bei Verwendung der genannten Düsenöffnungen muß dann der Viskosestrahl, bevor er zur Zellulosefaser regeneriert worden ist, ganz erheblich gestreckt werden. Verwendet man ein Fällbad, welches sehr aktiv ist, so erfolgt die Streckung bereits am Austritt aus dem Spinndüsenloch, ja sogar zum Teil in demselben. Die Streckung kann natürlich nur in gewissen Grenzen stattfinden, da bei Überschreitung der Faden infolge Verletzung seiner Oberfläche durch Entstehung von Rissen usw. matt und unansehnlich ausfällt. Verwendet man aber Reaktionsbäder, die langsam und milde auf die Viskose einwirken, d. h. welche die Zersetzung stufenweise erfolgen lassen, so kann die Streckung des Fadens nicht nur an der Austrittsöffnung des Spinndüsenloches, sondern auch auf der ganzen Länge bis zur Bobine (oder anderen Aufwickelvorrichtung) erfolgen. In der letzten Zeit gewinnt an Bedeutung zur Herstellung von gestreckter Kunstseide das DRP. 384205 Kl. 29a vom 10. Juli 1920. Das Verfahren beruht auf der Streckung des Fadens außerhalb des Spinnbades. Das Wesen der Erfindung besteht im Gegensatz zu den bekannten Einrichtungen darin, daß anstatt der üblichen am Ende des Spinntroges angeordneten unbeweglichen Glasstäbe oder Fadenführer Abzugsvorrichtungen (Walzen oder Haspeln = Borzykowskirollen) angeordnet sind, durch deren Geschwindigkeit die Abzugsgeschwindigkeit bestimmt ist, und daß der Verzug der bereits gesponnenen Fäden im ganzen Bündel zwischen der besagten Abzugsvorrichtung und der eigentlichen Aufwickelvorrichtung (Spule) dadurch stattfindet, daß man letztere schneller laufen läßt als die Abzugsvorrichtung.

Bei Anwendung besonderer Fällbäder will Bronnert einen besonders feinen Faden spinnen. Die Geschwindigkeit, mit der die Viskose aus der Düse austritt, ist naturgemäß innerhalb gewisser Grenzen von der Geschwindigkeit abhängig, mit welcher der Faden aufgespult wird. Die Erzielung guter Resultate hängt bei dieser Arbeitsweise nicht nur von der Zusammensetzung des Fällbades, sondern auch vom präzisen Arbeiten der Spinnmaschine ab.

k) Verschiedene Verfahren zur Erzeugung feinfädiger Kunstseide. Ein anderes Verfahren, eine Verfeinerung der Kunstseidenfäden zu erreichen, besteht darin, den Zellulosegehalt der Spinnviskose zu verringern, so daß die entstehenden Gebilde stärker schrumpfen. Da das Verspinnen einer derartigen Viskose gewisse Schwierigkeiten bietet, ist die Verfeinerung des Fadens nach dieser Arbeitsmethode nur bis zu einer gewissen Grenze möglich.

Neuere Versuche haben nun auch gezeigt, daß es bei Einhaltung ganz bestimmter Bedingungen gelingt, mit Mineralsäuren, hauptsächlich Schwefelsäure, ohne Salzzusatz dennoch gute Zellulosegebilde aus Rohviskose herzustellen. Besonders wichtig ist dabei der Reifegrad der Viskose, die Säurekonzentration im Bade und schließlich die Dauer des Fadendurchgangs durch das Bad. Nach dem DRP. 282789 Kl. 29b der Vereinigten Glanzstoff-Fabriken A.-G. vom 27. November 1913 soll man glänzende Gebilde erhalten, wenn man eine ungereinigte Viskose vor Erreichung der Phase C_{12} und C_{18} in einer schwachen Schwefelsäurelösung von nur 10 vH und darunter fällt, und die Strecke, die der Faden im Bade zurücklegt, bei einer Spinngeschwindigkeit von 40 m in der Minute nur etwa 3 cm lang macht. Ein Anwärmen des Bades ist dabei nicht notwendig; es genügt, wenn das Bad Zimmertemperatur besitzt. Laut Schw. Patent 70124 will dieselbe Firma zum gleichen Resultat gelangen, wenn vier Tage alte Viskose in 10 vH Schwefelsäure bei 25° C

Badtemperatur gefällt wird. Nach DRP. 357668 Kl. 29b (Verfahren zur Herstellung von glänzenden Fäden aus weit gereifter Viskose mittels Mineralsäure) der Vereinigten Glanzstoff-Fabriken A.-G. wird zur Fällung eine mindestens acht Tage alte Viskose empfohlen, aus der die Zellulose mit wenigstens 20 vH Schwefelsäure bei 40° C und 10—15 cm Badlänge regeneriert werden soll.

Von Interesse sind noch Verfahren, welche eine verbesserte, vorteilhaftere Fällung durch Kombination von verschiedenartig zusammengesetzten Fällbädern mit gleichzeitiger Vorbehandlung der in diesen Bädern zu fällenden Viskose zum Gegenstand haben, wie z. B. DRP. 337984 Kl. 29b (Chemische Fabrik von Heyden, A.-G. (Verfahren zur Herstellung von Viskoseseide) und DRP. 353483 Kl. 29b derselben Fabrik. Außerdem sucht man Glykose, Thiosulfat, fett- und ölsaure Kaliumsalze usw. der Viskose zuzusetzen.

1) Gesetzmäßigkeit des Verhaltens der Säurekonzentration zu der Faserfeinheit. Zur Herstellung feinfaseriger Kunstseide benötigt man bekanntlich andere Säurekonzentrationen, wie für Fasern über 6 Deniers, und zwar muß die Säurekonzentration des Spinnbades mit der Verfeinerung der Faser steigen. Bronnert will hier eine gewisse Gesetzmäßigkeit gefunden haben. In seinen Patenten, Brit. Pat. 166931 und Schw. Pat. 95355 führt er an, wie die Säurekonzentration bzw. der Salzgehalt solcher Spinnbäder berechnet werden muß. Diese beiden Patente führe ich nachstehend des Interesses halber mit den Patentansprüchen voll an:

Brit. Pat. 166931 vom 22. März 1920 E. Bronnert, Mühlhausen i. E.

Zur Herstellung feiner Fäden unter 6 Deniers verwendet man Spinnöffnungen von ca. 0,10 mm Durchmesser, führt die Viskose den Spinnöffnungen in genau den Mengen zu, die dem gewünschten Denier entsprechen, und benutzt verdünnte Schwefelsäure als Spinnbad. Je feiner der Faden gewünscht wird, desto höher nimmt man die Säurekonzentration im Spinnbad. Die Säuremenge im Liter wird als ein Minimum x nach der Formel berechnet

$$x = \frac{a\sqrt{0}}{\sqrt{p}}$$

das Minimum a für den Denier 0 ist 250 g, wenn $0 = 2$ Deniers ist, daraus läßt sich x für jeden beliebigen Denier p berechnen.

Schweiz. Pat. 95355 Dr. E. Bronnert, Mühlhausen i. E.

Spinnverfahren zur Herstellung feinster Fäden aus Rohviskoselösung unter Benutzung von saurer Ammonsulfatlösung als Fällbadflüssigkeit.

Im Schweiz. Pat. 94412 wurde ein Verfahren zur Herstellung feinfädiger Viskoseseide unter Verwendung von sauren Salzlösungen beschrieben, das dadurch gekennzeichnet war, daß zum Zwecke der Erzeugung von Fädchen von 6—2 Deniers die sonst für gröbere Fädchen üblichen Spinnöffnungen mittlerer Weite von etwa 0,10 mm Durchmesser für alle genannten Fadennummern verwendet wurden, unter Regelung des Viskosezuflusses entsprechend der zu spinnenden Fadennummer, unter Berücksichtigung der Zahl der Düsenöffnungen und der Abzugsgeschwindigkeit, und daß eine mit Sulfaten der Alkalien und

Erdalkalien in wechselnder Menge versetzte 20 Vol.vH Schwefelsäure als Spinnbad dient. Im Schweiz. Pat. 87536 wurde gezeigt, daß man zur Herstellung feinstfädiger Viskoseseide von 1—2 Deniers auch Ammonsalzbäder benutzen kann, die mit wenig Säure versetzt sind. Im Schweiz. Pat. 87736 wurde weiter auseinandergesetzt, daß man den Näherungswert für die Minimalkonzentration eines rein schwefelsauren Spinnbades errechnen kann für jeden beliebigen Titer, vorausgesetzt, daß man auch sonst die für das Spinnen feinster Fädchen notwendigen Vorbedingungen — Verwendung mittlerer Spinnöffnungen von 0,1 mm Durchmesser für alle Fadentiter unter 6 Deniers und Regelung der der Düse zufließenden Viskosemenge, derart, daß sie, unter Berücksichtigung der Abzugsgeschwindigkeit und der Lochzahl des Spinnkopfes dem gewünschten Titer des Einzelfädchens entspricht — erfüllt. Es zeigte sich, daß die Konzentration der Säure, die beim Titer 2 Deniers einwandfreies Spinnen zuläßt, sich zu der gesuchten Konzentration für einen gewählten anderen Titer umgekehrt verhält, wie der angenäherte Wert der Quadratwurzeln aus den 2 Fadenstärken in Deniers, oder, wenn man den gewünschten Fadentiter und den gesuchten Wert für die Schwefelsäurekonzentration mit x bezeichnet, in Zahlen ausgedrückt

$$\frac{x}{250} = \frac{\sqrt{2}}{\sqrt{t}},$$

wobei die Zahl 250, zur Zahl 2, in Beziehung gesetzt, die Grammzahl Schwefelsäuremonohydrat im Liter Spinnbad für 2 Deniersfädchen bedeutet. Bei dem Versuch, die Konzentration auch für saure Ammonsulfatbäder nach derselben Formel einzustellen, stellte sich überraschenderweise heraus, daß man bei der Anwendung saurer Ammonsulfatbäder nicht nur die freie Schwefelsäure, sondern auch die im Ammonsulfat enthaltene Schwefelsäure mit in Rechnung stellen muß, derart, daß für 2 Teile Ammonsulfat 1 Teil freie Schwefelsäure in Anrechnung gebracht wird. Wenn man in dieser Weise die Schwefelsäure des Ammonsulfates mit berücksichtigt, gilt aber auch wieder das Gesetz, daß die Säurekonzentration, die bei den verschiedenen Fadentitern nötig ist, umgekehrt proportional ist dem angenäherten Wert der Quadratwurzel des Fadentiters.

Diese Erkenntnis führte zu einer neuen und besonderen Abart des Spinnverfahrens zur Herstellung von Viskosefäden unter 6 Deniers, die dadurch gekennzeichnet ist, daß als Fällbad ein Gemisch von Schwefelsäure und Ammonsulfatlösung verwendet wird, wobei die für die einzelnen Fadentiter erforderlichen Minimalkonzentrationen der Bäder so bemessen werden, daß die Summe aus dem Gewichte der freien Schwefelsäure und dem halben Gewichte des Ammonsulfates umgekehrt proportional ist dem angenäherten Wert der Quadratwurzel aus den Fadenstärken.

Beispiel: Die Konzentration eines Ammonsalzbades für $t = 2{,}7$ Deniersfädchen soll im Näherungswert berechnet werden. Man berechne zunächst den Näherungswert für ein rein schwefelsaures Bad nach Schweiz. Pat. 87736 gemäß der oben angegebenen Formel; es ist:

$$\frac{x}{250} = \frac{\sqrt{2}}{\sqrt{2{,}7}}$$

oder x angenähert gleich 215. Für 2,7 Deniersfädchen braucht man also, wenn man rein schwefelsaure Bäder verwendet, 215 g Schwefelsäuremonohydrat im Liter. Will man nun einen Teil des Schwefelsäuremonohydrats durch Ammonsulfat ersetzen, so braucht man nach obigen Ausführungen für jedes Gramm weniger aufgewendeten Schwefelsäuremonohydrats doppelt soviel, also 2 g Ammonsulfat. Also z. B. 200 g Schwefelsäuremonohydrat und 30 g Ammonsulfat oder 150 g Schwefelsäuremonohydrat und 130 g Ammonsulfat oder 125 g Schwefelsäuremonohydrat und 180 g Ammonsulfat oder 100 g Schwefelsäuremonohydrat und 230 g Ammonsulfat im Liter Spinnbad.

Patentanspruch: Spinnverfahren zur Herstellung von Viskosefäden unter 6 Deniers, dadurch gekennzeichnet, daß als Fällbad ein Gemisch von Schwefelsäure und Ammonsulfatlösung verwendet wird, wobei die für die einzelnen Fadentiter erforderlichen Minimalkonzentrationen der Bäder so bemessen werden, daß die Summe aus dem Gewichte der freien Schwefelsäure und dem halben Gewichte des Ammonsulfates umgekehrt proportional ist dem angenäherten Wert der Quadratwurzel aus den Fadenstärken.

m) Lilienfeld-Verfahren. Ein besonders interessantes Spinnverfahren, welches alle zur Zeit bestehenden Gesetzmäßigkeiten und praktischen Erfahrungen bezüglich Viskoseregeneration umzustoßen droht, ist durch Lilienfeld bekanntgegeben worden. Dieses Verfahren ist u. a. in der Brit. Patentschrift Nr. 274521 beschrieben. Nach dieser Patentschrift wird die Viskose in einem Bade, welches keinesfalls weniger als 55 vH, vorteilhaft aber nicht weniger als 65—85 vH Monohydrat enthaltende Schwefelsäure darstellt, versponnen.

Nach eigenen Angaben Lilienfelds[1] sollen alle anderen, in dieser britischen Patentschrift genannten Arbeitsbedingungen nebensächlicher Natur sein. Es kommt lediglich auf die angegebene Konzentration der Säure an (es erübrigt sich daher, den Wortlaut des Patentes wiederzugeben). In dem angezogenen Artikel führt Lilienfeld aus, daß es für sein Verfahren nicht von Einfluß ist ob

1. guter Zellstoff oder Linters zur Viskoseherstellung verwendet wurde,

2. daß die Art der Vorreife der Alkalizellulose ohne Bedeutung ist,

3. nur eine normale Sulfidierung stattzufinden hat,

4. daß das Alter der Viskose vollkommen gleichgültig ist,

5. daß die Viskositäten schwanken können, d. h. sowohl sehr niedrige wie auch sehr hohe sein dürften,

6. daß die Zusätze zu der Viskose selbst ohne Belang sind,

7. daß die Zusätze organischer (Glykose) oder anorganischer (z. B. Sulfate) Substanzen zu dem Spinnbade gar keine Rolle spielen,

8. daß die Temperatur des Bades schwanken kann von unter 0° C bis über Zimmertemperatur,

9. daß die Schlepplänge von 10—100 cm bemessen sein kann,

10. daß die Luftstrecke ebenfalls ziemlich belanglos ist und 50 bzw. 150 cm betragen kann,

11. daß sich nach dem Verfahren grobe und feine Titer herstellen lassen. Nur durch entsprechende Anpassung der Menge der in einer bestimmten Zeiteinheit geförderten Viskose und Abzugsgeschwindigkeit, ohne die anderen Arbeitsbedingungen zu ändern, lassen sich glänzende Kunstseidenfäden herstellen mit 5—8 bzw. 0,5 Denier pro Einzelfaser.

12. Die Düsenöffnungen brauchen nur normal, also 0,08—0,1 mm weit zu sein.

13. Die Streckung beim Spinnen soll im allgemeinen keine Rolle spielen. So erhält man schon bei 18 m per Minute Abzugsgeschwindigkeit eine Kunstseide mit einer Trocken- bzw. Naßfestigkeit von 4 bzw. 2—3 g pro Denier. Eine Zusatzstreckung erhöht dagegen die Trockenfestigkeit auf 7 g pro Denier und darüber.

―――――――

[1] Die Kunstseide **1930**, Aprilheft.

Sollte dieses Verfahren nun tatsächlich ein Universalverfahren sein und Kunstseide mit den gewohnten Eigenschaften bei einer so außergewöhnlichen Trocken- und Naßfestigkeit liefern, so hat Lilienfeld für die Kunstseidenindustrie wirklich etwas ganz Hervorragendes geleistet. Indessen ist es zur Zeit noch verfrüht, ein entscheidendes Urteil fällen zu wollen, da das Verfahren zu jung ist, doch hoffen wir, daß die Erwartungen des Erfinders sich erfüllen.

n) Andere Fällverfahren. Auch Kohlensäure soll zur Regeneration der Zellulose aus Viskose brauchbar sein, und zwar in Form von Feuerungsgasen mit 5—15 vH Kohlensäure[1]. Trotz der großen Zahl von Patenten, welche hier nicht alle angeführt werden können, bleibt es fraglich, ob die Fällung der Viskose mit reiner Säure gegenüber den Verfahren, welche saure Salzlösungen benutzen, in der Praxis konkurrieren kann.

Außer Bisulfaten sind noch andere saure Salze zum Fällen von Viskose vorgeschlagen worden, wie z. B. Natriumbikarbonat und besonders Natriumbisulfit, das auch in Verbindung mit anderen Salzen empfohlen worden ist[2]. Die nach diesem Verfahren hergestellten Viskosegebilde sind nur koaguliert und bedürfen daher zur vollständigen Umwandlung in Zellulose einer Nachbehandlung. Außerdem liefern saure oder neutrale Salze der schwefligen Säure Zellulosegebilde, die sich in ihren chemischen und physikalischen Eigenschaften von den mit Schwefelsäure bzw. Sulfaten hergestellten unterscheiden. Diese Eigenschaft der Sulfite scheint mit ihrem Reduktionsvermögen zusammenzuhängen. Schließlich vermögen auch einige Neutralsalze Viskoselösungen von bestimmtem Reifegrade zu koagulieren. Nachdem das Gebiet der sauren Salze und Lösungen fast erschöpft war, wurde die Verwendung von Neutralsalzen, die leicht dissoziieren, aber ihr Säureradikal an Natriumhydroxyd nicht abtreten, zu Fällzwecken patentiert. So entstanden das Brit. Pat. 24045 (1911) von J. E. Brandenberger, das die Fällung von Viskose mittels Thiosulfaten schützt; das DRP. 290832 Kl. 29b vom 16. Februar 1913 (Fällen von Viskose mit Alkali- oder Erdalkalisalzlösungen, denen ein Ammonsalz zugesetzt worden ist) und noch viele andere. Auch Verbindungen von organischen Stoffen mit sauren anorganischen Salzen hat man zur Fällung der Viskose vorgeschlagen. So verwendet man nach DRP. 307811 Kl. 29b, angemeldet am 20. Juni 1913 von Lange und Walther, zur Viskosefällung Salze des Oxymethylester der schwefligen Säure und sonstige Aldehydbisulfite, sowie Reduktionsprodukte der Aldehydbisulfate wie Sulfoxylate. Diese Bäder vermögen sämtlich die Viskose nicht zu zersetzen, sondern nur zu koagulieren. Ein ebenso interessantes, wie originelles Verfahren gibt

---

[1] Vgl. Franz. Pat. 457633 von J. K. Brandenberger.
[2] Siehe Franz. Pat. 400577 und Amer. Pat. 816404.

Courtauld Ltd. in dem DRP. 411167 bekannt. Die Patentansprüche dieses Verfahrens lauten:

1. Verfahren zur Herstellung von Kunstfäden u. dgl. aus Viskose, dadurch gekennzeichnet, daß die Fällung oder Koagulierung der Viskose mittels einer wäßrigen Lösung eines Alkalisilikates herbeigeführt wird.

2. Verfahren nach Anspruch 1, dadurch gekennzeichnet, daß man für die Fällungslösung ein Alkalisilikat von hohem Kieselsäuregehalt im Verhältnis zum Alkalioxydgehalt verwendet.

Ob das Verfahren jemals für Großbetriebe von Bedeutung werden wird, bleibt abzuwarten.

o) **Erhöhung der Bruchfestigkeit des Fadens.** Bekanntlich läßt sich die Festigkeit der Seide bedeutend erhöhen, wenn die Fällung bzw. die Regeneration unter Streckung des Fadens durchgeführt wird. Durch das Strecken werden die Einzelkriställchen der Zellulosemasse der Fasern geordnet und in parallele Lage zueinander gebracht. Die Bruchfestigkeit wird dadurch unter Verringerung der Dehnung nachgewiesenermaßen ganz bedeutend gesteigert. Sehr nett versucht Kämpf in einem Artikel „Rechnerisches und Spekulatives über den Spinnvorgang"[1] diese wichtige Erscheinung durch rein mechanische Vorgänge zu erklären. Ich will seine Ausführungen hier in kurzen Zügen wiedergeben.

Kämpf bezeichnet die Zellulosemizellen oder -kriställchen dem Aussehen nach als doppelseitigen Kamm oder Sturmleiter, wobei die Sprossen dieser Leiter gewisse Kräfte darstellen sollen, welche das Anschmiegen der Mizellen aneinander in der Querrichtung (also mit den Seiten) verursachen. Diese Kräfte (Kammzacken) werden durch den Zug der Ausstreckung auf Biegungselastizität beansprucht. Je bessere Vereinigung bzw. Verzackung dieser Kräfte eintritt, um so größere Festigkeit muß naturgemäß die Faser aufweisen. Die Verzackung ist aber nur dann vollkommen, wenn die Parallelität der Mizellen (Sturmleiter) eine vollkommene ist. Bei der Herstellung der Viskose werden die Mizellen durch die mechanische Bearbeitung mehr oder weniger bezüglich ihrer Parallelität in Unordnung gebracht. Beim Spinnen, insbesondere aber beim Streckspinnen, wird diese Parallelität wiedergewonnen, und zwar begreiflicherweise in erster Linie infolge Reibung des Fadens an der Wandung der Düsenlöcher, also an der Oberfläche der Faser. Wird der Viskosestrahl im flüssigen bzw. halbflüssigen (koagulierten) Zustande wieder gestreckt, so nehmen alle Zellulosemizellen eine mehr oder weniger parallele Lage an, und ein tadelloser Eingriff der Sprossenkräfte (nach Kämpf) ist vollzogen bzw. der Eingriff einer quer zur Längsachse gerichteten Kraft wird stärker und inniger.

Wird der Viskosestrahl schnell und vorzeitig durch das Fällbad zersetzt, so ist natürlich eine Ordnung der Mizellen in der Längsrichtung weniger möglich, als bei einer gleichmäßigen, langsamen Fällung. Im gleichen Sinne wirken auch die zu engen Löcher der Spinndüsen, denn ein im Querschnitt weniger starker Viskosestrahl erhärtet schneller als ein dickerer Strahl. Dagegen ist bei dem dickeren Strahl wieder die Gefahr vorhanden, daß die innere Zellulosemasse der Faser ungeordnet bleibt, weshalb die Reißfestigkeit einer dickeren Faser geringer ist. Die Reißfestigkeit ist um so größer, je mehr parallel gerichtete Stäbchen von vornherein mit ihren Zacken in Angriff stehen, und es liegt auf der

---

[1] Die Kunstseide **1927.**

Hand, daß die Stäbchen einer 4-Deniers-Faser auch bei der Reckung niemals mehr zur selben Gleichrichtung und Intensität des Eingriffs kommen werden, wie dies in einer 1-Denier-Faser erreicht werden kann. Auch die Abzugsgeschwindigkeit, mit welcher die Faser hergestellt wird, ist von Einfluß auf die Ordnung der Mizellen in der Längsrichtung, d. h. die Richtungskräfte nehmen mit der Abzugsgeschwindigkeit ab; gleichzeitig entsteht ein dickerer Faden. Dieser wird daher mehr Dehnungsfestigkeit aufweisen.

Diese interessante, einfache Erklärung für die Erhöhung der Reißfähigkeit des nach dem Streckspinnverfahren gewonnenen Fadens durch mechanische Vorgänge mag in der Wirklichkeit nicht den Tatsachen entsprechen, doch sie vermittelt einen guten Einblick in die Art der auftretenden Erscheinungen.

2. Vorbehandelte Viskosen (Luft- und Mattseide).

Auf der Suche nach neu gearteten Kunstseidesorten, insbesondere solchen, die weniger glänzen und daher der Naturseide ähnlicher sind, versuchte und versucht man, außer durch Appretur des fertigen Fadens auch durch Zusätze verschiedenster Art zu den Viskosen allerlei voneinander abweichende Effekte zu erzielen. Man muß voraussetzen, daß das Hinzufügen bestimmter Substanzen zu der Viskose vor dem Verspinnen auf das im Fällbade aus dieser entstehende Gebilde in irgendwelcher Art von Einfluß sein wird. Schon eine feine Verteilung von inerten Gasen, z. B. Luft in der Viskose verändert das Aussehen und den Griff, bzw. die physikalischen Eigenschaften der Kunstseide. Durch die feinen, in der Viskosemasse eingeschlossenen Luftbläschen entstehen in dem Zellulosegebilde, z. B. der Kunstseidenfaser luftgefüllte Hohlräume. Solche Seide zeigt natürlich, bezogen auf die kompakte Zellulose, geringeres spez. Gewicht (nach A. Herzog) nur 1,37 gegen etwa 1,51 der regulären Viskoseseide. Sie fühlt sich weicher und wärmer an. Der Völligkeitsgrad wird erhöht. Die in der Zellulosemasse eingeschlossenen Luftblasen beeinflussen auch die optischen Eigenschaften bedeutend. Solche Seide wird weniger durchsichtig, daher ist sie deckfähiger. Auch der Glanz erleidet entsprechend der Menge eingeschlossener Hohlräume mehr oder weniger Einbuße. Es gelingt auf diese Weise Kunstseiden von edlem Mattglanz bis zur völligen Glanzlosigkeit (ähnlich Baumwolle) zu erzeugen. Da sich mit Gasbläschen durchsetzte Viskosen äußerst schwer verspinnen lassen, so beschritt man zur Erzielung der gasgefüllten Hohlräume in der Faser einen anderen Weg. Man setzte der Viskose wasserfreies Alkalikarbonat (Soda) zu, welches schon beim Verlassen der Düsenlöcher infolge Zersetzung durch die Säure des Spinnbades feinste Kohlensäurebläschen bildet (Celtaseide).

Natürlich lassen sich außer Luft und Kohlendioxyd auch andere Gase verwenden. Diese Art der Erzeugung von Hohlräumen ist ungemein stark verbreitet. Die bekanntesten Verfahren auf diesem Gebiet enthalten das DRP. 346830 und DRP. 378711 J. Rousset, Nogent sur Marne (Künstliche Textilgebilde und Verfahren zu seiner Herstellung Kl. 29a vom 24. November 1921) und das DRP. 370471 des gleichen Erfinders (Verfahren zur Herstellung von hohlem künstlichen Textilgut), sowie auch mehrere Auslandspatente.

Außer der Erzeugung von Hohlräumen durch Gase besteht die Möglichkeit, den gleichen Effekt durch Zusatz ganz fein gemahlener und verteilter fester Körper zur Viskose zu erreichen, indem man diesen Zusatz nach dem Spinnen durch Bäder bzw. eine geeignete Nachbehandlung herauslöst. Diese festen Körper dürfen natürlich mit der Viskose in keiner Weise reagieren, dürfen auch im Fällbade nicht löslich sein, sondern sich nur durch organische Lösungsmittel entfernen lassen. Abgesehen von organischen Substanzen könnte hier das Verfahren nach dem Brit. Pat. 319887 Anwendung finden. Hiernach werden der Viskose nicht mehr als 0,8 vH Schwefel in fein verteilter Form (angeblich zum Schutz der Eisenteile der Spinnapparatur) zugefügt. Steigert man unter bestimmten Bedingungen den Schwefelzusatz in gewissen Grenzen, so ist es möglich, durch späteres Herauslösen dieses Schwefels Hohlräume in der Fasermasse zu erzeugen.

Noch besser ist es, die Viskose mit Substanzen (z. B. Salzen) zu präparieren, welche zwar in der Viskose löslich sind, ihr aber in keiner Weise schaden, beim Austritt in das Spinnbad fein verteilte feste Körper in der Zellulosemasse bilden, die wiederum bei entsprechender Nachbehandlung in Lösung gehen. Als solche Bemengung könnte z. B. Natriumthiosulfat gewählt werden. Durch geeignete Wahl der Mengenverhältnisse bzw. geeignete Zusammensetzung des Fällbades wird in der regenerierten Zellulose Schwefel ausfallen, welcher herausgelöst Hohlräume hinterläßt. Auf diese Art können in den gefällten Zellulosegebilden auch geeignete kristallinische Körper erzeugt werden, die später ebenfalls herausgelöst werden. Hier bietet sich ein weites Feld zur Auffindung neuer Methoden zwecks Erzeugung von Hohlräumen in der Zellulosefaser.

Ferner wären auch noch Arbeitsmethoden zu erwähnen, durch welche der Viskose Substanzen, die in dem gefällten Zellulosegebilde verbleiben sollen, zur Erreichung bestimmter Effekte zugesetzt werden. Als solche wären z. B. verschiedene Eiweißstoffe, wie Kasein, Emulsionen verschiedener mineralischer Fette und Öle (Unica-Seide) usw., zu nennen, weiterhin auch solche, die erst bei der Fällung in der Faser entstehen und absolut unlöslich in dieser verbleiben sollen, wie z. B. Bariumsalze usw.

Bei dem großen Umfang des Gebietes der Vorbehandlungsmöglichkeiten der Viskose ist es unmöglich, auch nur einen Teil ausführlich wiederzugeben.

III. Verwendung der Viskose zur Herstellung von Kunstseide.

Die in der Viskose gelöste Zellulose läßt sich in den verschiedensten Formen regenerieren.

Im folgenden soll das wichtigste Verwendungsgebiet der Viskose, die Herstellung von Kunstfasern, besprochen werden. Zweckmäßig erfolgt zunächst eine ausführliche Beschreibung der Apparatur.

1. Spinnapparatur und Spinnverfahren.

a) Spinndüse. Das wichtigste Organ zur Erzeugung der Kunstseiden bzw. Kunstfasern ist die Spinndüse. Der Gedanke, zur Formung der Fäden eine ähnliche Vorrichtung zu verwenden, wie sie die Raupe zum Spinnen der Naturseide gebraucht, war die Grundlage, auf der sich die heutige Kunstseidenindustrie aufbaut. Der sich auf diese Idee gründende Spinnvorgang ist folgender: Man verwendet ein hütchenartiges Sieb (genannt Spinndüse) mit äußerst feinen Öffnungen, durch welche entsprechend gereifte und entlüftete Viskose in das Regenerationsbad hineingespritzt wird, wo die feinen, rundlichen Viskosestrahlen zu Zellulosehydratfasern erstarren. Der Kunstseidenfaden besteht aus einem Bündel dieser einzelnen Fasern, die im fertigen Faden mehr oder weniger verzwirnt sind. Die Lochzahl der Düse entspricht der Zahl der Einzelfasern im Faden und richtet sich nach seiner Stärke. Die im Spinnbad gefällten, rohen Zellulosefasern werden außerhalb des Bades fortlaufend aufgewickelt.

b) Spinndüsenbaustoff. Die Spinndüsen können aus verschiedenem Material bestehen. Am besten haben sich solche aus Platin bewährt. Da Platin bzw. Metalle der Platingruppe sehr teuer sind, ist man schon vor etwa 15 Jahren bemüht gewesen, Edelmetall-Legierungen zu diesem Zweck zu verwenden. Die gebräuchlichsten Legierungen dieser Art sind Goldplatin (75—90 vH Gold, 10—25 vH Platin), Goldpaladium (die Legierung etwa im gleichen Verhältnis wie bei Goldplatin) und Palplator. Spinndüsen aus diesen Legierungen haben sich in der Praxis gut bewährt, besitzen aber andererseits auch wieder große Nachteile, wie z. B. starke Abnutzung, Erweichen beim Glühen (also schwierige Reinigung) und andere physikalische Mängel. Ein besonders unangenehmer Nachteil liegt in ihrer Fähigkeit, beim Erhitzen sehr leicht mit unedlen Metallen zu verschmelzen. Dadurch verbietet sich bei aus solchen Legierungen hergestellten Spinndüsen die Verwendung der sehr dauerhaften Verschraubungen aus säurefesten Metallen (95 vH Zinn und 5 vH Kupfer oder säurefeste Bronze).

Wie schon erwähnt, sind Spinndüsen aus Metallen der Platingruppe, besonders solche aus Platin-Ruthen oder Platin-Iridium, unbedingt jeder anderen Legierung vorzuziehen, sofern die Preisfrage nur eine untergeordnete Rolle spielt. Sie sind spielend leicht durch einfaches Glühen zu säubern, nutzen sich äußerst wenig ab und zeichnen sich außerdem durch geringes Adhäsionsvermögen gegenüber der Viskose aus.

Am besten eignet sich zum Bau von Spinndüsen die Platin-Iridiumlegierung, deren Härte mit zunehmendem Iridiumgehalt (bis etwa 40 vH) zunimmt, über diesen Prozentsatz hinaus aber wieder langsam sinkt. Die Sprödigkeit bleibt dagegen weit hinter der Härtezunahme zurück, wenn reine Legierungsbestandteile verwendet werden. Mit zunehmendem Iridiumgehalt, und zwar bis zu 35 vH, kann auch die Glühtemperatur der daraus hergestellten Spinndüsen bis zu 700° C gesteigert werden. Erst bei 900° C beginnt die Metalloberfläche durch Oxydation sich schwarz zu färben. Die chemische Widerstandsfähigkeit der Platin-Iridiumlegierung gegenüber allen bei Herstellung der Viskose-Kunstseide verwendeten Chemikalien ist außergewöhnlich groß. Schon die Legierung mit nur 5 vH Iridium wird sogar von konzentriertem Königswasser nur schwer angegriffen. Bei Verwendung von 30 vH Iridium ist die Widerstandsfähigkeit bereits so groß, daß die Legierung als praktisch unlöslich bezeichnet werden kann. Eine Platin-Iridiumlegierung mit einem Gehalt von 10 vH Iridium besitzt die merkwürdige Eigenschaft, beim Ausglühen bei einer Temperatur von 750° C an Festigkeit zu gewinnen, wodurch ihr Wert noch gesteigert wird.

Die Platin-Ruthenlegierungen sind den vorstehend beschriebenen in ihren Eigenschaften ähnlich. Sie vertragen das Glühen zwar nicht so gut wie die Platin-Iridiumlegierungen, sind dafür aber mechanisch widerstandsfähiger. Schon bei einem Gehalt von 8 vH Ruthenium in der Legierung wird die gleiche Härte wie bei 20 vH Iridium erreicht. Wird eine besondere Härte bzw. Widerstandsfähigkeit der Spinndüsen gewünscht, so kann als Baustoff an Stelle von Platin-Iridiumlegierungen mit hohem Iridiumgehalt eine aus 91 vH Platin, 5 vH Iridium und 4 vH Ruthenium bestehende verwendet werden. Die mechanische Widerstandsfähigkeit dieser Legierung entspricht etwa derjenigen einer Platin-Iridiumlegierung mit 15 vH Iridiumgehalt.

Ein weiterer Vorschlag, Platin-Paladiumlegierungen zum Bau von Spinndüsen zu verwenden, hat wenig Anklang gefunden, da bei Anwendung einer größeren Menge Paladium zwecks Verbilligung der Legierung (z. B. von 30 vH des genannten Metalles) die Legierung an mechanischer Widerstandsfähigkeit bedeutend einbüßt.

Auch die Verwendung von Platin-Osmium und Platin-Rhodium zur Herstellung von Spinndüsen wird ausprobiert, doch läßt sich hierüber noch kein abschließendes Urteil abgeben.

Es fehlt auch nicht an Versuchen, an Stelle von Edelmetallen unedle Metalle zum Bau von Spinndüsen zu verwenden. Hierbei wurden gute

Resultate mit Nickel-Molybdän bzw. Nickel-Molybdän-Chromlegierungen gezeitigt. Die Firmen The Crucible Steel Company of America, Durian Company und Union Carbid & Carbon Research Laboratories haben Legierungen aus 25 vH Nickel, 8—9 vH Chrom und Rest Stahl, auch mit einem gewissen Siliziumgehalt herausgebracht, welche gegen verdünnte Schwefelsäure sogar bei Siedetemperatur äußerst widerstandsfähig sind. Die letztgenannte Firma stellt eine Legierung her, die sie als „Hastelloy" bezeichnet, welche in drei Zusammensetzungen in den Handel gebracht wird; sie stellt eine Nickel-Molybdän-Eisenlegierung dar, die sowohl gegen Säure, als auch gegen Alkali eine äußerst große Widerstandsfähigkeit aufweist.

Legierungen von Reinnickel mit Molybdän ergeben ein Material, welches sehr große chemische und mechanische Widerstandsfähigkeit zeigt und sich somit auch gut zur Herstellung von Spinndüsen eignet.

Man hat auch versucht, Glas oder keramisches Material zu diesem Zweck zu verwenden. Glasdüsen werden wohl wegen ihrer Zerbrechlichkeit keine Zukunft haben; dagegen bewähren sich Porzellandüsen in der Praxis gut. Hier ist allerdings die Preisfrage ein Faktor, welcher die Anschaffung größerer Mengen solcher Spinndüsen wenig ratsam erscheinen läßt.

Zu erwähnen ist noch, daß die Porzellanspinndüsen der Kunstseide einen ganz eigentümlichen Glanz verleihen, welcher demjenigen der Kupferseide ähnelt, und wohl dadurch hervorgerufen wird, daß die körnige Struktur der Porzellandüse sich auf der Oberfläche der Faser abzeichnet.

Die Spinndüsen haben eine zylindrische Form, eine Spinnoberfläche von 12 mm Durchmesser, die indessen für die Herstellung besonderer Titer auch größer gewählt wird, eine Höhe von ca. 10 mm und einen Rand von 2—2,5 mm. Der Griff und die Festigkeit der fertigen Seide ist am besten, wenn die Größe der Spinnöffnungen 0,1 mm im Durchmesser nicht übersteigt. Die Löcher sollen auf der Düsenoberfläche schachbrettartig angeordnet sein. Radiale Anordnung der Löcher hat sich als unbrauchbar erwiesen, da das Fällbad in diesem Fall schwer zum Zentrum der Düse gelangen kann, ein Umstand, der fortwährende Klumpenbildung verursacht und das Spinnen außerordentlich erschwert.

Zweckmäßig werden die Löcher in Kreisen angeordnet, die einen Mindestabstand von 1,5 mm voneinander haben müssen. Die einzelnen Löcher sollen mindestens 1 mm voneinander entfernt sein. Die Düsen sind meist aus 0,25—0,35 mm Blech gefertigt. Schwächere Siebböden würden sich beim Durchdrücken der Viskose ausbeulen („bombieren") und so die Gleichmäßigkeit der Spinnöffnungen beeinträchtigen. Der beim Bohren der Öffnung entstehende Grat muß beseitigt und die ganze Innenfläche der Düse sorgfältig geglättet sein. Eine normale Spinndüse wiegt 2,5—3,5 g.

c) **Spinndüsenlochzahl.** Die Stärke der Einzelfaser soll möglichst 7 Deniers nicht übersteigen. Infolgedessen haben die Spinndüsen, die zur Herstellung eines Fadens

von	100	Deniers dienen sollen,	14—15	Löcher	
bei	110	,,	16—17	,,	
,,	120	,,	18—19	,,	
,,	130	,,	19—20	,,	
,,	140	,,	20—21	,,	
,,	150	,,	22—24	,,	
,,	180	,,	27—28	,,	
,,	200	,,	30—31	,,	
,,	250	,,	37—38	,,	
,,	300	,,	44—45	,,	
,,	330	,,	49—50	,,	usw.

Düsen mit mehr als 50 Bohrungen zeigen gewöhnlich größere Abmessungen als oben angegeben.

Seitdem die Kunstseidenindustrie immer mehr zur Herstellung feinfaseriger Seide übergeht, welche bekanntlich größere Festigkeit, bessere Deckkraft und andere günstige Eigenschaften besitzt, werden die Spinndüsen auch mit einer größeren Anzahl von Löchern (Bohrungen) hergestellt. Dabei richtet sich die Anzahl der Löcher nach der gewünschten Anzahl der einzelnen Fasern im Faden. Da die Frage der Normung in der Kunstseidenindustrie noch nicht abgeschlossen ist, sehen wir bei den verschiedenen Großbetrieben bezüglich Anzahl der Einzelfasern im Faden mehr oder weniger große Schwankungen. Die nachstehende Tabelle gibt z. B. die bei der Amerikanischen Glanzstoff-Gesellschaft übliche Anzahl der Fasern:

Denier	Fasern	Denieranzahl je Faser	Denier	Fasern	Denieranzahl je Faser
60	12	5	Vielfaseriges Garn		
75	15	5	50	24	2
90	36	2,5	90	36	2,5
100	15	7	120	48	2,5
120	18	7	150	40	3,7
150	25	6	150	60	2,5
180	24	7,5			
240	36	6,7			
300	50	6			

Glänzende Viskosegarne				Matte Viskosegarne	
Denier	Fäden	Denier	Fäden	Denier	Fäden
50	14	150	32	75	30
75	18	150	36	100	40
75	30	150	60	125	36
100	18	170	27	150	24
100	40			150	36
125	36			150	48
150	24			150	60

d) **Reinigung der Spinndüsen.** Werden im Betriebe Spinndüsen aus Metallen der Platingruppe verwendet, so ist die Reinigung dieser Düsen denkbar einfach. Sie werden in einem Siebe durch fließendes Wasser, evtl. unter Anwendung einer Bürste, von der Viskose befreit, dann in einer Porzellanschale in konzentrierter Schwefelsäure unter Zusatz von Kaliumbichromat etwa 10—15 Minuten ausgekocht (wegen Entwicklung von Säuredämpfen unter Abzug arbeiten), dann nochmals mit fließendem Wasser abgespült und in einem elektrischen Tiegelofen etwa $^1/_2$ Stunde bei 700° C getrocknet. Bestehen die Spinndüsen aus Goldlegierungen, so ist das Glühen wegen Erweichung der Legierung zu vermeiden. In solchem Falle wendet man folgende Reinigungsmethoden an: sie werden in lauwarmem Wasser eingeweicht, gut durchgespült und gereinigt und danach in einem staubdichten, elektrischen Trockenschrank (Abb. 36, System Heraeus) bei 200° C getrocknet. Wenn sich dann bei der Prüfung unter dem Mikroskop oder mit Prüfapparat herausstellt, daß einzelne Düsen oder Löcher noch nicht ganz sauber sind, so werden diese Düsen in ein Becherglas gelegt, in welchem sich höchst-

Abb. 36. Spinndüsen-Trockenschrank. System Heraeus.

konzentrierte kalte Schwefelsäure, welche aber chemisch rein sein muß, befindet. Länger als eine Viertelstunde sollen die Düsen nicht in der Säure bleiben. Hierdurch werden Viskoseteilchen, welche sich durch Wasser nicht entfernen ließen, gelöst. Die Düsen werden danach wieder gut mit Wasser abgespült und ebenfalls im Trockenschrank getrocknet.

Verstaubte oder verschmutzte Düsen reinigt man, indem man sie in ein flaches Gefäß legt, in welchem sich reinstes Benzol befindet. (Vorsicht wegen Feuersgefahr.) Nach dem Durchspülen der Düsen in dem Benzol klopft man mit einer länglichen Bürste (Form einer Zahnbürste) von oben auf die Düsen, wodurch Staub- und Schmutzteilchen aus den Löchern herausfallen; ebenso pinselt man mit einem feinen

Stupfpinsel die Düsen von innen nochmals gut aus, um sie danach im Trockenschrank staubdicht zu trocknen. Bei solchen Düsen, die aus Goldplatin-, Goldpalladium- und Palplatorlegierungen bestehen, ist das Ausglühen zu vermeiden, da die Härte beim Erhitzen auf Rotglut nachläßt. Dagegen können Düsen aus Platin-Ruthen oder Platin-Iridium ohne Gefahr geglüht werden.

Unbedingt zu vermeiden und zu verwerfen ist das Reinigen verstopfter Düsenlöcher mittels Nadeln, Sonden und dgl., da hierbei die Löcher sehr leicht verletzt und unbrauchbar werden können. In den meisten Fällen wird es gelingen, durch Säurebehandlung, durch Nachspülen mit Benzol, Klopfen mit Bürste, durch Pinseln mittels Stupfpinsel die Löcher sauber zu bekommen; hierbei besteht keine Gefahr, die Löcher zu verletzen.

Auch für Spinndüsen aus nicht edlen Metallen kommt dieses Reinigungsverfahren in Frage. Werden Düsen aus Glas oder keramischem Material (Porzellan) verwendet, so reinigt man diese am besten durch Kochen in konzentrierter Salpetersäure; Waschen in fließendem Wasser und Erhitzen im Trockenschrank bei Temperaturen wie für Goldlegierungen beschrieben.

Im DRP. 342536 beschreibt Schülke einen Apparat, der die verstopften Löcher mittels Druckwasser bzw. Druckluft reinigt. Die Vorrichtung gestattet ein außerordentlich rasches Arbeiten und verhindert besonders bei Glas- bzw. Porzellandüsen das Zerbrechen. Man trifft diese Vorrichtung tatsächlich in Großbetrieben an, teils im Original, teils in veränderter Bauausführung.

Da die an die Qualität der Kunstseide gestellten Anforderungen mehr und mehr gesteigert werden, wird seitens der Kunstseidenfabriken immer größerer Wert auf die einwandfreie Beschaffenheit der Bohrlöcher in den Spinndüsen gelegt, wobei nicht nur auf eine genaue Einhaltung der Maße geachtet, sondern ein besonderes Augenmerk auf sorgfältige und saubere Bohrung gerichtet werden muß. Bei der Kleinheit der Löcher ist es nur möglich, sie durch ein optisches Prüfverfahren zu kontrollieren. Für diesen Zweck hat die Firma Heraeus, G. m. b. H., Hanau, einen ganz vorzüglichen Apparat konstruiert, der bereits in vielen Kunstseidenfabriken Anwendung findet. An Hand der nachstehenden Abb. 37 will ich die Arbeitsweise des Apparates kurz erklären:

Der Apparat steht auf einem Dreifuß und kann mittels Schrauben auf jedem beliebigen Tisch befestigt werden (10). Auf dem Dreifuß ist als Lichtquelle die Bogenlampe (3) angebracht; sie befindet sich auf der dem Beobachter entgegengesetzten Seite. Bei Anschluß der Bogenlampe an eine Gleichstromleitung wird ein Vorschaltwiderstand verwendet, dagegen ist bei Anschluß an Wechselstromleitung ein Transformator (1) zu benutzen, welcher eine wesentliche Herabsetzung des

Stromverbrauches ermöglicht und dadurch die höheren Anschaffungs
kosten bezahlt macht. Es empfiehlt sich nicht, als Lichtquelle gas-
gefüllte Lampen oder dgl. zu verwenden, da die Flächenhelle hierbei
nicht intensiv genug ist. Die Spiegel- und Beleuchtungsapparate (5)
sind über dem Mikroskop unter einem Schutzdach angeordnet. Die
scharfe Einstellung des Bildes auf der Mattscheibe (9), die sich in günstiger Lage zum Beobachter befindet, geschieht mit Hilfe eines Grob- (7)
und Feintriebes (8), wie es auch bei gewöhnlichen Mikroskopen der Fall

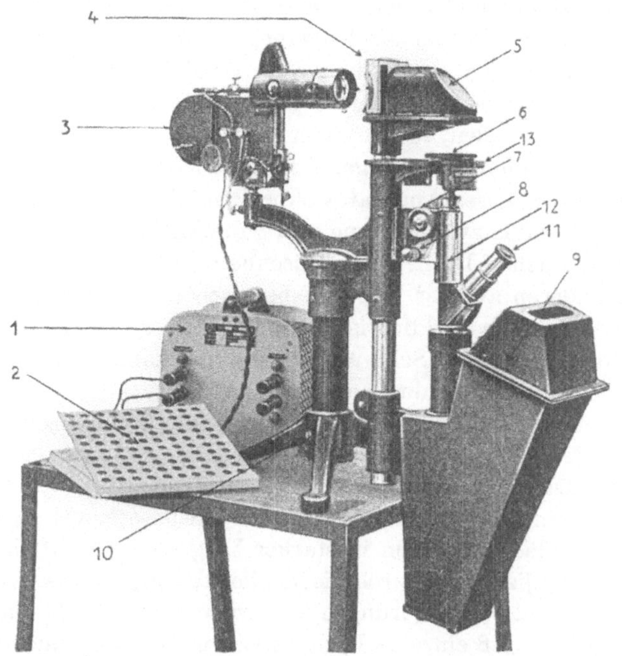

Abb. 37. Prüfapparat für die Spinndüsen. System Heraeus.

ist. Zur Befestigung der Düse im Apparat dient ein Düsenhalter (6),
mittels welchem man die verschiedenen Löcher eines Bohrkreises leicht
in das Gesichtsfeld bringen kann. Die Beleuchtung wird durch ein
Prisma vor dem Objektiv bewirkt, welches durch die Blende (13) ver-
deckt ist. Gewöhnlich wird zu diesem Zweck ein hinter dem Objektiv
angebrachter Opak-Illuminator verwendet, doch tritt bei dieser Be-
leuchtungsmethode eine leichte Schleierbildung auf, die bei dem Heraeus-
apparat fehlt; das mit diesem Apparat erzeugte Bild überrascht durch
Klarheit und Schärfe. Die Lichtquelle besitzt eine so große Stärke, daß
der Apparat auch bei Tageslicht benutzt werden kann. An dem Mikro-
skop-Tubus (12) ist außerdem ein Seitenrohr (11) angebracht, das direkte
Beobachtung gestattet. Der Vergleichsmaßstab zum Messen der Boh-

rungen ist in das Okular eingelegt und wird auf diese Weise ebenfalls auf die Mattscheibe projiziert, so daß falsche Messungen, die durch unfreiwillige Veränderung der Vergrößerung während des Betriebes eintreten können, verhindert werden. Die Düse wird von obenher in den drehbaren Düsenhalter (6) gesetzt und gleichzeitig von dieser Seite beleuchtet, so daß das Licht durch die Bohrlöcher hindurch in das unter dem Halter befindliche Mikroskop fällt. Durch eine Spiegeleinrichtung, welche einen Teil des Lichtes, das vom Beleuchtungsapparat auf die Düse fällt, auffängt und ihrem unteren Teil zuleitet, wird sie auch von untenher auf ihrer Oberfläche beleuchtet. Auf diese Weise ist es möglich, ohne Anstrengung der Augen die wahre Größe des Düsenloches zu erkennen und zu messen und gleichzeitig die Beschaffenheit der Düsenoberfläche zu beurteilen, sowie etwaige Besonderheiten am Austritt des Bohrkanals zu prüfen. Bei einiger Übung und Erfahrung ist es möglich, unter Benutzung dieses Apparates ohne Ermüdung der Augen 5—8000 Löcher in 8 Stunden auf Rundung und Sauberkeit zu prüfen. Dadurch, daß durch einfaches Drehen des Düsenhalters ein Loch eines Kreises nach dem anderen auf der Mattscheibe erscheint, ist Gewähr gegeben, daß alle Löcher auch wirklich kontrolliert werden. Durch eine an dem Düsenhalter angebrachte Schraubenverstellung kann der Übergang von einem Lochkreis zum anderen erfolgen.

Da die genaue Durchsicht einzelner Löcher der Spinndüsen verhältnismäßig viel Zeit erfordert, andererseits aber in Großbetrieben größere Mengen von Düsen geprüft werden müssen, so empfiehlt es sich, einen eigens zu diesem Zweck konstruierten Projektionsapparat zu benutzen. Die Spinndüsenlöcher werden in starker Vergrößerung auf eine größere weiße Fläche projiziert, wodurch die Möglichkeit gegeben ist, sich schnell über den Zustand der Bohrungen zu orientieren. Stellt man bei der Projizierung fest, daß einzelne Löcher nicht in Ordnung sind, so werden diese Düsen in dem beschriebenen Spezialapparat nochmals einer genauen Prüfung unterzogen.

e) Befestigen der Spinndüsen. Zur Befestigung der Düse an der gläsernen Viskosezuleitung dient eine aus säurefestem Material hergestellte Verschraubung. Sie besteht aus einem mit Außengewinde versehenen, auf dem Glasrohr befestigten Rohrstutzen und einer Kappe mit passendem Innengewinde, die ein Loch zur Aufnahme der Düse hat. Die Verschraubung wird mit einem Ring aus gutem Flaschengummi gegen das Glasrohr abgedichtet. (Bei Anwendung mehrerer Ringe wird meist nur unvollkommene Dichtung erreicht.) Zwischen der Düse und dem Glasrohr befestigt man oft noch zur letzten Reinigung der Spinnlösung ein feinmaschiges Nickelsieb oder ein Scheibchen Batist.

Das aus Glas bestehende Verbindungsrohr zwischen der Spinndüse und dem Kerzenfilter sucht man in der letzten Zeit durch Metallrohre zu ersetzen. Hierzu sind Rohre aus Nickel-Molybdän-Legierungen zu empfehlen, die sich den schwefel-alkalischen Viskosen und dem sauren Fällbad gegenüber gut bewährt haben. Das von einigen Kunstseidenherstellern zur Anwendung gebrachte Bleirohr ist unbedingt zu verwerfen, da Blei bzw. Hartblei von der alkalischen Viskose unter Bildung von Natriumbleikristallen usw. angegriffen wird, was nicht nur für die gewonnene Kunstseide von Nachteil ist, sondern auch für die verwendeten Spinndüsen, die bei der Reinigung zerstört werden.

Die Frage, ob es nicht ratsam wäre, an Stelle des Glasrohres ein widerstandsfähiges, die Wärme schlecht leitendes Material zu verwenden, ist wenig geprüft worden. Es leuchtet ein, daß die Viskose, ehe sie aus den Löchern der Spinndüse heraustritt, in dem engen Rohr durch die Wärme des Fällbades beeinflußt wird, und zwar in der Weise, daß die Wärme des Spinnbades von etwa 45° C sich der Viskose mitteilt und dadurch ein schnelles Nachreifen herbeiführt. Aus diesem Grunde empfiehlt es sich, das Verbindungsrohr mit einem die Wärme schlecht leitenden Material zu umhüllen. Die einfachste Schutzmethode (bei Glasrohr auch gleichzeitig bruchverhütend) wäre die, das Rohr mit einem dickwandigen weichen Gummischlauch zu überziehen.

Erwähnen möchte ich noch, daß diese bis jetzt wenig beachtete Tatsache von großer Bedeutung ist, da die mit einer bestimmten Reife zum Spinnen verwendete Viskose tatsächlich durch die Erwärmung im Fällbade bei der Regeneration eine Änderung des vorausgesetzten Reifegrades erfährt, und zwar verschiebt sich der Reifefaktor unter dem Einfluß der Schwankungen der Temperatur des Bades. Auch die Ausflußgeschwindigkeit der Viskose und somit der Denier des erzeugten Fadens wird nicht unwesentlich geändert.

f) **Kerzenfilter.** Bevor die Viskose in das oben besprochene, meist s-förmige Glasrohr gelangt, welches die Düse trägt, wird sie in einem kerzenförmigen Hartgummifilter noch einmal sorgfältig von allen unter Umständen beim Passieren der Maschine aufgenommenen mechanischen Verunreinigungen befreit. Das Filter besitzt einen geriffelten Kern, welcher die aus Watte und Stoffen bestehende Filterschicht trägt (Abb. 38).

Der Versuch, die Filtration der Viskose kurz vor dem Verspinnen durch Vorschaltung einer kleinen Filterpresse vor der Spinnmaschine zu umgehen, hat zu keinem günstigen Ergebnis geführt, da nicht nur die Verunreinigungen, sondern auch die letzten Luftblasen, welche bekanntlich vom Filter gut zurückgehalten werden, den Spinnvorgang störten.

Aus der gleichen Abbildung ersieht man unter *2* eine Spinnpfeife, die keinen Filter enthält. An Stelle dieser Spinnpfeife wird auch heute noch das altbewährte Kerzenfilter *7, 8, 9* verwendet. Aus der Filterbrücke *1*, die mit der Titerpumpe verbunden ist, strömt die Viskose-lösung über ein Verbindungsstück zur Kerze *8*, welche mit Filtermaterial bepackt ist. Die zum letztenmal filtrierte und entlüftete Viskose füllt den Kerzenmantel *7*, um in das Rohr *4* und so zur Düse *6* zu gelangen. Die Verschraubung *9* für das Verbindungsrohr bzw. Verschraubung *5* für die Düse vervollständigen den Apparat.

Die Bepackung des Filters *8* geschieht in der Weise, daß auf den geriffelten Hartgummikern eine etwa 2 mm starke Watteschicht auf-gebracht wird, die man mit weitmaschigem Verbandstoff befestigt. Über diese Wattebepackung kommt noch eine Auflage aus feinstem Batist bzw. gut gebleichtem, entfaserten Nessel. Zur Herstellung dieser Auflage wird der Stoff in etwa 2—3 cm breite Streifen geschnitten, was natür-lich nicht ohne Nachteile ist, da die Schnittkanten der Stoffe mehr oder we-niger fasern. Aus diesem Grunde wäre es ratsam, fertige Bänder zu be-nutzen.

Ein richtig bepackter Kerzenfilter bietet die Annehmlichkeit, ein glat-tes und störungsfreies Spinnen zu ermöglichen. Ein teilweises Verstopfen

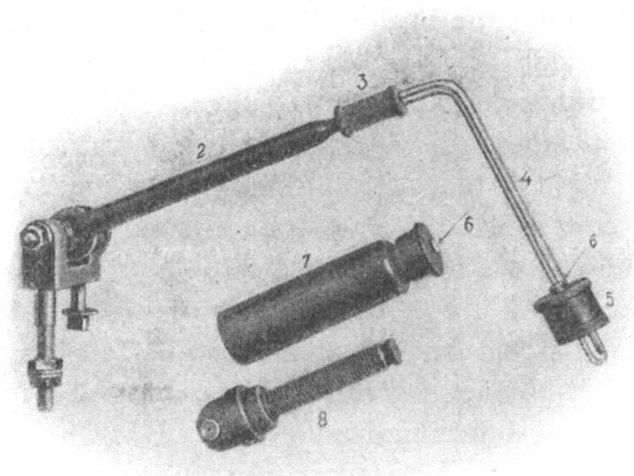

Abb. 38. Kompletter Kerzenfilter.

der Spinnlöcher führt zur Gewinnung schlechter (flusiger) Seide; werden einzelne Spinnlöcher ganz verstopft, so ändert sich zwar nicht der Titer des Fadens, wohl aber der Titer der einzelnen Fasern, da unter Wirkung der Spinnpumpen, die in gleichen Zeiträumen gleiche Mengen Spinnlösung durch die Düsen drücken, natürlich die Einzel-faser mehr Viskose als notwendig erhält. Solche Fäden erhalten infolge hohen Einzeltiters ein stärkeres Farbaufnahmevermögen und andere veränderte physikalische Eigenschaften, was sich im fertigen Gewebe sehr deutlich bemerkbar macht. Aus diesem Grunde hat sich die Ein-schaltung eines derartigen Filters bis heute noch nicht umgehen lassen. Außerordentlich wichtig ist zu beachten, daß das Kerzenfilter aus bestem Hartgummimaterial gebaut sei. Unter Einfluß von Alkali wird schlechter Gummi zerstört, wodurch gleichfalls Spinndüsenlöcher verstopft werden.

g) Titerpumpe. Die Stärke des Kunstseidenfadens hängt bei gleich-bleibendem Zellulosegehalt der Viskose von der aus der Düse austretenden Viskosemenge und der Abzugsgeschwindigkeit des gewonnenen Fadens ab. Ungleichmäßige Viskosezufuhr liefert ungleichmäßige und daher unbrauchbare Fäden. Die Kunstseide verarbeitende Industrie fordert Seide, die im Gesamt- und Einzeltiter absolut gleichmäßig ist. Es ist nun praktisch unmöglich, die Viskose, die der Spinnmaschine in geschlossener Rohrleitung unter einem Druck von etwa 2—2,5 Atm. zugeleitet wird, auf eine große Anzahl von Spinndüsen so zu verteilen, daß jede stets die gleiche Menge Viskose zugeführt erhält. Die Verstopfung einiger Löcher bei einer Anzahl von Düsen beispielsweise würde bereits Ungleichmäßigkeiten bei den Nachbardüsen hervorrufen. Dieses Problem ist durch die Erfindung der sog. Titerpumpe gelöst, die trotz des anfänglichen Widerstandes einiger Fachleute bald unentbehrlich wurde. Heute ist eine Kunstseidenspinnmaschine ohne Titerpumpe nicht denkbar. Die Titerpumpe preßt unabhängig von dem vorhandenen Widerstand in gleichen Zeiträumen stets die gleiche Viskosemenge durch die Spinndüse hindurch. Bei 40 m je Minute Abzugsgeschwindigkeit und 7,6 vH Zellulose in der Viskose beträgt diese Menge

für 130 Deniers . . . . 6,5— 6,6 g
„ 150 „ . . . . 8,0— 8,5 g
„ 200 „ . . . . 10,5—11,0 g
„ 260 „ . . . . 13,7—13,9 g
„ 300 „ . . . . 16,0—16,2 g
„ 320 „ . . . . 16,7—17,0 g usw.

Die angeführten Zahlen verschieben sich naturgemäß, wenn die Abzugsgeschwindigkeit und der Zellulosegehalt der Viskose geändert wird. Verstopfen sich einzelne Löcher der Düse, so werden die übrigen Einzelfasern des Fadens entsprechend dicker, so daß das Gewicht einer bestimmten Länge des Fadens immer dasselbe bleibt. Sind mehr als die Hälfte der Spinnlöcher verstopft, so sind die noch offen gebliebenen Löcher gewöhnlich nicht mehr imstande, die von der Titerpumpe gelieferte Viskose schnell genug austreten zu lassen, infolgedessen wird die Düse ausgebeult („bombiert"). Das Dickerwerden der einzelnen Fasern und die Düsenbombage sind sehr unangenehme Nachteile der Titerpumpen. Aufgabe der Maschinenbaufabriken ist es, durch Vervollkommnung der Titerpumpen auch diese Nachteile zu beheben. Da beim Verstopfen einiger Spinnöffnungen die Viskose aus den offen gebliebenen Löchern mit größerer Geschwindigkeit austritt, so beginnt in diesem Fall der Faden beim Spinnen durchzuhängen. Durch das Schlappwerden des Fadens merkt der Arbeiter, aber leider zu spät, daß die Düse verstopft ist.

Besser ist die in der letzten Zeit vorgeschlagene Methode, das Verstopfen der Düsen kenntlich zu machen, indem auf den Mantel des Filters eine leicht auswechselbare Membran aus etwa 1 mm starkem

Paragummi von etwa 5 mm Durchmesser aufgebracht wird. Ist die Düse verstopft, so steigt der Druck im Filterraum, wodurch die elastische Gummimembran mehr oder weniger aufgebläht wird. Ist der Druck soweit angestiegen, daß eine Ausbeulung des Düsenbodens eintreten könnte, so wird dies durch den Bruch der Membran verhütet. Diese Einrichtung hat sich tadellos bewährt und schützt die Düsen erfolgreich vor Deformierungen.

h) **Konstruktion und Arbeitsweise der Spinnpumpe.** Es gibt verschiedene Systeme von Titerpumpen. Heute sind Zahnradpumpen am gebräuchlichsten, bei diesen wird die Menge der ausgepreßten Viskose durch die Breite des Zahnrades und die Größe der Zähne bestimmt. Da beide Faktoren stets unveränderliche Größen sind, kann die geforderte Viskosemenge nur durch die Rotationsgeschwindigkeit der Antriebswelle reguliert werden. Die mit einer Titerpumpe zu fördernde Viskosemenge läßt sich wie folgt berechnen:

Der Durchmesser der Abzugsrolle sei $= d$, die Zahl ihrer Umdrehungen in der Minute $= n$, die Stärke des Fadens sei D (Deniers), (wobei Denier das Gewicht eines 9000 m langen Fadens bedeutet), dann ist das Gewicht des in der Minute abgezogenen Fadens:

Abb. 39. Zahnradspinnpumpe mit der Pumpenbrücke.

$$\frac{\pi \cdot d \cdot n \cdot D}{9000}.$$

Die Viskose enthalte 7,6 vH Zellulose. Der fertige Faden besitzt gewöhnlich etwa 9 vH Feuchtigkeit, infolgedessen erhält man aus 100 g Viskose:

$$7,6 + \frac{7,6 \cdot 9}{100} = 8,3 \text{ g fertige Seide.}$$

Die Titerpumpe muß also

$$\left(\frac{\pi \cdot d \cdot n \cdot D}{9000}\right) : 8,3 \cdot 100 = \frac{\pi \cdot d \cdot n \cdot D}{8,3 \cdot 100} \text{ g Viskose}$$

in der Minute liefern.

Für die Erzeugung der gleichmäßigen Fadenstärke ist die Spinnpumpe von großer Bedeutung. Eigentlich stellt sie einen Regulator für die zur Spinndüse geleitete Spinnmasse dar, da ja letztere bereits unter einem Druck von ca. 2 Atm. an die Spinnpumpe herangeführt wird. In den letzten Jahren sind die Spinnpumpen in bezug auf Präzision ganz bedeutend verbessert worden. Größter Wert wird auf Druck-dichtigkeit gelegt. Man un-terscheidet hauptsächlich zwei Arten von Spinnpumpen, die bekannte Zahnradspinnpumpe und die Kolbenspinnpumpe. Die Förderleistung beträgt normal 0,6 cm³ je Umdrehung.

Das Diagramm der Zahnrad-pumpe stellt eine Gerade dar, wogegen das der Kolbenspinn-pumpe infolge der Intervalle der nacheinander arbeitenden Kol-ben nicht unwesentlich von der Geraden abweicht. Aus diesem

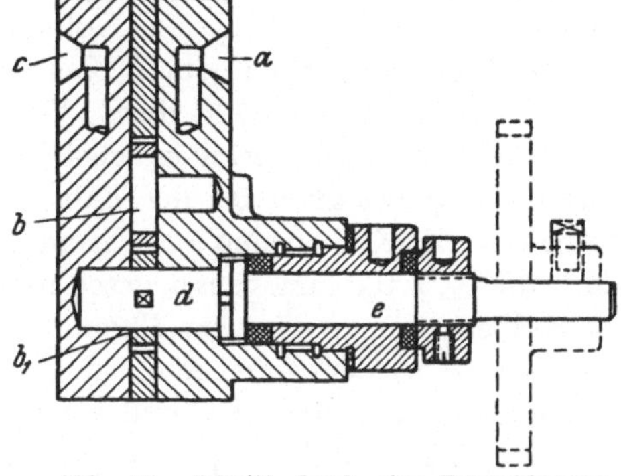

Abb. 40. Schnitt durch eine Zahnradpumpe. System Arendt & Weicher.

Grunde ist der Zahnradpumpe der Vorzug zu geben. Andererseits ist aber die Regulierbarkeit der Kolbenpumpe sehr geschätzt.

Abb. 39 zeigt eine Zahnradpumpe in geöffnetem Zustande und in die Pum-penbrücke eingespannt. Aus den beiden weiteren Abb. 39 und 40 sind beide Spinnpumpenarten, wie sie von der Firma Arendt & Weicher ausgeführt werden, ersichtlich.

Abb. 40 zeigt die eine pa-tentierte Zahnradspinnpumpe. Die Spinnmasse tritt durch die Öffnung a ein, wird durch das Räderpaar bb_1 zur ande-ren Öffnung c herausgedrückt und weiter durch die Filter-kerze zur Spinndüse. Die Radwelle d ist mit der An-triebswelle e lose gekuppelt. Hierdurch wird vermieden, daß die Antriebswelle äußere Stöße und dgl. auf die Rad-

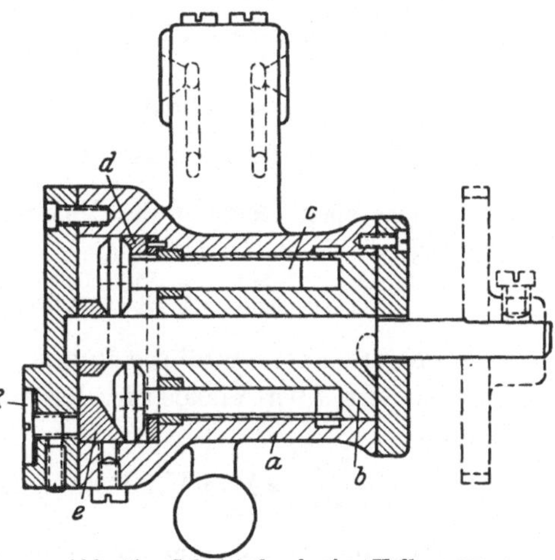

Abb. 41. Schnitt durch eine Kolbenpumpe. System Arendt & Weicher.

welle d und somit auf das Förderrad überträgt. Diese Verbesserung ist von ganz wesentlicher Bedeutung. Alle fördernden Teile der Spinn-pumpe sind auf $^1/_{100}$ mm genau geschliffen, nachdem sie gehärtet sind.

Abb. 41 zeigt eine verbesserte patentierte 5-Kolbenspinnpumpe. Der Ein- und Austritt der Spinnmasse aus der Spinnpumpe erfolgt in der gleichen Weise wie bei der Zahnradspinnpumpe. Die Förderleistung beträgt normal 0,6 cm³ je Umdrehung.

Im feststehenden Gehäuse a der Pumpe dreht sich die Trommel b, welche die im Kreis angeordneten 5 Kolben c trägt, die sich achsial bewegen. Die Steuerung der Kolben erfolgt beim Ansaugen gemäß Kurve d, beim Drücken gemäß Kurve e. Die Regulierung der Fördermenge um 10 vH geschieht durch Verstellen der Schraube R, wodurch die Druckkurve ganz gering in achsialer Richtung verändert wird. Diese Pumpe erfordert auch bei der Fabrikation einen hohen Grad der Genauigkeit; die Kolben sind aus Chromnickelmaterial hergestellt, gehärtet und auf $\pm \frac{1}{2}$ 100 mm genau geschliffen.

Kolbenpumpen in vervollkommneter Ausführung sind heute in der Praxis wieder gern gesehen, da sie den großen Vorzug haben, sich langsamer abzunutzen und somit bedeutend längere Lebensdauer aufweisen als die Zahnradpumpe. Bei den Kolbenpumpen ist die Menge der ausgepreßten Viskose von dem Kolbenhub abhängig.

Die für eine bestimmte Fadenstärke erforderliche Tourenzahl der Antriebswelle wird bei einer Kolbenpumpe mit zwei Kolben folgendermaßen berechnet:

Der Durchmesser des Pumpenkolbens sei 8 mm, der Kolbenhub 5,5 mm. Dann ist der Inhalt des angesaugten Raumes:

$$\pi\, r^2 \cdot 0{,}55 \text{ cm} = \frac{22 \cdot 4^2 \cdot 0{,}55}{7 \cdot 100} = 0{,}275 \text{ cm}^3\,.$$

Da die Pumpe zwei Kolben besitzt, so werden bei einer Umdrehung

$$0{,}275 \cdot 2 = 0{,}55 \text{ cm}^3 \text{ Viskose}$$

geliefert. Das spez. Gewicht der Viskose ist 1,13, infolgedessen fördert die Pumpe bei einer Umdrehung

$$0{,}55 \cdot 1{,}13 = 0{,}63 \text{ g Viskose.}$$

Nach obiger Tabelle muß die Pumpe zur Herstellung von Kunstseide mit 150 Deniers 7,9 g Viskose in der Minute auspressen; danach muß die Pumpe

$$\frac{7{,}9}{0{,}63} = 12{,}5 \text{ Umdrehungen in der Minute}$$

machen. Da die Pumpe von einem Schraubenrad mit 22 Zähnen getrieben wird, welches in eine doppelgängige Schneckenantriebswelle eingreift, muß die Antriebswelle in der Minute

$$\frac{22 \cdot 12{,}5}{2} = 138 \text{ Umdrehungen}$$

machen. Bei den heute gebräuchlichen 3—8 Kolben der Pumpe ändert sich natürlich die Berechnung entsprechend.

Alle Pumpen werden mit Hilfe eines Klemmbocks, der sog. „Pumpenbrücke", an der Maschine befestigt. Die Pumpenbrücke (Abb. 39) verbindet die Titerpumpe einerseits mit dem Viskosezuführungsrohr, andererseits mit einem zweiten Klemmbock, der sog. „Schwenkrohrbrücke" welche das Kerzenfilter trägt. Die beschriebenen Vorrichtungen stellen, abgesehen von dem Maschinengestell mit dem Antrieb, die wesentlichsten Teile der Spinnmaschine dar.

Sehr viel hängt von der Konstruktion der Filter- sowie der Pumpenbrücke für den guten Gang der Maschine ab. In erster Linie muß berücksichtigt werden, daß sowohl die Pumpe, als auch das Filter schnell, bequem und leicht ab- und anmontiert werden können. Die Pumpenbrücke muß ferner ein entsprechend konstruiertes Abstellorgan besitzen, um bei Entfernung einer Pumpe den weiteren Zufluß von Viskose aus dem Viskosezuführungsrohr zu verhindern. Die noch hier und da angewendeten Kugelventile haben sich wenig bewährt, da der Arbeiter sie selten vorschriftsmäßig öffnet, wodurch eine gewisse Abdrosselung der Viskosezufuhr erfolgt. Einen besseren Erfolg hat man mit entsprechend konstruierten Hähnen erzielt. Da sich die Filterbrücke in der Nähe der Spinnrinne befindet und daher leicht der Einwirkung der Säure des Spinnbades unterliegt, muß ihre Konstruktion so durchgeführt werden, daß die Säure die Brücke nicht zerstören kann, wie es oft vorkommt. Das Anätzen der Brücke

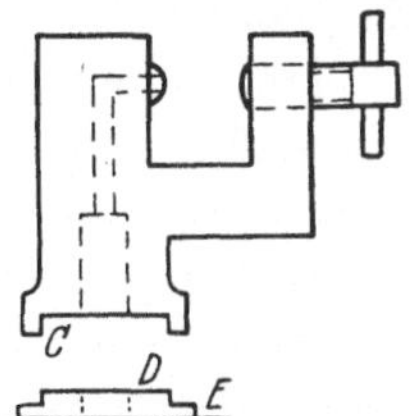

Abb. 42. Kerzenfilterbrücke.

an den Berührungspunkten mit der Bleiverkleidung ist oft die Ursache, daß die Säure an den Verbindungsrohren der Pumpen mit den Filterbrücken herunterrieselt, und so zu der Pumpe selbst gelangt und auch diese zerstört. Aus diesem Grunde muß die Brücke entsprechend hoch gesetzt werden und, wie aus Abb. 42 zu entnehmen, eine Abdichtung mittels Bleischeibe (E) erhalten.

Im übrigen wird der Charakter der Spinnmaschine durch die Aufnahmevorrichtung für die erzeugten Fäden bestimmt. An sich sind die verschiedensten Organe zu diesem Zweck verwendbar; indessen sind heute drei in der Hauptsache gebräuchlich: Zentrifugen, Spulen und Haspeln.

i) Der Titer. Die verkaufsfertigen Kunstfäden werden nach ihrem Gewicht sortiert. Da das Gewicht eines Fadens von bestimmter Länge lediglich von seiner Stärke abhängt, so stellt das Gewicht einer bestimmten Fadenlänge ein direktes Maß für den Feinheitsgrad des Fadens dar. Die Dicke der einzelnen Kunstseidenfaser beträgt durchschnittlich etwa 20—35 μ; der Einzelkokonfaden der Naturseide hat dagegen eine Feinheit von 15 μ. In letzter Zeit ist es gelungen, nach dem sog. Streckspinnverfahren Kunstfasern zu erzeugen, die an Feinheit sogar die

Naturseide übertreffen. Die Fadendicke wird in der Praxis nach Turiner-Deniers gemessen. Ein Faden hat den Titer oder die Stärke 1 Denier, wenn 9000 m des Fadens 1 g wiegen. Ein Faden, von welchem 9000 m 100 g wiegen, wird z. B. als Ware von 100 Deniers bezeichnet. Danach wiegen 500 m eines Fadens von 1 Denier = 0,056 g.

Beispiel: Ein Strang Seide wiege 26 g und sei 2000 m lang, so ist sein Titer

$$\frac{26 \cdot 9000}{2000} = 117 \text{ Deniers.}$$

Andererseits wiegt ein Strang von 80 Deniers und 2000 m Länge

$$\frac{2000 \cdot 80}{9000} = 15,6 \text{ g.}$$

In Frankreich ist eine andere Denierbestimmung maßgebend (Denier de Lyon), bei welcher ein Faden von 1 Denier bei 9000 m = 1,06 g wiegt.

Trotz Titerpumpen ist die Herstellung stets völlig gleichmäßig starker Kunstfäden praktisch auf keiner Spinnmaschine möglich. Prüft man etwa einen Faden von ca. 2000 m Länge in allen Teilen auf seine Stärke, so wird man stets finden, daß der Faden an einem Ende stärker ist als am andern Ende. Diese Erscheinung rührt davon her, daß der Faden während des Spinnens ungleichmäßig abgezogen wird. Die Titerpumpen liefern stets gleiche Mengen Viskose, indessen wächst der Durchmesser der Fadenschicht auf der Spule mit der Dauer des Spinnens (beim Topfsystem wird er geringer). Diese größere oder kleinere Streckung des Fadens verursacht Denierschwankungen von 10—12 vH. Beispielsweise ergaben drei gleich lange, nach dem Zentrifugensystem gesponnene Fäden bei der Prüfung folgende Zahlen:

die ersten	500 Meter hatten	150 Deniers
„ folgenden	500 „ „	156 „
„ „	500 „ „	156 „
„ „	500 „ „	157 „
„ „	500 „ „	158 „
„ „	500 „ „	159 „
„ „	500 „ „	160 „
„ „	500 „ „	161 „
„ „	500 „ „	162 „
„ „	500 „ „	163 „
„ „	500 „ „	165 „
„ „	500 „ „	167 „
„ „	500 „ „	167 „
„ letzten	500 „ „	169 „

Besonders deutlich erkennt man diese Schwankungen an Hand der Kurve (Abb. 43).

k) Der Abzug des Fadens von der Spinndüse. Die Gleichmäßigkeit des Abzuges des Fadens ist nicht nur von dem Größerwerden des Durchmessers des Aufwickelorgans, sondern z. B. beim Zentrifugensystem auch vom Gleiten des Fadens auf der Zuführungsrolle abhängig. Der Durchmesser der Zuführungsrolle, sowie das Material und ihre Form sind für die mehr oder weniger große Gleitung verantwortlich zu machen. Am besten wird die praktisch ± 10 vH betragende Gleitung durch Verwendung von Porzellan verhindert. Die rauhe Struktur des Porzellans erhöht die Adhäsion und wirkt der Gleitung entgegen. Alle anderen Materialien haben sich wenig bewährt.

Ist der Durchmesser der Porzellanzuführungsrollen entsprechend groß gewählt worden, d. h. nicht unter 150 mm, so wird das Umwickeln des Fadens um die Zuführungsrolle beim Spinnen verhindert bzw. das Spinnen erleichtert. Oft werden auch Zuführungsrollen aus Glas in geriffelter Ausführung verwendet, doch sind sie unbedingt zu verwerfen, da die Gleitung des Fadens auf diesen Rollen besonders bei einem stärkeren Faden sehr groß ist, was oft zu einer ungleichmäßigen Zwirnung führt. Besonders gefährlich ist es, bei schnellem Spinnen geriffelte Zuführungsrollen zu verwenden, da die Gleitung infolge größerer

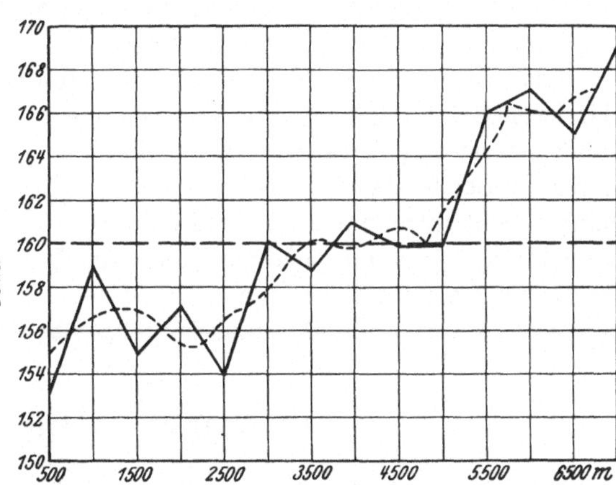

Abb. 43. Deniers-Schwankungskurve beim Spinnen nach Zentrifugensystem.

Drehgeschwindigkeit des Spinntopfes in sehr starkem Maße in die Erscheinung tritt. Interessant ist auch das Ergebnis der Praxis, daß gerade Garne von sehr feinem Titer unbedingt auf glatten Walzen gesponnen werden müssen.

Durch Verkürzung der Spinndauer, d. h. häufigeren Wechsel der Spinntöpfe, ist es möglich, verhältnismäßig große Denierschwankungen zu verhindern. In der Praxis wird indessen der Faden so lange wie möglich in die Trommel geleitet, um unproduktiven Zeitverlust beim Wechseln der Töpfe nach Möglichkeit zu vermeiden. Das Wechseln der Töpfe erfolgt, wenn der Fadenkuchen 1,2—1,5 cm stark ist. Bei der Herstellung von Fäden mit 130 Deniers ist dies nach 2,5—3 Stunden mit 300 Deniers nach 1,5 Stunden der Fall.

Die gleichen Denierschwankungen, nur im umgekehrten Verhältnis, weisen auch die auf der Spulenspinnmaschine ersponnenen Fäden auf; hier erfolgt eine Verfeinerung des Deniers. Da jedoch die Spulen infolge ihrer geringeren Abmessungen nur eine bedeutend geringere Meterzahl des Fadens aufzunehmen vermögen, so sind die Denierschwankungen bei der nach dem Spulensystem hergestellten Seide geringer. Auch läßt sich die Tourenzahl der Spule im Laufe des Spinnprozesses verhältnismäßig leicht durch Verwendung eines Konoidengetriebes verringern und dadurch das Wachsen des Durchmessers ausgleichen, während eine ähnliche Maßnahme bei Spinnzentrifugen erheblich schwieriger durchzuführen ist. Mitunter sind die Unregelmäßigkeiten im Faden auf fehlerhafte Konstruktion und unregelmäßiges Arbeiten der Titerpumpen zurückzuführen. Die häufigsten Mängel sind der tote Punkt bei Kolbenpumpen, stoßweise Förderung der Viskose bei Zahnradpumpen, abgesehen von Undichtigkeiten, schlechtem Eingreifen der Zahnräder oder gar halb abgebröckelten Zähnen.

Auch in der modernen Fachliteratur findet man noch öfter das sog. Titrieren der fertiggemachten Kunstseide beschrieben. Diese Arbeitsmethode ist für Viskosefabriken nicht angängig. Technisch ist das Titrieren der fertigen Kunstseide bei großen Kunstseidenfabriken überhaupt nicht durchzuführen, und es muß schon bei der Herstellung der Kunstseide auf einen gleichmäßigen Ausfall des Titers geachtet werden. Schwankungen im Titer von $\pm$ 10 vH sind im allgemeinen zwar nicht beliebt, können aber als zulässig betrachtet werden.

IV. Das Fällbad.

1. Allgemeines.

Nachdem die Viskose Titerpumpe und Kerzenfilter passiert hat, tritt sie aus den im Fällbad befindlichen Spinndüsen in Form von äußerst feinen Strahlen aus, welche durch die Wirkung des Bades zu Fasern erstarren. Die Gesamtheit der Einzelfasern bildet den Faden. Das Bad befindet sich in einer mehr oder weniger langen Rinne, die es in langsamer Strömung durchfließt. Im allgemeinen rechnet man auf jede Spinndüse 5 l Fällbad. Für die Herstellung von Kunstfäden bis 350 Deniers genügt es unter diesen Umständen, wenn die Strömungsgeschwindigkeit des Bades so eingestellt wird, daß es sich im Laufe einer Stunde viermal erneuert; will man gröbere Produkte spinnen, so muß das Bad schneller zirkulieren; auch sind mehr als 5 l Fällbad auf je eine Spinndüse erforderlich. Wird die Badmenge nicht vergrößert, so läuft man Gefahr, daß sich die Zusammensetzung des Bades beim Durchfließen der Rinne zu stark ändert. Das Zirkulieren des Bades ist unbedingt notwendig, um ein dauerndes Mischen des Bades zu bewirken und den Spinndüsen stets frisches Fällbad zuzuführen. Da die Spinnmaschinen

in der Regel mit einer Fällbadrinne für 50 und mehr Spinndüsen ausgerüstet sind, läßt sich auch beim besten Mischen eine gewisse Differenz in
der Zusammensetzung und der Temperatur des Bades am Ein- und Aus-
fluß der Rinne nicht vermeiden. Wenn sich auch die Badtemperatur bei
bestimmter Anordnung der Zuflußrohre in allen Teilen der Rinne ziemlich gleichmäßig halten läßt, ist eine konstante Azidität des Bades nur
schwierig zu erreichen. Das Anbringen besonderer Fällrinnen, z. B. mit
Überlauf auf der ganzen Länge, gestattet gleichmäßige Zuführung an
jede einzelne Düse, wodurch ein bedeutend gleichmäßigeres Arbeiten
ermöglicht wird. Das Einströmen des Fällbades könnte bei dieser
Anordnung durch einen Siebboden des Troges erfolgen, dessen eine
Seitenwand mit einem schnauzenartigen Überlauf als Fällbadabfluß
ausgestattet werden könnte. Um Wärmeverluste zu vermeiden, ist es
zweckmäßig, die Fällbadzuleitung in der Spinnrinne anzuordnen. Das
Fließen des Bades darf nicht so schnell erfolgen, daß am Zufluß oder
Abfluß starke Strömungen entstehen. In diesem Falle ist ein glattes,
ununterbrochenes Spinnen unmöglich; die Fasern reißen vielmehr
dauernd ab.

Von der Fällrinne wird das Bad in ein geeignetes Reservoir geleitet.
Die Größe des Fällbadreservoirs ergibt sich daraus, daß, wie oben erwähnt, für jede im Betriebe arbeitende Düse stündlich 20 l Fällbad
erforderlich sind, und zwar muß das Fassungsvermögen des Haupt-
reservoirs dieser Badmenge zuzüglich eines Zuschlags von 10 vH für
die in den Rohrleitungen usw. enthaltene Flüssigkeit entsprechen. Ein
ebensolcher Badkasten ist als Aufbewahrungsbehälter für das betriebs-
fertige Fällbad erforderlich. Dieser wird zweckmäßig so hoch angeordnet, daß das Fällbad durch seine eigene Schwere den Spinnmaschinen
zuzufließen vermag. Außerdem ist eine entsprechende Anzahl von
Reservebehältern erforderlich. Die Zirkulation des Bades besorgt in
den meisten Fällen eine Zentrifugalpumpe. Die Anzahl und Größe der
Reservoire hängt übrigens nicht allein von der Menge des im Umlauf
befindlichen Bades, sondern auch von seiner Zusammensetzung bzw.
der angewandten Fällmethode ab.

a) Zusammensetzung der gebräuchlichen Fällbäder. Maßgebend für die vorher genannten Zahlen bei Erzeugung eines Garnes
von 150 Deniers und über 6 Deniers je Faser ist folgende Zusammensetzung des Fällbades

Säure	125 g	Glykose	80 g
Natriumsulfat	190—195 g	Zinksulfat	10 g

im Liter bei einer Reife der Viskose von 9—11° Chlorammon (nach
Hottenroth).

Werden Fasern unter 6 Deniers ohne nachträgliche mechanische
Streckung gesponnen, so wird benötigt bei einer Faser von

4 Deniers: 145 g 100 vH Monohydrat (Schwefelsäure v. 100 vH)

1,5—2 Deniers: 180 g 100 vH Monohydrat (Schwefelsäure v. 100 vH)

1 Denier: 240 g 100 vH Monohydrat (Schwefelsäure v. 100 vH)

0,75 Denier: 250—280 g 100 vH Monohydrat (Schwefelsäure v. 100 vH)

mit 24 vH Gew. Natriumsulfat, 8 vH Gew. Glykose, 1,2 vH Gew. Zinksulfat.

Sollen elastischere Garne hergestellt werden, so muß der Salzgehalt geringer genommen werden, und zwar etwa 21,8 vH.

Die durch den Fällprozeß dem Bad entzogenen Stoffe, insbesondere die Säure, müssen fortlaufend ersetzt werden. Die Zusammensetzung und Temperatur des Fällbades beeinflussen naturgemäß die Geschwindigkeit der Viskosezersetzung. Beim Spulensystem spielt dieser Umstand eine mehr untergeordnete Rolle, da der Faden auch nach dem Auflaufen auf die Spule immer noch mit dem mitgeschleppten Spinnbade oder einem besonderen Nachbehandlungsbade in Wechselwirkung bleibt. Beim Zentrifugensystem muß indessen der Faden bereits vor seinem Einlauf in die Schleudertrommel vollständig oder wenigstens nahezu vollständig in Zellulosehydrat übergeführt sein, da durch das Zentrifugieren das Bad den Fäden entzogen wird und eine intensive Nachwirkung ausgeschlossen ist. Damit der Faden schon kurze Zeit nach dem Verlassen des Bades vollständig wasserunlöslich ist, muß er eine entsprechende Zeit der Einwirkung des Fällbades überlassen bleiben. Diese sog. Schleiflänge (Passagedauer oder Fällstrecke) des Fadens beträgt je nach der Zusammensetzung des Bades, seiner Temperatur und Stärke zwischen 10—300 mm und erreicht bei sehr dicken Fäden sogar die Größe von $^1/_2$ m.

Für 150 Deniers genügt eine Schleiflänge von 75 mm bei der obengenannten Zusammensetzung des Bades. Bronnert behauptet zwar, daß 260 mm Schleiflänge einen elastischeren Faden ergibt. Nachdem die Spinnrinne in der letzten Zeit als tiefe Rinne ausgebildet wird, hat man es nicht mehr nötig wie dies früher geschah, den Faden über einen seitlichen Führungshaken zu leiten, sondern die Fällstrecke wird durch mehr oder weniger tiefes Eintauchen der Spinndüse in das Bad geregelt. Diese Methode ist unbedingt vorzuziehen, da, wie durch Versuche festgestellt worden ist, ein Faden, der im Entstehungszustande nicht geknickt worden ist, viel besser und gleichmäßiger ausfällt.

b) Filtration des Fällbades. Das aus der Spinnrinne kommende Fällbad passiert zur Vorfiltration ein grobes Filter. Es besteht aus einem etwa 50 l fassenden verbleiten Holzkasten, wobei in der Mitte befindliche doppelte Filterzylinder aus geschlitztem Blei das Bad vorfiltrieren. Hierauf gelangt das Bad in den Säurekeller, wo es einen größeren Absitzkasten passiert, in welchem dem Bad die Strömungsgeschwindigkeit genommen wird und wo es zwecks Beseitigung des Schwefelwasserstoffes mit komprimierter Luft durchgeblasen wird. Hier wird auch das Bad durch Dämpfrohre auf die notwendige Temperatur von 45⁰ gebracht. Durch einen Überlauf in dem Absitzkasten gelangt das Bad in einen größeren Vorratsbehälter, nachdem es vorher einen perforierten Kasten, gefüllt mit saugfähigen Tonscherben, passiert hat. Nach nochmaligem Durchfluß durch ein mit Holzwolle gefülltes Filter ist das Fällbad genügend gereinigt, um mittels Zentrifugalpumpe der Spinnmaschine wieder zugeführt zu werden. An Stelle des Tonscherbenkastens wird neuerdings auch ein geeignet konstruiertes Filter verwendet (Abb. 44), welches mit geschmolzenen Quarzkörnern gefüllt ist. Dieses Filter in der Größe von etwa 800 mm Durchmesser bewältigt ohne Schwierigkeiten eine Fällbadmenge für etwa 250 Spinnstellen. Natürlich darf das Fällbad durch dieses Filter nicht mittels einer Pumpe gedrückt werden (wie dies oft der Fall ist), sondern die Anlage muß so gestaltet sein, daß das Bad dem Filter mit etwa 10 m Gefälle zugeführt wird. Das Filter, auch Silexfilter genannt, arbeitet wie folgt:

Betrachtet man die Filteroberfläche des Silexfilters, so findet man, daß die Flächen zwischen den regelmäßig großen Quarzkörnern stets $^1/_{10}$ der Gesamtfläche ausmachen. Dieses Verhältnis bleibt auch bei größerem Durchmesser der Körner immer dasselbe. Die Größe jeder einzelnen Durchlauffläche verändert sich dagegen mit der Größe des Kornes. Je größer das Porenvolumen, desto schlechteres Zurückhalten der Verunreinigungen. Bei 1 mm Korngröße z. B. hat die einzelne Durchflußfläche nur noch einen Querschnitt von 0,01 mm²; alle mechanischen Verunreinigungen, die größer sind, werden daher auf der Oberfläche zurückgehalten.

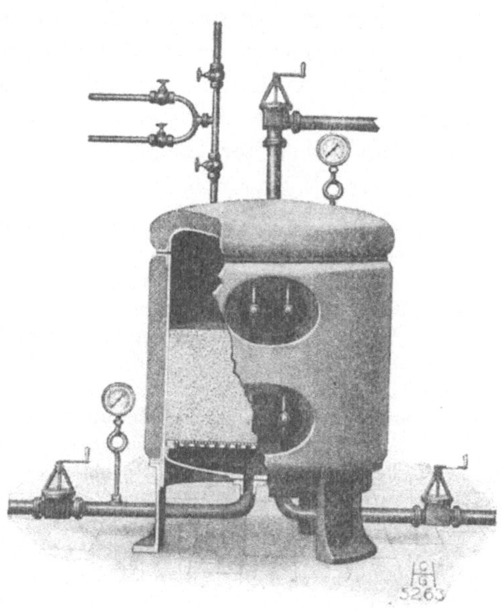

Abb. 44. Fällbadfilter.

Die Durchflußgeschwindigkeit erleidet wegen der Verschlammung ständig Veränderungen. Schließlich kann der Durchfluß völlig aufhören, das Filter wird dann „tot". Es ist nicht möglich, den Augenblick zu bezeichnen, an welchem das Filter gereinigt bzw. durchgespült werden muß. Die Korngröße, die Form des Kornes, ob rund oder scharf, das spez. Gewicht des Fällbades und die Menge der vom Fällbade mitgeführten Verunreinigungen sind dafür maßgebend. — Bei einem normal zusammengesetzten Spinnbade und einer Quarzkorngröße von 2×4 mm, mit glatten abgerundeten Kanten, auch nicht zu großer Filtriergeschwindigkeit, kommt eine Spülung bzw. Reinigung des Filters nach ca. vier Wochen in Frage. Bei voller Belastung des Filters empfiehlt es sich aber, die Reinigung alle acht Tage vorzunehmen, d. h. am Schluß der Woche. Arbeiten die Vorfilter zur Beseitigung der großen Verunreinigungen gut, so sind die Leistungen eines Silexfilters noch größer. Eine leichte Verschlammung der Filterschicht ist von großer Wichtigkeit, weil die Absiebung der feinen mechanischen Verunreinigungen dadurch in hohem Maße begünstigt wird. Diese Erscheinung wird als Einarbeiten des Filters bezeichnet, darf aber keinesfalls übertrieben werden.

Die Reinigung bzw. Spülung des Silexfilters nimmt etwa 15 Minuten in Anspruch und wird wie folgt ausgeführt:

1. Nach dem Ablassen des letzten Restes des Fällbades wird entgegen der Durchflußrichtung des Spinnbades, also von oben, mit großer Durchflußgeschwindigkeit Wasser gegeben und die Filterschicht so lange dem Einfluß des Wasserstromes unterworfen, bis das abfließende Wasser nur noch eine geringe Trübung aufweist.

2. Danach wird in der Durchlaufrichtung des Spinnbades, also von unten, Wasser, Dampf und Druckluft eingeblasen, und zwar mit einer derartigen Geschwindigkeit, daß das ganze Filtermaterial etwas angehoben und dadurch aufgelockert wird. Diese Operation wird solange fortgesetzt, bis das abfließende Filtrat klar ist.

3. Der Operation 2 folgt nochmalige Spülung mittels kalten Wassers von oben. Nach Ablassen des gesamten Wassers wird dann mit ·trockener Preßluft nachgeblasen.

Nach Beendigung der Operation 3 ist das Silexfilter wieder betriebsfertig.

Die Filtrationsgeschwindigkeit richtet sich nach der Formel $\pi r^2 g = L$, worin g die Filtrationsgeschwindigkeit in m/Std. und L die stündliche Leistung bedeutet. Das Gefälle bzw. der Filtrierdruck des Fällbades soll nicht weniger als 5 m betragen. Die Rohre dürfen nicht zu eng bemessen sein. Bei der Quarzkorngröße von 2×4 mm beträgt das Porenvolumen etwa 32 vH. Die Schichtstärke des Quarzgutes spielt eine untergeordnete Rolle und richtet sich nach dem Durchmesser des Filters, da das Porenvolumen bei gleichen Mengen der Quarzkörner stets das gleiche bleibt, und zwar unabhängig davon, ob die Schichthöhe 800 mm oder 2000 mm beträgt. Maßgebend ist nur die Korngröße, Kornformung usw.

In manchen Fabriken wird zur Erreichung eines absolut wasserklaren Fällbades zur letzten Filtration an Stelle eines Holzwollekastenfilters eine Filterpresse aus Holz bzw. verbleitem Eisen verwendet. Die Bepackung solcher Filter besteht aus wollenen Tüchern oder besser Filz. Mit gleichem Erfolge werden auch Gewebe aus Asbestfasern verwendet.

c) **Unregelmäßigkeiten beim Fällen der Viskose.** Die Fällung der Viskose muß stets unter Einwirkung von Zug- oder Druck·kräften geschehen, wenn nicht spröde, unelastische Gebilde entstehen sollen. Der glatte Verlauf des Viskose-Spinnprozesses wird am häufigsten durch Klumpenbildung an der Spinndüse beeinträchtigt. Wenn diese Knollen eine gewisse Größe erreicht haben, lösen sie sich von der Spinndüse ab und werden vom Faden auf die Spule gebracht. Bei Zentrifugenmaschinen verstopfen sie den trichterförmigen Fadenführer. Die Klumpenbildung kann verschiedene Ursachen haben. Die häufigsten sind folgende:

1. Unregelmäßig verteilte Löcher auf der Spinndüse oder deformierte bzw. ungleichmäßig weite Löcher.

2. Schlechte Zirkulation des Regenerationsbades.

3. Ungeeignete Zusammensetzung des Fällbades (zu geringer Salz- oder Säuregehalt).

4. Zu junge (unreife) Viskose (im Verhältnis zur Zusammensetzung des Fällbades).

5. Zeitweilige Verstopfung der Düsenlöcher (Quellkörperchen ungelösten Xanthogenats oder bereits wieder gebildeter kolloider Zellulose. Ungeeignetes Hartgummi der Kerzenfilter.)

6. Schlecht entlüftete Viskose (was öftere Unterbrechung der Viskosestrahlen durch Luftbläschen zur Folge hat).

7. Zu scharfer Abzugswinkel des Fadens (so daß die Fasern am Rand der Spinnöffnung abgeschnitten werden).

d) **Platzbedarf für die Spinndüse.** Zu erwähnen wäre noch der Platzbedarf, welcher für eine Spinnstelle bzw. Spinndüse in der Spinnrinne erforderlich ist. Dieser richtet sich vollkommen nach der Stärke des gesponnenen Fadens, d. h. nach der Faseranzahl, sowie nach der Spinngeschwindigkeit. Wird eine Spinngeschwindigkeit von etwa 60—70 m in der Minute eingehalten, so lehrt die praktische Erfahrung, daß die Entfernung einer Spinndüse von der anderen (von Mitte zu Mitte gerechnet) bei einer Fadenstärke von 150 Deniers mindestens 80 mm betragen muß. Dieser Abstand der Spinndüsen voneinander kann bei stärkeren Deniers, z. B. beim Spinnen von Stapelfaser, nur dann noch eingehalten werden, wenn die Düsen in schachbrettartiger Anordnung, d. h. zueinander versetzt, angebracht werden. Es ist noch von Interesse, daß besonders beim schnellen Spinnen mit einer Spinndüse von großer Lochzahl und 20 mm Durchmesser sich um letztere ein Flüssigkeitskegel von etwa 300 mm Höhe und 70 mm Durchmesser bildet. (Die Maße sind am Fuße des Kegels, also an der Düse, genommen.)

e) **Bereitung der Glykose im Eigenbetriebe.** Oft empfiehlt es sich, Glykose im Eigenbetriebe zu erzeugen. Nach DRP. 416 670[1] und DRP. 416 015 wird Glykose wie folgt erzeugt:

---

[1] Courtaulds Ltd. London vom 13. April 1922.

Patentanspruch: Verfahren zur Darstellung konzentrierter Lösungen von Stärke oder stärkehaltigen Stoffen in Schwefelsäure, dadurch gekennzeichnet, daß man die Stärke in fein verteiltem Zustand mit verdünnter, etwa 20—30 vH Schwefelsäure bei mäßiger Temperatur verrührt und die erhaltene Paste unter Rühren rasch mit konzentrierter, wenigstens 70 vH Schwefelsäure in einer der Stärkemenge etwa gleichen Menge unter Vermeidung einer über 65° hinausgehenden Temperatursteigerung zu einer gleichmäßigen Lösung verarbeitet.

Nach Bronnert kann dagegen Glykose aus beliebigen Stärkesorten erzeigt werden, indem 100 kg Stärke mit 23 kg konzentrierter Schwefelsäure 66° Bé verdünnt in 68 kg Wasser, zu einem gleichmäßigen Brei angerührt werden. In diesen Brei werden bei einer Temperatur, die 60—65° C. nicht übersteigt, noch weitete 55 kg konzentrierte Schwefelsäure von 66° Bé in dünnem Strahl unter ständigem Rühren zugesetzt. Nach etwa 24 stündigem Stehen kann die Lösung als Glykose dem Spinnbade zugefügt werden, Natürlich muß der Schwefelsäuregehalt beim Zusatz zum Bade berücksichtigt werden.

V. Spinnverfahren.

1. Zentrifugenverfahren.

a) Allgemeines. Der Vorschlag, die ersponnenen Kunstfäden in rasch umlaufenden Spinntrommeln zu sammeln, ist in dem von Charles Fred. Topham, London, bereits am 22. Dezember 1900 angemeldeten DRP. 125947 Kl. 29a zum erstenmal ausgesprochen worden. Indessen fand das Verfahren zunächst längere Zeit keine praktische Anwendung, da es zu kompliziert schien. Die Kompliziertheit einer solchen Zentrifugen-Spinnmaschine zeigt am deutlichsten die Photographie (Abb. 45) einer in Montage befindlichen Maschine mit elektromotorischem Einzelantrieb. Allerdings wurde in einzelnen größeren Kunstseidenfabriken mit Erfolg eifrig an der Vervollkommnung dieses Verfahrens gearbeitet. Im übrigen scheint es fast, als ob das Topfspinnverfahren seine heutige große Beliebtheit zum Teil einer geschickten Propaganda verdankt. Gewiß hat es gegenüber anderen Arbeitsmethoden Vorzüge; es würde aber ein Fehler sein, die Nachteile zu verkennen. Die Vorzüge des Topham-Verfahrens sind gegenüber dem Spulenverfahren im wesentlichen:

1. Wegfall des Zwirnens und infolgedessen
2. schnelles und bequemes Waschen der sauren Fäden und daher Ersparnis an Waschwasser.
3. Wegfall der großen Anzahl der sonst unentbehrlichen Spulen.
Diesen Vorzügen stehen in der Hauptsache folgende Nachteile gegenüber:
1. Das Zentrifugenverfahren gestattet nur die Herstellung von Fäden gröberen Titers, etwa über 100 Deniers (wenn nicht besondere Schutzmaßnahmen berücksichtigt werden).
2. Oft ist ein Nachzwirnen der fertigen Fäden notwendig.
3. Die Spinnmaschinen sind empfindlich und kompliziert und erfordern im Vergleich zu Spulenmaschinen viel Reparatur. Der schnelle Verschleiß der wichtigsten und zugleich teuren Unterteile der Maschine erfordert auch eine schnellere Amortisation.

4. Die nassen sauren Fäden lassen sich schwieriger und langsamer in Strangform bringen; infolgedessen ist eine größere Anzahl von Haspelmaschinen erforderlich.

5. Das Topfspinnverfahren erfordert eine geeignete Fällbadzusammensetzung, so sind z. B. Koagulationsbäder nicht zu gebrauchen. Die Zwirnung darf nicht vor der vollständigen Ausfällung der Zellulose vorgenommen werden, da man andernfalls ein Zwischending zwischen Stroh und Roßhaar, aber keine Kunstseide erhält.

Abb. 45. Zentrifugen-Spinnmaschine in Montage.

b) **Führungsrolle.** Der das Spinnbad verlassende Faden (Abb. 46) wird über eine Führungsrolle geleitet. Es ist nicht gleichgültig, aus welchem Material die Zuführungsrolle (Leitrolle) besteht. Wie bereits erwähnt, hat sich auf Grund vieler Versuche grobkörniges, unglasiertes Porzellan am besten bewährt. Es zeichnet sich durch außerordentlich große Härte und geringe Abnutzung aus. Seine körnige Struktur bzw. Oberfläche verhindert besser als jedes andere Material die Gleitung des Fadens, ohne ihn im geringsten zu beschädigen. Die wichtigste und angenehmste Eigenschaft des Porzellans besteht darin, daß trotz Verhinderung der Gleitung die Adhäsionskraft gering ist (wahrscheinlich weil das Porzellan nicht magnetisch wird); dadurch wird dem Arbeiter das Anspinnen sehr erleichtert, was auch die Abfallmenge der auf den Rollen aufgewundenen Fäden verringert. Die Leitrollen haben zweckmäßig einen Durchmesser von 125—150 mm, welche Maße sich bei Versuchen als die günstigsten erwiesen haben.

Von der Leitrolle wird der Faden durch einen Glastrichter mitten in die mit großer Geschwindigkeit rotierende Zentrifugentrommel eingeführt. Der aus dem Trichter austretende Faden wird infolge der Zentrifugalkraft an die Wandung der Trommel geschleudert. Bei modernen Topham-Spinnmaschinen gibt man dem als Fadenführer dienenden Trichter eine auf- und abgehende Bewegung, so daß sich die Fäden in der Trommel in steigenden und fallenden Schichten legen. Der Faden tritt dabei aus dem Trichter rechtwinklig gegen die Innenwandung der Schleuder aus und erhält infolge der Rotation der Trommel eine Zwirnung. Das Verhältnis zwischen der Geschwindigkeit der Lieferrolle (+ ca. 10 vH Gleitverlust) zu der Umlaufgeschwindigkeit der Trommel bestimmt die Stärke des Dralls, den der Faden erhält. Da heute in der Praxis mit einer Abzugsgeschwindigkeit von 40—60 m und mehr in der Minute gearbeitet wird und der Faden mindestens

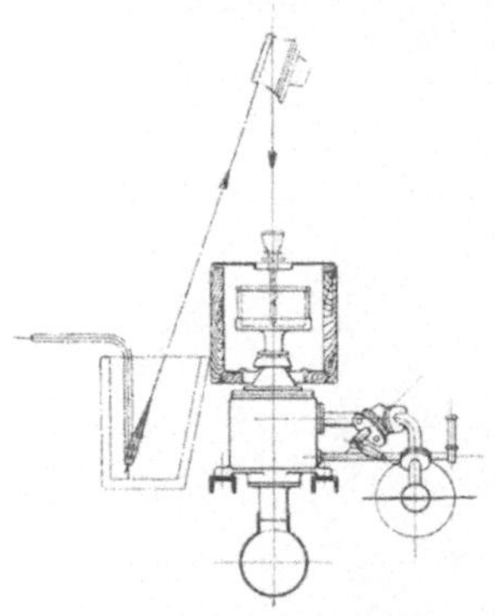

Abb. 46. Schema des Spinnens nach Zentrifugensystem.

eine Zwirnung von etwa 90 Drehungen je Meter haben muß, errechnet sich die Drehzahl der Schleuder zu 5200—7200 in der Minute. Im übrigen ist die Tourenzahl der Trommel nicht nur von der gewünschten Zwirnung, sondern auch von dem Gewicht des nassen Fadens und vom Trommeldurchmesser abhängig. Je größer das Gewicht, d. h. je stärker der Faden, desto langsamer kann die Trommel rotieren, da die Größe der Fliehkraft bei derselben Tourenzahl vom Gewicht des rotierenden Körpers abhängt. Eine angenäherte Berechnung der Zentrifugalkraft nach der Formel

$$\frac{G \cdot v^2}{9{,}81 \cdot r} = \text{Fliehkraft}$$

(wobei G das Gewicht des Fadens von der Länge des halben Trommeldurchmessers, v die Geschwindigkeit seines Schwerpunktes in Metern und r die Entfernung des Schwerpunktes von der Drehachse in Metern sind) ergibt, daß bei einer gewöhnlichen Schleuder von etwa 15 cm Durchmesser und 10 cm Tiefe für Fadenstärken von 1000 Deniers nur

2200 Touren, bei 150 Deniers aber schon 5600 Touren erforderlich sind. Diese Zahlen entsprechen annähernd den praktischen Verhältnissen.

c) **Spinntopf.** Der Spinntopf (richtiger Spinnzentrifuge) ist ein wichtiger Unterteil einer Zentrifugenspinnmaschine; deshalb will ich ihn näher beschreiben. In der Zeitschrift Melliands Textilberichte **1930**, Nr. 1 habe ich den Spinntopf bereits ausführlich besprochen.

Abb. 47 zeigt den ursprünglichen Spinntopf, der das Grundmodell für alle später aufgekommenen Spinntöpfe darstellt. Auf dem Untersatz bzw. Teller aus Bronze war eine Kappe aus Eisenblech aufgestülpt, beiderseitig emailliert und mit einer Öffnung zur Einführung des Fadens. Der massive Bronzering mit einigen Nocken diente zur Befestigung der Kappe auf dem Untersatz. Die Hartgummischicht auf der Innenseite des Tellers schützte das Metall gegen den korrodierenden Einfluß des sauren Spinnbades. Die bezüglich der Zweckmäßigkeit gut durchdachte Bauform hatte jedoch keinen Erfolg. Die Verwendung von Eisen und Bronze als Baustoff und die Befestigung der

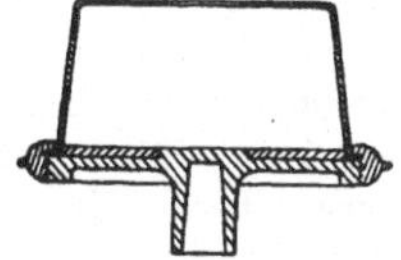

Abb. 47. Ursprünglicher Spinntopf.

Kappe an den Untersatz durch einen mit Gewinde versehenen Ring, ähnlich einer großen Überwurfsmutter, verhinderten die Verbreitung des Spinntopfes in der Praxis. Die Erkenntnis, daß die Zentrifugenspinnerei einmal eine sehr wichtige Rolle spielen würde, veranlaßte, neue Bauweisen des Spinntopfes ausfindig zu machen. So entwickelte sich die Bauform Abb. 48, welche viele Jahre in großen Kunstseidenfabriken, insbesondere Englands, mit Erfolg verwendet wurde. Um ein bequemes Herausnehmen des Spinnkuchens aus der Zentrifuge zu ermöglichen, gab man der Trommel nach außen eine geringe konische Erweiterung, wodurch der Spinntopf kelchartige Form annahm. Die Abb. 47 zeigt, daß Topham seinen Spinntopf mittels einer konischen Buchse mit der Antriebsspindel gekuppelt hat. Die konische Kupplung als Verbindung der Spinntöpfe mit der Antriebswelle hat sich in der Praxis gar nicht bewährt. Geringe Verunreinigung der schrägen Berührungsflächen, der Buchse wie auch des tragenden Konusses, auch Anhäufung geringer Mengen von Schmiermaterial auf den genannten Flächen verursachte stets ungenauen Sitz der Schleuder auf der Antriebsspindel und dadurch mehr oder weniger große Exzentrizität mit allen damit verbundenen Nachteilen bzw. Betriebsschwierigkeiten. Die Bauform Abb. 48 beseitigt dieses Übel. Man sieht hier

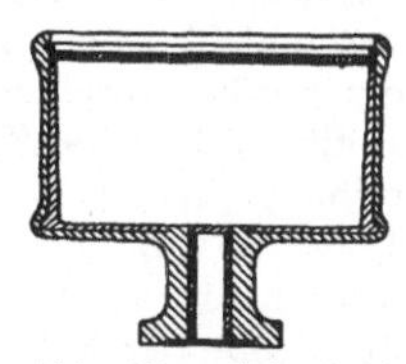

Abb. 48. Spinntopf älterer Form.

einen eigenartig geformten Fuß des Spinntopfes mit zylindrischer Buchse zur Aufnahme des tragenden zylindrischen Zapfens der Antriebsspindel. Der Antrieb des Spinntopfes erfolgt mittels einer flachen Reibungsscheibe von etwa 70 mm Durchmesser und zwar nur mittels eines etwa 15 mm breiten äußeren Randes derselben. Etwa 30 cm^2 der Reibungsfläche genügen, um einen etwa 1500—2500 g schweren Spinntopf gleitverlustlos zu treiben. Der zylindrische Zapfen hat den Topf bloß zu halten. Auslaufen der Buchse bzw. Abnutzung des Zapfens verursacht keine Exzentrizität bzw. Unbalance, da in solchen Fällen der Topf sofort beim Anlassen des Antriebes auf der flachen Reibungsfläche die richtige Lage findet bzw. sich automatisch einstellt. Die Friktionskupplung der beschriebenen Art hat sich bis auf den heutigen Tag gut bewährt und ist in Großbetrieben gebräuchlich. Als Baustoff verwendete man Reinaluminium und zwar 98—99 vH. Man erkannte bald, daß Reinaluminium gegen gebräuchliche Spinnbäder gute Korrosionsbeständigkeit aufweist. Leider erforderte die Form des Spinntopfes

Verwendung von Gußaluminium, welches wegen seiner geringeren Dichte 2,64 und auch der oft unvermeidlichen Porigkeit bezüglich Abnutzung den Ansprüchen der Technik nicht vollkommen genügte. Aus diesem Grunde war man gezwungen, die Innenseite des Topfes, und zwar bis zum Deckel, mit Hartgummi auszukleiden. Bald erkannte man, daß der obere, durch Hartgummi nicht geschützte Rand des Topfes von der Spinnsäure, auch wegen Bildung eines galvanischen Elements zwischen der Bronzesperrfeder und dem Aluminiumrand des Spinntopfes, schnell angefressen bzw. zerstört wird. Auch die in die Wandung der Schleuder gebohrten Entwässerungslöcher trugen, da sie die metallische Wandung durchbrechen, sehr viel zur schnellen Abnutzung der Zentrifuge bei. Um diese Nachteile zu beheben, gummierte man den Spinntopf bis fast zur Hälfte der Außenwandung. Auch die Entwässerungslöcher führte man vollkommen in Hartgummi aus, wodurch gleichzeitig eine bessere Verankerung der Hartgummiauskleidung erreicht wurde. Dadurch ist die ursprünglich zur Verankerung der Hartgummiverkleidung vorgesehene Ringwulst am unteren Rand des Spinntopfes überflüssig, ja sogar von Nachteil geworden, da diese beim unvollkommenen Ausfüllen mit der Hartgummimasse Unbalance verursachte. Merkwürdigerweise hat man diesen wulstartigen Vorsprung aus Tradition beibehalten, wahrscheinlich in der Annahme, dadurch eine größere Stabilität des Topfes zu erreichen. So entstand der Spinntopf Abb. 49.

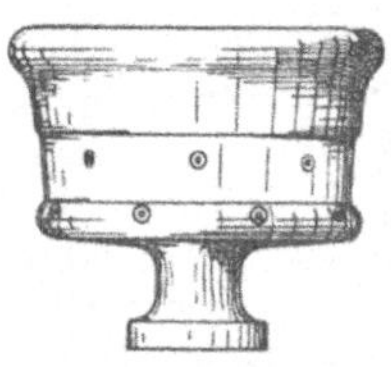

Abb. 49.   Spinntopf neuer Bauform.

Auch auf dem Gebiete der Baustoffe wurde rastlos geforscht. Von allen in so großer Menge vorgeschlagenen Baustoffen bewährte sich außer Aluminium nur noch das Kunstharz (Bakelit). Ein normaler, gut ausgewuchteter Spinntopf erfordert bekanntlich zum Antriebe bei 5600—6000 Touren etwa 60—65 Watt; bis 100000 Touren wächst dieser Kraftverbrauch gleichmäßig bis zu 130 Watt. Er setzt sich zusammen aus der Energie, die erforderlich ist zum Betrieb des Motors selbst und der Zentrifuge. Ein gut durchkonstruierter Elektromotor verlangt für seinen Betrieb verhältnismäßig geringe Energiemengen, etwa 20 Watt; der größte Anteil wird also vom Topf benötigt. Nun ist durch Versuche festgestellt, daß dieser Kraftverbrauch fast ausschließlich zur Überwindung der Luftreibung an der Wandung des Spinntopfes gebraucht wird. Abgesehen von der Frage des Baumaterials, d. h. des Stoffes, aus dem der Spinntopf hergestellt worden ist, — ein sehr wichtiger, nicht zu unterschätzender Faktor —, spielt die Größe der Fläche des Topfes, also seine Form, die Hauptrolle. Nicht nur die Größe der Fläche, sondern die Gestalt des Topfes, wie Wulste, Erweiterungen usw. beanspruchen oft eine Unmenge Energie, welche für den Betrieb nutzlos verloren geht. Wie bereits betont, wird die Form des Spinntopfes durch die Zweckmäßigkeit bedingt; sie ist im Laufe jahrelanger Erfahrungen zustande gekommen. Anderseits darf aber nicht vergessen werden, daß die Form des heute gebräuchlichen, sogenannten normalen Spinntopfes für die Verwendung von normalen Antrieben entwickelt wurde. Bei den damals äußerst ungünstig arbeitenden Schneckenantrieben kam es auf ein paar Pferdestärken mehr nicht an. Heute bei der Verwendung einer oft sehr großen Anzahl von Spinnstellen, d. h. gleichzeitigem Betreiben von vielen Spinntöpfen unter Verwendung von leicht regulierbaren und wenig Strom erfordernden Elektromotoren, ist die Möglichkeit gegeben, mit größter Sparsamkeit zu arbeiten und dadurch den Betrieb rentabler zu gestalten. Die Praxis hat gezeigt, daß auch der normale Spinntopf auf Grund der obigen Ausführungen die Bedingungen betreffend Sparsamkeit nicht erfüllt.

Dagegen scheint der ursprüngliche Topham-Spinntopf den obengenannten Hauptbedingungen am meisten zu entsprechen, wenn die ihm anhaftenden Nachteile bzw. Fehler beseitigt werden. Neuerdings hat die Berg-Heckmann-Selve

Aktiengesellschaft, Altena (Westfalen) auch eine Spinnzentrifuge, Nova-Spinntopf (Abb. 50 und 51) nach der Art „Topham" herausgebracht. Durch die richtige Wahl der Oberfläche bezüglich Größe und Bauform ist es gelungen, eine Kraftersparnis von etwa 50 vH zu erzielen; der neue „Nova"-Spinntopf benötigt gegenüber den heute gebräuchlichen Spinnzentrifugen nur 25—30 Watt, wodurch ein billiger Betrieb garantiert wird. In den Vereinigten Staaten von Amerika soll eine Spinnzentrifuge dieser Bauart mit großem Erfolg in einem Großbetriebe eingeführt worden sein.

d) **Elektrische Einzelantriebe für die Spinntöpfe.** Die hohe Tourenzahl, welche die Zentrifuge machen muß, erfordert äußerst sorgfältig und dauerhaft gebaute Antriebsmechanismen und elastische Lagerung der Antriebsspindel. Zum Antrieb der Spindel, auf deren oberem Ende der Spinntopf sitzt, benutzte man anfangs Schnurantrieb, wie er heute in ähnlicher Weise bei Ringzwirnmaschinen angewendet wird. Dieser

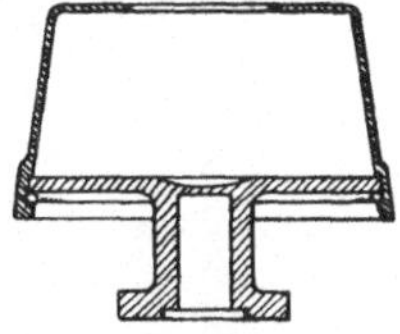

Abb. 50. Nova-Spinntopf.

Antrieb konnte sich indessen nicht einbürgern, da ihm verschiedene Nachteile anhaften. Im Laufe der Zeit hat man alle erdenklichen Möglichkeiten für einen sicheren, billigen Spindelantrieb probiert. Heute wird zum Antrieb von Spinnzentrifugen (Spinntöpfen) nur der elektrische Einzelmotorantrieb verwendet[1].

Schon zu Anfang der Zentrifugenspinnerei dachte man an die Verwendung vertikaler Elektromotoren zum Antrieb der Spinntöpfe. Etwa im Jahre 1910, also vor rund 20 Jahren, ging man an die praktische Lösung dieses Problems, und zwar versuchte man dazu Gleichstrom zu benutzen. Die bezüglich eines sicheren Betriebes und konstanter Tourenzahl gemachten guten Erfahrungen mit Kurzschlußmotoren, mit Dreiphasenwechselstrom gespeist, gaben bald Veranlassung, diese Art von Kleinmotoren zum Einzelantrieb von Spinnzentrifugen versuchsweise zu verwenden. Auch reizte zu diesem Versuch die Möglichkeit, die notwendige hohe Tourenzahl durch Speisung der Kurzschlußmotoren mit Frequenz 100—200 Hertz leicht zu erreichen. Schon die ersten unvollkommen gebauten kleinen Kurzschlußmotoren, mittels Dreiphasenwechselstrom von 75—90 Volt und 120 Hertz betrieben, bewährten sich auch in Groß-

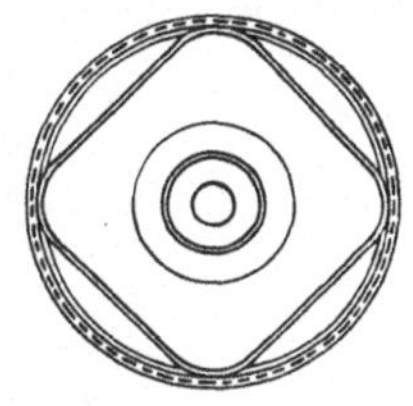

Abb. 51. Anordnung der Sperrfeder beim Nova-Spinntopf.

betrieben in den Händen der damals auf diesem Gebiet wenig verwöhnten Kunstseidenfachleute verhältnismäßig gut. Konstruktive Mängel, wie Ausbildung der Lager, Schmierung der Maschine, Ausbildung der elastischen Pufferung und andere Details mußten noch verbessert und vervollkommnet werden. Diese Aufgabe wurde in den letzten 7—8 Jahren ebenfalls sehr zufriedenstellend gelöst. Die im Laufe der Jahre mit großer Mühe gesammelten Erfahrungen der Konstrukteure der mechanischen Antriebe erleichterten natürlich dem Elektrotechniker die Lösung der Aufgabe. Es gibt heute viele Modelle von Elektrozentrifugen, welche sich mehr oder weniger bewährt haben. Die Aufzählung einzelner Fabrikate würde hier zu weit führen. Nur einzelne will ich kurz erwähnen, und zwar den einzelnen Bautypen nach.

---

[1] Mellianas Textilberichte **1930**, H. 10, 11, 12.

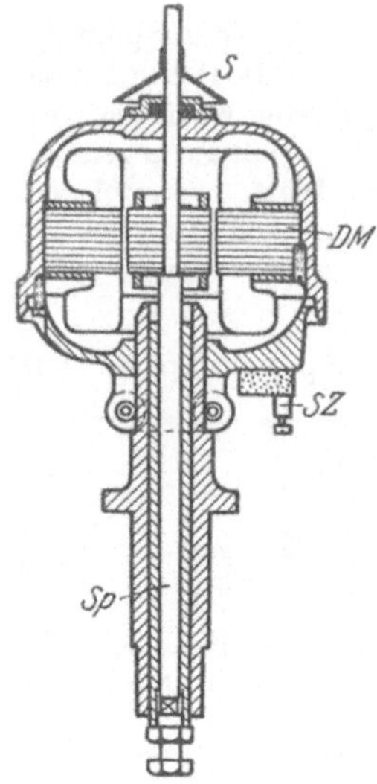

Abb. 52.   Thomson-
Houston-Zentrifugen-
motor.

Man muß heute drei große Bautypen der Elektro-
motor-Spinntopfantriebe unterscheiden. Abb. 52 zeigen
Elektrozentrifugen mit starr gelagerten Spindeln. Die
elastische Pufferung zur Unschädlichmachung der Unbalance der Spinntöpfe erfolgt hier durch sinnreichen
Einbau des gesamten Kleinmotors in einem elastischen
Medium (Gummi). Wohl einer der ältesten Typen solcher
Elektroantriebe, der von Thomson-Houston, unterscheidet sich noch durch Anwendung eines langen Gleit-
lagers, wie es bei Schneckenantrieben üblich war. Dieser
wie auch der SSW-Motor älteren Modells (Abb. 53) sind
keine Schnelläufer. Etwa 6000 Touren in der Minute
bewältigen sie gut. Wird die Umdrehungszahl über
diese Höchstgrenze gesteigert, so leiden die Maschinen.
Sie beginnen auch unruhig zu laufen. Bei dem SSW-
Motor z. B., welcher Kugellager besitzt, ist die Ursache
des unruhigen Hüpfens in dem Bestreben des Spinntopfes, sich hochzuschrauben, zu suchen. Der hohle
Gummiring (GR), auf welchem der Motor ruht, verstärkt
noch diese Wirkung. Die seitlichen Gummipuffer (GP)
nutzen sich dabei äußerst schnell ab.

Der nächste Bautyp der Elektrozentrifugen besitzt
als konstruktive Eigenart die geteilte Spindel ähnlich
den Schneckenantrieben der Abb. 54, nur daß die beiden Teile mittels eines
elastischen Spiralfedergliedes miteinander gekuppelt sind. Diese Bauart erfordert
dreifache bzw. vierfache Lagerung. Dies
muß als Nachteil angesprochen werden,
da es den Bau der Maschine verteuert
und kompliziert. Eigenartig und sinnreich ist die elastische Lagerung des

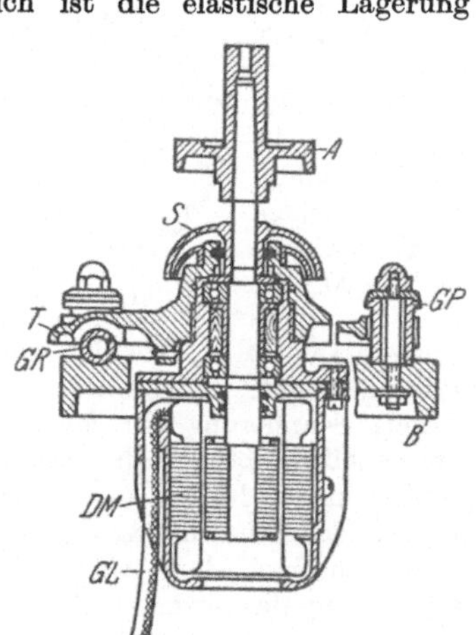

Abb. 53.   SSW-Motor älteren Typs.

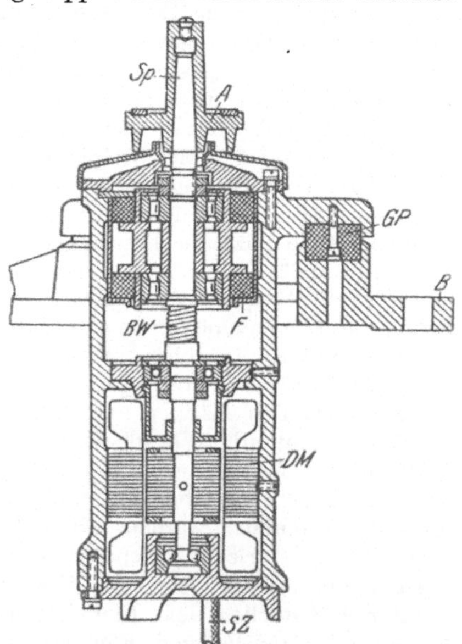

Abb. 54.   DWF-Zentrifugenmotor.

ganzen Motors durchgeführt. Drei Gummipuffer erhöhen die bereits im Inneren
des Motors vorhandene elastische Pufferung der Maschine. Diese elastische
Aufhängung des ganzen Motors ist unbedingt besser als die ursprüngliche

kardanische, welche aus der Abb. 55 ersichtlich ist. Die Abb. 56 zeigt eine solche DWF-Elektrozentrifuge mit dreifacher Gummipufferaufhängung. — Etwas abweichend, aber ähnlich, sind die Motorantriebe von Patay gebaut. Hier ist die geteilte Spindel in der Hohlwelle untergebracht. — Endlich sei noch der dritte, seiner Zeit von mir angeregte Bautyp der Spinnmotoren mit der Hohlwelle aufgeführt (ich gab die Anregung bereits vor 10 Jahren). Dieser Typ ist auf Grund praktischer Erwägungen wohl der geeignetste für die Kunstseidenspinnerei nach dem Zentrifugensystem. Aus der Abb. 57 sieht man, daß die den Spinntopf tragende Spindel in einer Hohlwelle, welche den Kurzschlußläufer trägt, untergebracht ist, und zwar derart, daß keine wesentlichen Kräfte auf die Wellenlager übertragen werden. Die Lagerung der Hohlwelle ist nur im unteren Teil des Motorgehäuses untergebracht, wobei die Schmierung einfach und sicher ist. Diese neue konstruktive Durchbildung des Kurzschlußmotors seitens SSW ist dynamisch einwandfrei und verspricht sich gut zu bewähren, auch bei Verwendung für sehr hohe Tourenzahlen.

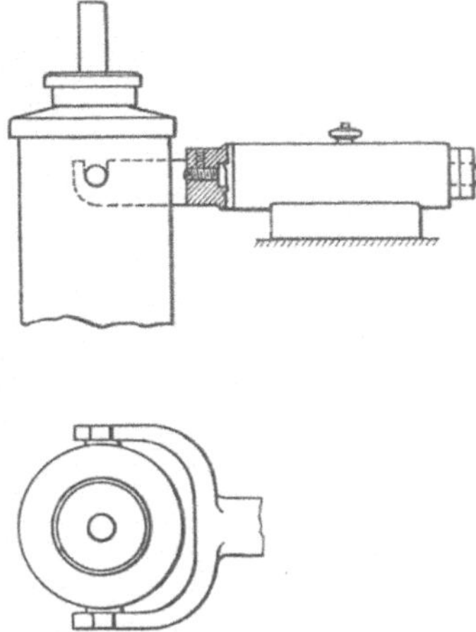

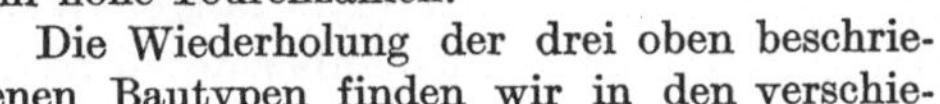

Abb. 55. Kardanische Aufhängung des Motors.

Die Wiederholung der drei oben beschriebenen Bautypen finden wir in den verschiedensten mehr oder weniger geschickten Variationen bei allen zur Zeit bekannten auf den Markt gebrachten Maschinen.

Es wäre noch zu erwähnen, daß die Elektrozentrifugen heute die wirtschaftlichsten (d. h. im Betriebe, leider nicht in der Anschaffung) und billigsten Spinntöpfe sind. Eine gut konstruierte Maschine beansprucht nur 60—80 Watt je Antrieb bei Vollast im Betriebe, dabei sind die kleinen Motoren so stabil gebaut, daß ein Monate hindurch dauernder ununterbrochener Betrieb ihnen wenig schadet.

e) Zentrifugenspinnmaschine nach Topham. Eine doppelseitige Spinnmaschine nach dem Tophamsystem zeigt die Abb. 58. Aus dieser Originalzeichnung Tophams sieht jeder technisch denkende Fachmann, wie außergewöhnlich gut und scharfsinnig die Maschine vom Erfinder durchkonstruiert wurde. Jeder Teil der Maschine ist zweckentsprechend erwogen und gut durchdacht. Es soll nur nebenbei bemerkt werden, daß, wenn auch die moderne Zentrifugenspinnmaschine von

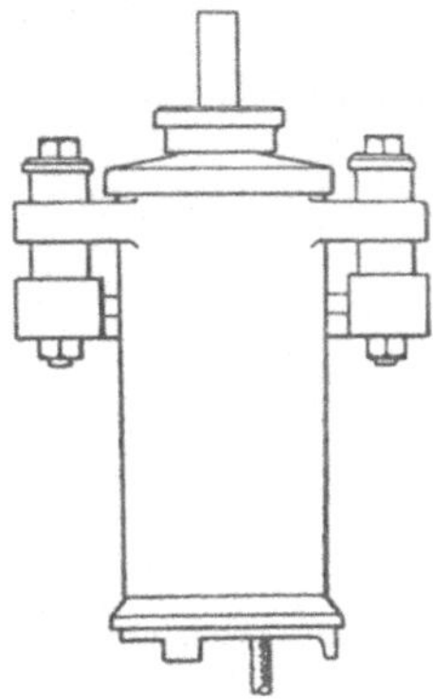

Abb. 56. Gummipuffer-Aufhängung des Motors.

dem Modell Tophams abweicht, die Technik doch immer wieder auf die ursprüngliche Konstruktion zurückgreift, nachdem sie allmählich zur Überzeugung kommt, daß, abgesehen von den Spinntopfantrieben und anderen kleineren Details, die Gestalt der Maschine als Ganzes wohl durchdacht und zweckentsprechend ausgeführt ist.

f) **Spinntrichter.** Nicht nur Leitrollen, Spinntöpfe und Einzel-
antriebsmotoren sind von ausschlaggebender Bedeutung für die Zentrifugenspinnerei, sondern auch die auf den ersten Blick untergeord-
neten Organe, wie z. B. die Konstruktion des Spinntrichters, seine Anbringung an der Changierschiene, die Changierung (Bildung des kreuzgewickelten Spinnkuchens) und andere kleinere Details. Der Spinntrichter soll, wie die Abb. 59 zeigt, so gestaltet sein, daß der Faden leicht in die Spinnzentrifuge einzuführen ist, jedoch auf dem langen Wege nicht übermäßig beansprucht wird. Gleichzeitig soll der Spinntrichter auch das Herumzausen und Schleudern des empfindlichen Fadens verhüten. Aus den Zahlen der Zeichnung ist alles Nähere ersichtlich. Auf Grund meiner langjährigen Erfahrungen und Überlegungen halte ich diese Form für die geeignetste.

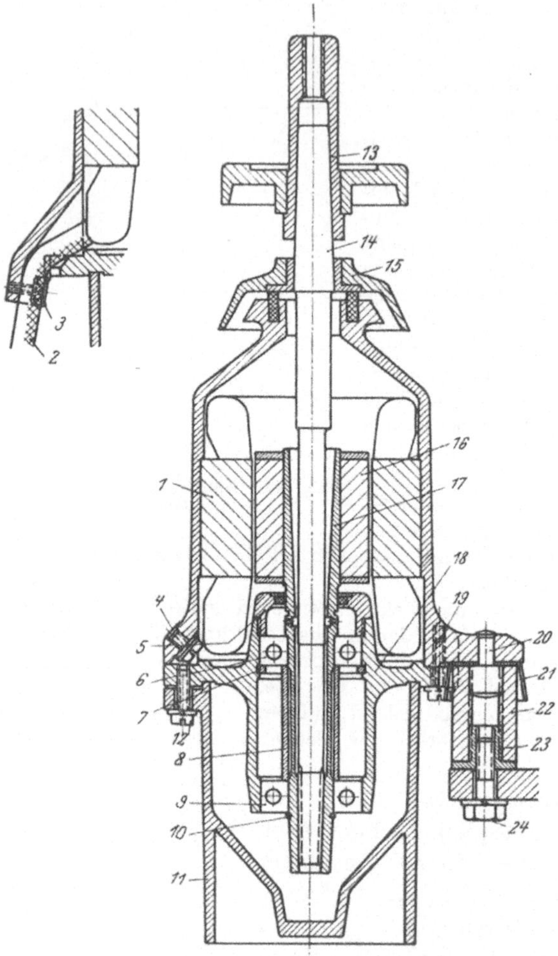

Abb. 57. Spinnmotor mit Hohlwelle (SSW- Fabrikat neuester Konstruktion).

g) **Spinntrichterhalter und Spinnkuchen.** Die Anbringung des Spinntrichters an der Changierschiene
geschieht am besten nach der sinnreichen Erfindung der Maschinenfabrik C. G. Haubold, A.-G., wie in Abb. 60 und Abb. 61 sehr anschaulich dargestellt. Diese Anbringung gestattet leichtes Hinein- und
Herausschwenken des Trichters aus dem Spinntopf. In letzterem muß
sich ein tadelloser Spinnkuchen von guter Kreuzwicklung bilden. Dieses
wird durch einen entsprechenden Mechanismus verschiedenster Kon-

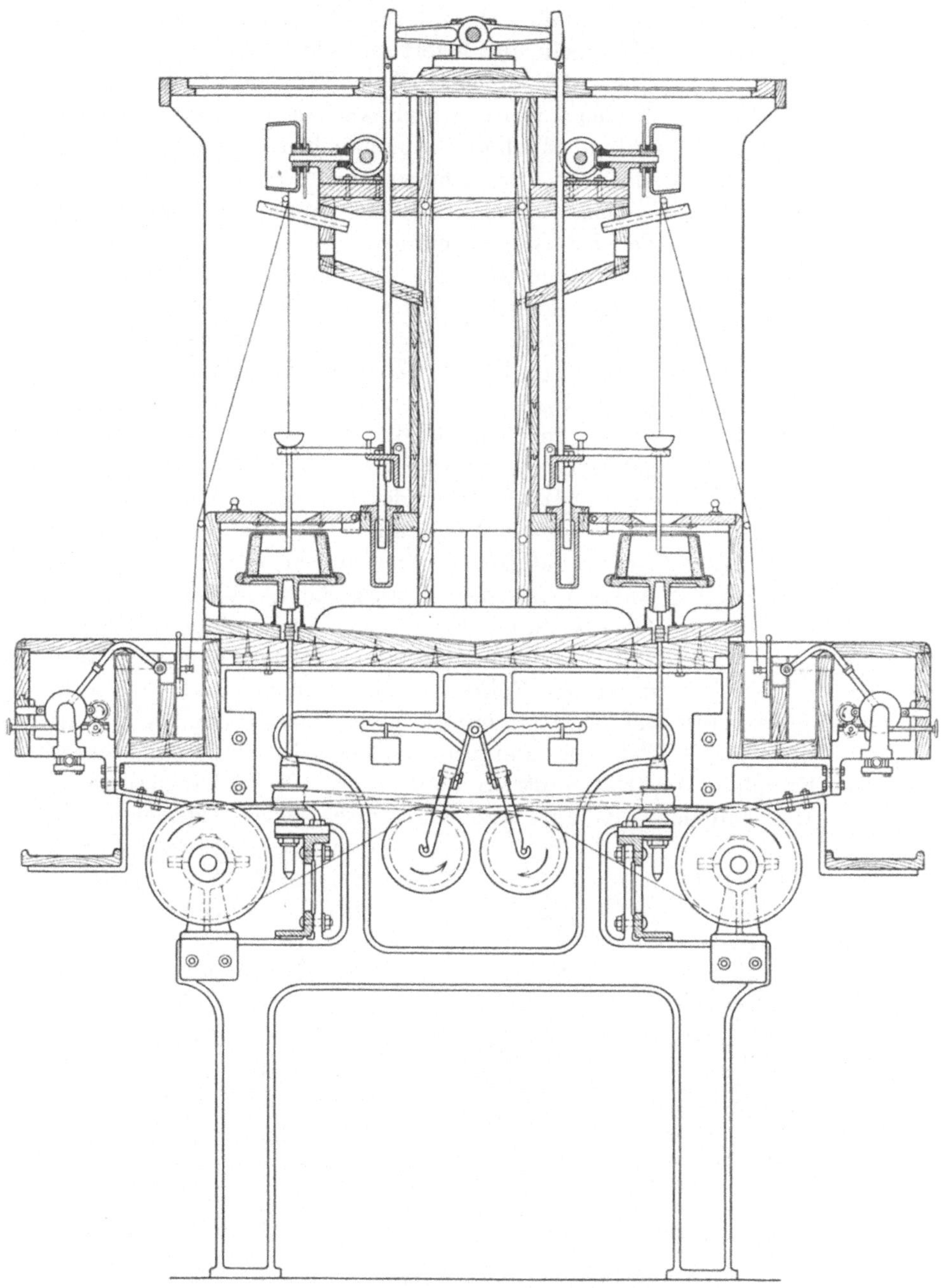

Abb. 58. Ursprüngliche Topham-Spinnmaschine.

struktion erreicht. Ein unsauber gebildeter Fadenkuchen, insbesondere
mit unsauberen Rändern, läßt sich schlecht, oft gar nicht, zu Strähnen
abhaspeln und liefert schlechte, auch flusige Fäden.
Die Abb. 62 und Abb. 63 veranschaulichen die
beiden Arten von Spinnkuchen. Abb. 62 zeigt einen
guten, tadellosen Spinnkuchen, dagegen Abb. 63
einen, wie er nicht sein soll.

Noch eine ganze Reihe von Faktoren bzw. Details
der Zentrifugenspinnmaschinen müßten als wichtig
besprochen werden, doch bin ich leider gezwungen,
wegen Mangel an Platz davon Abstand zu nehmen.

h) Moderne Zentrifugenspinnmaschinen.
Eine doppelseitige Zentrifugenspinnmaschine der
Firma Oscar Kohorn zeigt die Abb. 64. Die Ma-
schine wird durch direkt gekuppelten Motor an-
getrieben, die Sekundärbetriebe durch gefräste Zahn-
räder. Der Antrieb der Pumpen und der Galetten
erfolgt durch Wechselräder, die die verschiedensten
Geschwindigkeitsveränderungen ermöglichen. Der
Antrieb ist derart ausgeführt, daß verschiedene
Galettendurchmesser verwendet werden können.
Der Pumpenbetrieb kann sowohl über, als auch
unter dem Spinntisch angeordnet werden, und zwar

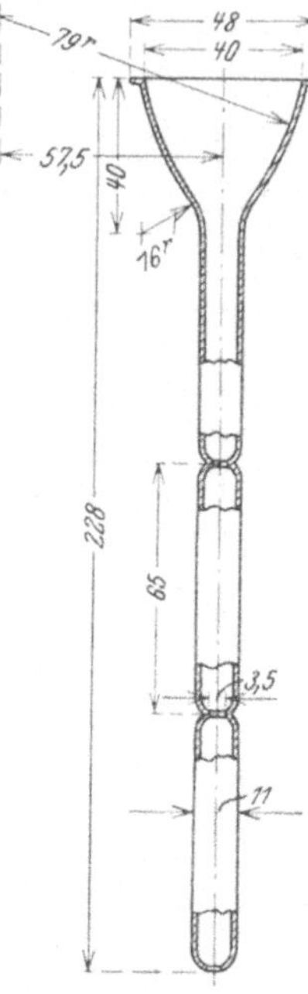

Abb. 59. Normaler Spinn-
trichter.

für Kolbenpumpen oder Zahnradpumpen. Jede
Seite des Pumpenbetriebes wird individuell durch
eine Kupplung im Hauptantrieb kontrolliert. Die Changierung ist
vom Hauptantrieb getrennt und wird durch einen eigenen Motor
mittels Wechselrädern und
Changierkästen angetrie-
ben. Eine Einstellung für
die Anzahl und die Länge
des Hubes in weiten Gren-
zen ist vorgesehen.

Der Galettenbetrieb
wird durch gefräste Zahn-
räder, welche in durch die
Maschine laufenden Ge-
häusen untergebracht sind,
betätigt. Die Spinnmotoren-

Abb. 60. Spinntrichterhalter
(in Arbeitsstellung).

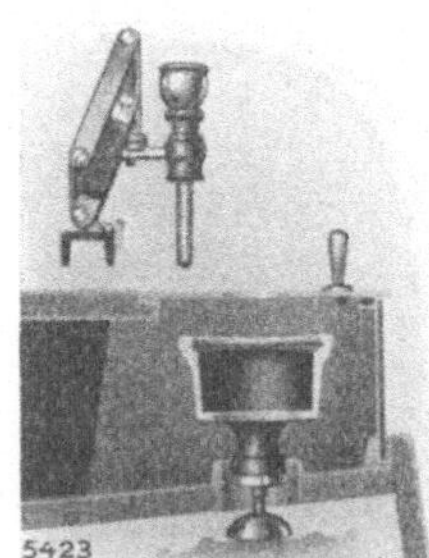

Abb. 61. Spinntrichter-
halter (gehoben).

träger sind von der Maschine getrennt und können für verschiedene
Spinnmotorentypen eingerichtet werden. Der gesamte Antriebsmecha-
nismus ist in öldichten Kästen untergebracht und wird automatisch
geölt. Die Ausführung und das Gewicht der Maschine, ferner die vom

Hauptantrieb getrennten Antriebe der Changierkästen gewährleisten ein vibrationsfreies Arbeiten. Zur Herstellung der Maschine ist

Abb. 62. Gut gesponnene Fadenkuchen.

Abb.63. Schlecht gesponnene Fadenkuchen.

säurefestes Material verwendet. Die allgemeine Konstruktion der Maschine entspricht den modernen Spinnmethoden.

Abb. 64. Zentrifugenspinnmaschine. System Oscar Kohorn A.-G. (Getriebe in Ölkasten eingekapselt.)

Aus der Abb. 65 ist die Antriebsstirnwand einer Zentrifugenspinnmaschine ersichtlich, die sich durch eine einfache sinnreiche Konstruktion des Antriebes, wie auch der Changierung auszeichnet.

9*

Zur Vereinfachung des Baues der Maschine ist in der letzten Zeit von C. G. Haubold, A.-G., eine Maschine konstruiert worden, die Abb. 66 zeigt. Hier werden die Zuführungsrollen auf gemeinsame Welle gesetzt, wodurch der Bau beträchtlich vereinfacht wird. Die Rollen haben einen ziemlich starken Umfang und sind gerillt, was die Maschinenfabrik fälschlich als Vorteil hinstellt, indem sie behauptet, daß dadurch ein Gleiten des Fadens vermieden wird. — Der Fällbadtrog ist sehr tief ausgeführt, wodurch die Tauchstrecke in der Badsäure beliebig geregelt werden kann. Der Faden verläßt das Fällbad senkrecht und nimmt bis zur Zuführungsrolle viel Fällflüssigkeit mit, wodurch die Koagulation bzw. die Nachwirkung des Bades auf den Faden ausgedehnt wird, was ein schnelles Spinnen ermöglicht.

Keinesfalls kann ich mich jedoch mit der Art der Anbringung der Ventilation einverstanden erklären. Durch die Absaugvorrichtung an den Leitrollen werden, wie nachträglich noch beschrieben wird, die Säuredämpfe hochgewirbelt und die notwendige Absaugung aus der Maschine gemindert.

Abb. 65. Antriebsstirnwand einer Zentrifugenspinnmaschine.

Eine einfache Konstruktion der Zentrifugenspinnmaschine ist unbedingt zu erstreben, da die Säureflüssigkeit und -dämpfe die Einzelteile der Maschine stark beanspruchen. Die Abb. 67 zeigt ein Photo einer im Betrieb befindlichen Zentrifugenspinnmaschine. Aus der Abbildung ist deutlich zu ersehen, wie die Säuredämpfe und Salze an allen Einzelteilen der Maschine festhaften und so zu schwerwiegenden Korrosionen führen. Ist die Maschine indessen einfach in der Konstruktion, so lassen sich die zerstörenden sauren Salze und Flüssigkeiten durch einfaches Waschen bequem, insbesondere von den Metallteilen der Maschine, fernhalten.

Schon Topham hat nicht mit Unrecht eingesehen, daß die von ihm angeregte Zentrifugenspinnmaschine in allen Teilen leicht zugänglich gebaut sein muß, um eine bequeme Reinigung und Instandhaltung zu ermöglichen. Diesen Grundsatz hat man aber bei dem Bau von Maschinen in neuerer Zeit übersehen bzw. mißverstanden. Durch eine niedrige leichte Bauart will man irrtümlicherweise eine Vereinfachung in der Konstruktion der Maschine erzielen; das ist aber nicht der Fall, denn betrachtet man die zuletzt angeführte Abbildung der im Betriebe befindlichen Topfspinnmaschine, so sieht man, daß eine niedrige bzw. gedrängte Bauform zu verwerfen ist. Es ist empfehlenswert, auf die Vorschläge Tophams zurückzugreifen und die Maschine etwa wie Abb. 68 zu bauen. Hier sehen wir eine Seite der Zentrifugenspinnmaschine in einer Konstruktion, die ein bequemes Reinigen bzw. Instandhalten der Maschine zuläßt. Das hohe Gestell der Maschine gestattet einen bequemen Zugang zu den Einzelteilen der Maschine auch von innen her. Auch erkennt man, daß eine tiefe Fällbadrinne und eine gleichmäßige Zuführ-

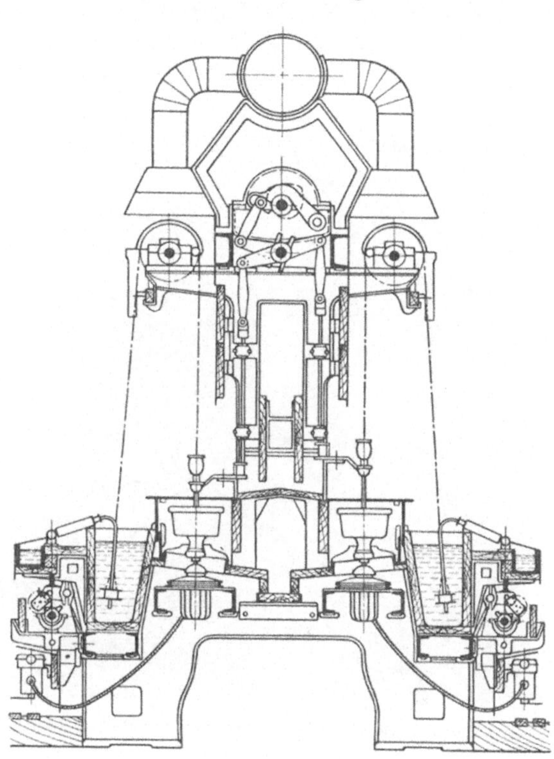

Abb. 66. Zentrifugenspinnmaschine. System C. G. Haubold A.-G. mit auf einer durchgehenden Welle angebrachten Leitrollen.

rung des Spinnbades in der ganzen Länge der Spinnrinne durch Überlauf berücksichtigt ist. Es erfolgt hier nicht nur die Zuführung des Spinnbades in der ganzen Länge des Spinntroges gleichmäßig, sondern es ist als besonders charakteristische Eigenschaft der Maschine zu beachten, daß das Fällbad nicht den langen Weg von dem einen zum anderen Ende der Fällbadrinne zurückzulegen hat, sondern nur die kurze Strecke von dem oberen Flüssigkeitsspiegel bis zum Boden der Rinne, wo es ständig an mehreren Stellen des Spinntroges abfließt. Diese Art der Fällbadzuführung zeichnet sich durch geringe und ruhige Strömung aus, auch wird der gesponnene Faden im Gegenstrom gefällt,

d. h. der im fortgeschrittenen Stadium der Fällung befindliche Faden
bekommt stets aggressiveres Fällbad, was in verschiedener Hinsicht
große Vorteile bietet. Die kurzen Filterbrücken sind hochgesetzt und
befinden sich in einer breiteren und tieferen Rinne als bisher, in welcher
genügend Wasser zufließt, so daß das Bedienungspersonal nicht nur
die stark beanspruchten Maschinenteile, wie z. B. Kerzenfilterbrücken,
sondern auch die Hände dauernd säurefrei halten kann. Wie die Abbildung zeigt, ist die weniger zusammengedrängte hohe Bauart der
Zentrifugenspinnmaschine unbedingt der niedrigen, gedrängten Bauart

Abb. 67. Zentrifugenspinnmaschine im Betrieb (Salzkristalle deutlich sichtbar).

vorzuziehen. Auch bei dieser Maschine können, falls gewünscht, die
Zuführungsrollen für die Fäden auf einer gemeinsamen Welle angebracht
werden, was die Konstruktion der Maschine noch vereinfachen würde.

Zum Schluß soll noch eine eigentümliche Bauart der Spinnmaschine
gemäß DRP. 503052 Kl. 29a erwähnt werden. Der Patentanspruch
lautet: Spinntopfmaschinen für Kunstseide, dadurch gekennzeichnet,
daß die Achsen der Spinntöpfe waagerecht liegen und je ein Spinntopf
an einem Ende einer gemeinsamen Welle angeordnet ist. Die Abb. 69
zeigt im Querschnitt das Schema einer solchen Maschine. Bisher
war die Anordnung derart, daß die Antriebsmotoren für die Spinntöpfe vertikal und unter den Spinntöpfen angeordnet sind. Die
waagerechte Anordnung vereinfacht die Konstruktion der Maschine und
verringert nach Angabe der Erfinder ihren Verschleiß. Ob die Bauart

sich in Großbetrieben bewähren wird und einführen kann, muß die Zeit lehren.

2. Spulenverfahren.

a) **Allgemeines.** Das Aufwickeln der aus dem Fällbad kommenden Fäden auf Spulen ist älter als das Topfverfahren. Trotz mannigfacher Nachteile ist das Spulenverfahren noch immer unentbehrlich, wenn es sich um die Herstellung von Kunstfäden feiner Titers handelt.

Die Spulenspinnmaschine ist, mit einer Zentrifugenspinnmaschine verglichen, in der Konstruktion denkbar einfach. Abgesehen von den Titerpumpen, die auch für die Zentrifugenmaschine unentbehrlich sind, besitzt die Maschine keine Teile, welche sich schnell abnutzen bzw. leicht zerstört werden können. Die Berücksichtigung der elementarsten Regeln der Beaufsichtigung einer Maschine bezüglich Sauberhaltung und Schmierung der beweglichen Teile genügen hier voll und ganz. Aus diesem Grunde sind Reparaturen an einer solchen Maschine höchst selten auszuführen. Das Spinnen ist eine höchst einfache Prozedur, die an den die Maschine bedienenden Arbeiter gar keine weiteren Ansprüche stellt. Dagegen erfordert die Zwirnung der auf der Spule aufgewundenen Kunstseide einige Geschicklichkeit, die aber bei Frauen und Mädchen, die zur Bedienung der Maschine herangezogen werden, meist in genügendem Maße vorhanden ist. Verschiedene Vervollkommnungen wie die Saugwäsche, Anwendung der elektrischen Einzelantriebe

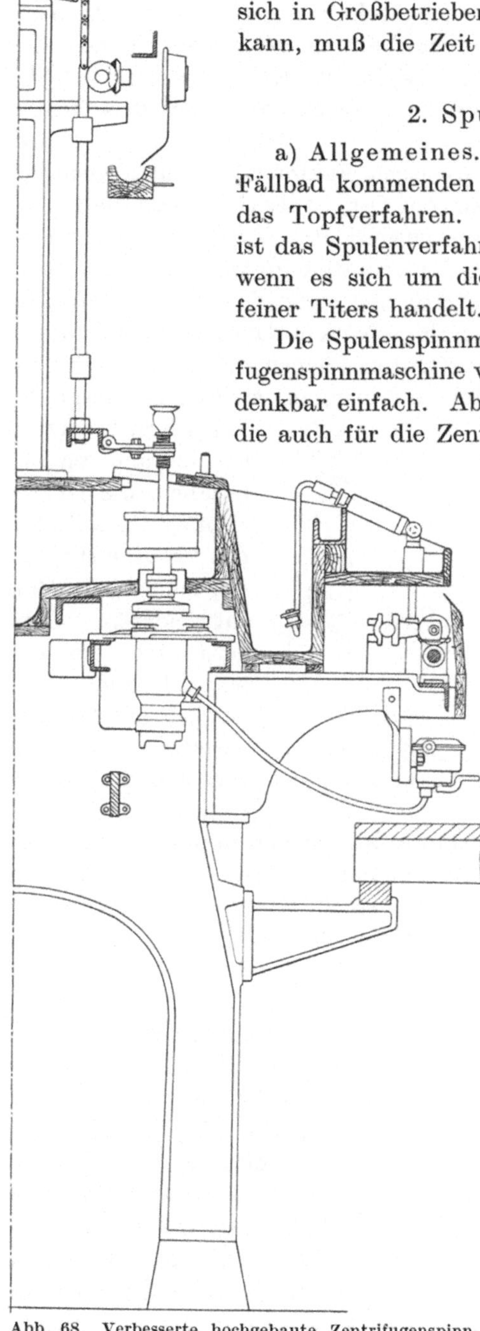

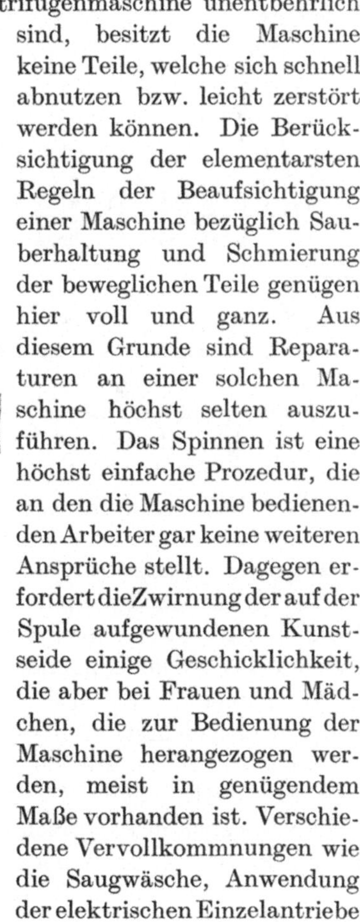

Abb. 68. Verbesserte hochgebaute Zentrifugenspinnmaschine.

bei der Zwirnung, die Möglichkeit, direkt auf der Zwirnmaschine die verschiedensten für die Weiterverarbeitung geeigneten Spulenarten herzustellen usw., sind Faktoren, die das Spulensystem bezüglich der Herstellung von Qualitätsseide auf die gleiche Stufe mit dem Zentrifugensystem stellen.

Ein weiterer, nicht minder wichtiger Faktor ist, so merkwürdig es klingen mag, auch das Land bzw. der Ort, an welchem man die Fabrik errichten will. Ein Land mit wenig entwickelter Textil- bzw. Maschinenindustrie verlangt förmlich, das Spulensystem zu wählen, da die technisch wenig entwickelten, zur Verfügung stehenden Arbeitskräfte die komplizierte Zentrifugenspinnmaschinerie nicht dauernd in der erforderlichen Vollkommenheit aufrechterhalten können. Nur in Fällen, wo außerordentlich große Geldmittel zur Verfügung stehen, die ein großes Lager von Ersatzteilen und anderen Materialien, die Heranziehung eines Stabes von Spezialarbeitern aus industriell höher entwickelten Ländern bzw. Ortschaften zulassen, ist es möglich, auf das Spulensystem zugunsten der Zentrifugen zu verzichten.

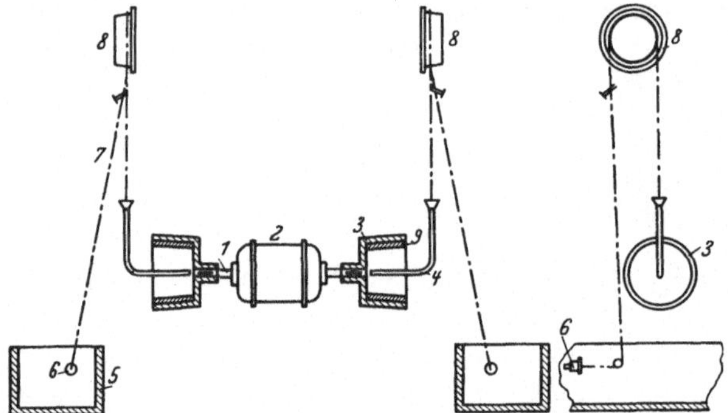
Abb. 69. Zentrifugensystem mit waagerecht liegenden Spinntöpfen.

Seide von 60—80 Deniers kann nur auf Spulenspinnmaschinen hergestellt werden, da der äußerst feine, im nassen Zustande wenig haltbare Faden den Zug der Schleuder nicht aushält. Auch ist die Schleuder bei normaler Tourenzahl nicht imstande, den feinen, leichten Faden in regelmäßigen Lagen zu sammeln, bei der notwendigen hohen Drehzahl aber wird er überzwirnt.

Die Arbeit an der Spulenspinnmaschine ist denkbar einfach. Die Viskose wird durch längs der Maschine angeordnete schmiedeeiserne, nahtlose Rohre den Spinnköpfen zugeführt. Auf diesem Rohr ist für jeden Spinnkopf ein Halter, die sog. Pumpenbrücke, fest aufgeklemmt und gut abgedichtet. Auf der Brücke, drehbar gelagert, ist die Pumpe befestigt, die ihren Antrieb durch eine, ebenfalls längs der Maschine gelagerte Welle erhält. Die Lager dieser Welle sind sowohl in senkrechter, als auch in waagerechter Richtung drehbar, so daß ein Klemmen ausgeschlossen ist. In der letzten Zeit werden zum besseren Auswechseln der Antriebsräder an der Pumpenwelle zwei parallele Wellen angebracht; eine stärkere durchgehende Antriebswelle mit Zahnrädern von stärkerem

Modul. Die Zahnräder dieser Welle greifen in Zahnräder einer schwächeren Welle, und zwar ist diese schwächere Welle, welche als eigentliche Antriebswelle der Pumpen dient, nur in kurzen Stücken, d. h. immer zwischen zwei Feldern, also zum Antrieb von 5—6 Pumpen, angeordnet. Diese Bauart gestattet den Torsionsfaktor bei sehr langen Maschinen unberücksichtigt zu lassen. Auch ist es sehr bequem, die einzelnen Antriebszahnrädchen, welche direkt in die Pumpenzahnrädchen eingreifen, leicht auszuwechseln, indem man, ohne die Maschine abstellen zu müssen, die kurzen Wellenstücke abmontieren kann.

Von der Pumpe gelangt die Viskose durch ein Verbindungsrohr nach der Filterbrücke, in welcher ein Kerzenfilter befestigt ist. Die Filter- oder Schwenkrohre sind durch Gummimuffen mit Glasröhrchen verbunden, durch welche die Spinnmasse nach den Düsenköpfen zu der Düse geleitet wird. Beim Austritt aus der Düse wird die Viskosemasse in einem geeigneten Fällbad gefällt und bildet so den Faden. Aus dem Ge-

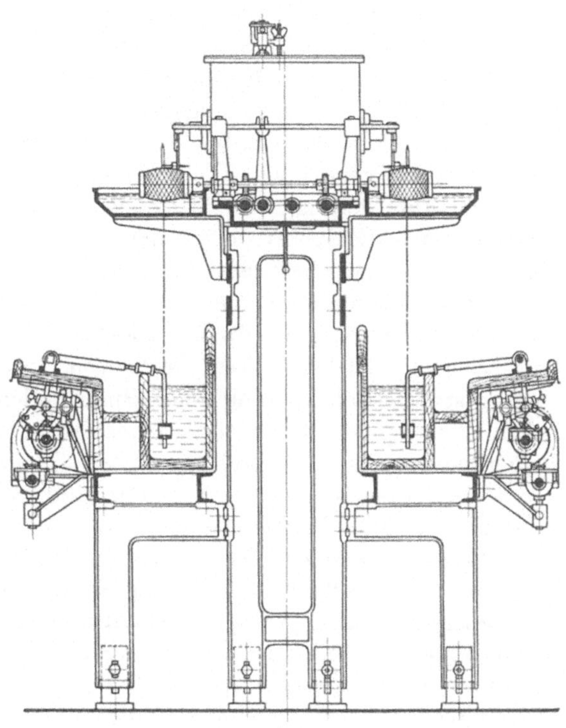

Abb. 70. Spulenspinnmaschine mit Schlitztrog. System C. Hamel A.-G.

sagten ist zu ersehen, daß die Formung des Fadens immer die gleiche bleibt, gleichgültig, ob die Seide nach Zentrifugen- oder nach Spulensystem gewonnen wird.

b) Verschiedene Spulenspinnmaschinen. Der dem Fällbade entsteigende Faden wird über eine Changiervorrichtung auf die Spule geleitet, wo er in gekreuzten Lagen aufgewickelt wird. Die Maschine ist in ihrer Konstruktion einfach und erweist sich daher im Betrieb als sicher und billig.

Abb. 70 zeigt eine Spulenspinnmaschine der Firma Carl Hamel in seitlichem Schnitt. Der aus dem beliebig zusammengesetzten Fällbad kommende Faden wird auf einer Spule solange aufgewickelt, bis die

Fadenschicht eine Stärke von ca. 12 mm erreicht hat. Dann wird der Faden der danebenliegenden Spule zugeführt, so daß die Fadenbildung keine Unterbrechung erleidet. Die fertig bewickelte Spule wird zur Wäscherei gebracht und statt ihrer eine neue auf die Maschine aufgesteckt. Die gebräuchlichsten Spulen haben etwa 70 mm Durchmesser und sind etwa 140 mm lang. Die Spulen rotieren in einem Tropftroge, der auch zur Aufnahme eines Nachbehandlungsbades dienen kann. Infolgedessen ist das Spulensystem zur Herstellung von Kunstfäden mit Hilfe eines sog. Koagulationsbades sehr geeignet. In diesem Falle werden die im Spinnbade nur koagulierten Fäden im oberen Troge durch ein geeignetes Zersetzungsbad in Zellulosehydrat verwandelt.

Diese Maschine ist denkbar einfacher Konstruktion und wurde bis jetzt allgemein verwendet. Die an einen modernen Kunstseidenbetrieb gestellten Anforderungen der letzten Zeit haben die Veranlassung dazu gegeben, auch die Konstruktion der Spulenspinnmaschine zu vervollkommnen, und zwar besonders mit Bezug auf die Aufwickelvorrichtung. Bei der Spulenspinnmaschine neuerer Bauart der gleichen Firma wird von den vollgesponnenen Spulen vollständig selbsttätig auf die leeren umgeschaltet. Mit Hilfe dieser Einrichtung ist es möglich, die Maschine so einzustellen, daß an sämtlichen Spinnstellen die in Betrieb befindlichen Wickelspulen gleichzeitig stillgesetzt und die zweite Serie Wickelspulen gleichzeitig in Umlauf gesetzt wird, wobei die Fäden selbsttätig von den gefüllten Spulen abgehoben und auf die leeren Spulen umgelegt werden. Auf diese Art erhält man von Anfang bis Ende der Spulen gleichbleibende Fadenstärken ohne Titerschwankungen, ferner große Ersparnis an Arbeitskräften, da der Spinner sich nicht mehr um die rechtzeitige Umstellung des Wickelbetriebes zu kümmern braucht, sondern nur noch die vollen abzunehmen und die leeren Spulen aufzustecken hat, und somit der Überwachung der Spinndüsen mehr Zeit widmen kann.

Während bei der zuerst besprochenen Bauart ein Spinner 100 bis höchstens 200 Spinnstellen überwachen konnte, kann er bei dem neuen Modell mit Leichtigkeit 300—350 Spinnstellen bedienen.

Die Abzugsgeschwindigkeit wird bei beiden Maschinen durch ein Konoidgetriebe geregelt und zwar mit einem längeren Riemenweg und einer größeren Riemengeschwindigkeit als die früher verwendete Spannrolle gestattete, so daß ein denkbar gleichmäßiger Riemendurchzug gewährleistet ist. Die Umschaltung der Friktionskupplung und des Riemenrücklaufes erfolgt selbsttätig; die Fortschaltung des Riemens geschieht nicht mehr ruckweise, sondern kontinuierlich durch Schnecke und Schneckenrad und kann durch Wechselräder leicht verändert werden.

Die Wickelperioden der Spindeln können bei 70 mm Spulendurchmesser von 16—189 und bei 90 mm Spulendurchmesser auf 21 bis 253 Minuten Dauer geregelt werden.

Vermittels Wechselräder kann die Fadenabzugsgeschwindigkeit bei Spulen mit 70 mm l. W. von 32—66 m in der Minute, und bei Spulen von 90 mm l. W. von 31—64 m in der Minute verändert werden.

Zu erwähnen wäre noch, daß eine solche Maschine zum Antrieb von 100 Spinnstellen, natürlich ohne Absaugvorrichtung, etwa 2 PS erfordert.

Eine äußerst interessante Form der Spulenspinnmaschine hat die Firma C. G. Haubold, A.-G., in der neuesten Zeit herausgebracht. Die Maschine zeichnet sich durch eine gefällig angeordnete, tiefe Fällrinne aus, aus welcher der Faden, abgesehen von einer Knickung an dem Fadenführer in der Nähe der Aufwickelspule, einen absolut geraden Weg zurücklegt. Auch bei dieser Maschine besitzt jede Spinnstelle zwei übereinanderliegende Spulen, die schwenkbar angeordnet sind, so daß abwechselnd die untere nach oben und die obere nach unten geschwenkt wird. Der Vorteil dieser Anordnung liegt darin, daß die Spulenhalter fast ebensolang sein können wie die Spulenhülsen. Diese werden nahezu in ihrer ganzen

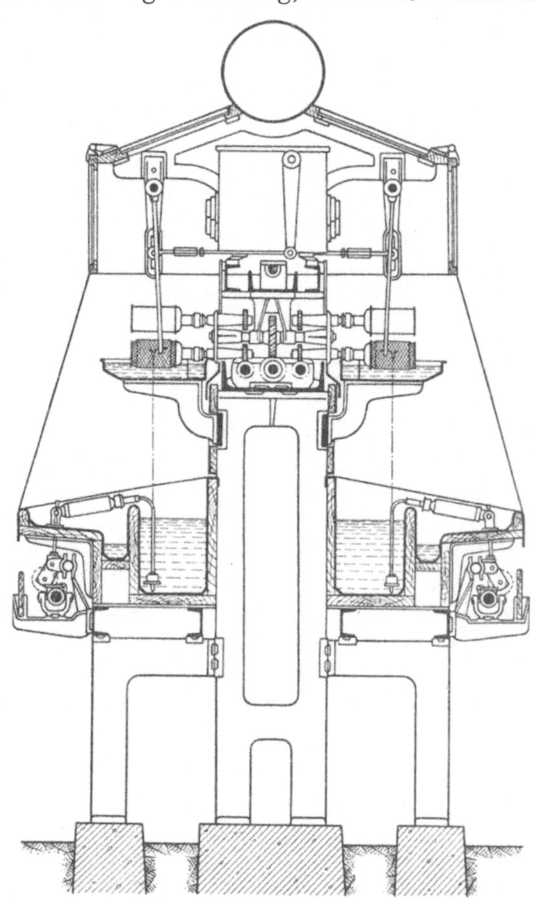

Abb. 71. Spulenspinnmaschine. System C. G. Haubold A.-G.

Länge getragen, wodurch das Unrundlaufen mit allen seinen Nachteilen und das zeitraubende Abnehmen der Deckel bei zweiteiligen Spulenhaltern gänzlich in Wegfall kommt. Durch die senkrechte Spulenanordnung werden auf die gleiche Länge etwa 15 vH mehr Spulen untergebracht als bei Maschinen mit waagerechter Anordnung der Spulen. Die Arbeitsweise dieser Spinnmaschine ist aus der Abb. 71 ersichtlich. Der Spulenwechsel geschieht vollkommen selbsttätig, indem nach Ablauf einer bestimmten, einstellbaren Drehzahl der Spinnpumpen eine

Verdrehung der beiden Spulenwellen um 180° bewirkt wird. Der Faden läßt sich dadurch selbsttätig von der vollen, nunmehr stillgesetzten Spule auf die leere Spule legen.

Die Ölung aller Lager bzw. Antriebswellen im Gestell wird von einer Zentralstelle bewirkt. Die Changierung bis zur stärksten Kreuzung kann veränderlich eingestellt werden, was natürlich einen großen Vorteil in bezug auf die Weiterverarbeitung darstellt. Die über der Maschine angeordnete Abzugshaube führt die sich beim Spinnprozeß entwickelnden Abzugsgase dauernd nach außen ab.

c) Spinnen auf Bobinen sehr großen Fassungsvermögens (Brandwoodverfahren). Abb. 72 zeigt eine von der gleichen Firma gebaute, sehr interessante Maschine, welche den modernsten Anforderungen vollkommen genügt. Der Bau dieser Maschine wurde durch das Brandwoodverfahren angeregt, bei welchem Spulen von möglichst großem Fassungsvermögen verwendet werden, um dadurch sowohl die Leistungen der Maschine, als auch die des

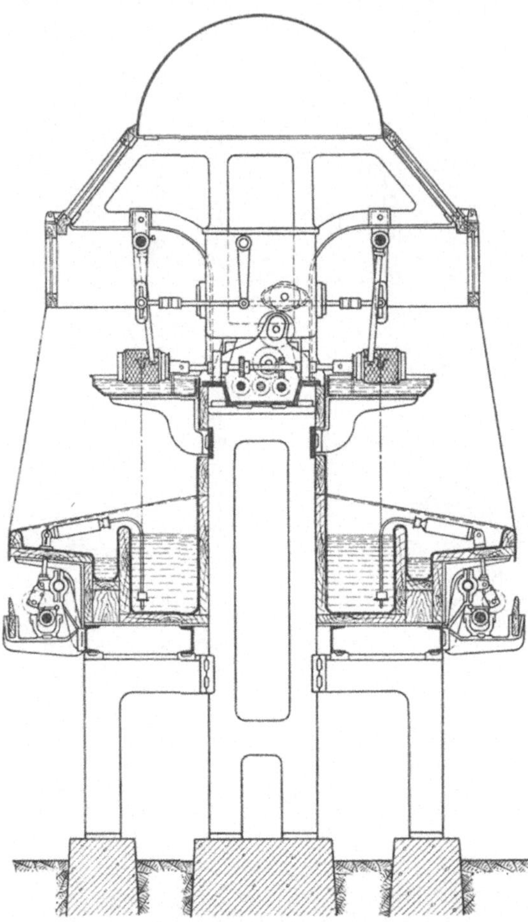

Abb. 72. Spulenspinnmaschine mit Bobinen von großem Fassungsvermögen.

Bedienungspersonals weitestgehend zu erhöhen. Es werden Spulen von 125 mm Durchmesser und 200 mm totaler Länge verwendet. Die Maschine hat auf jeder Seite 70, also im ganzen 140 Spinnstellen. Der Changierbetrieb ist gut abgedeckt. Die Ölung erfolgt von einer Zentralstelle aus, wobei als besonders interessant zu erwähnen wäre, daß die Lager der langsam laufenden Wellen, wie z. B. Pumpenwellen, in Hartholz ausgeführt werden. Auch die Antriebszahnräder für die Pumpen sind aus dem gleichen Material. Dies ermöglicht eine denkbar einfache und sparsame Schmierung und einen geräuschlosen Gang der Maschine.

Die Spulen laufen in einem Oberbad, so daß die Fäden einer Nachbehandlung bzw. der Nachwirkung des Fällbades unterworfen werden können. Zur Erzielung von tadellos haltbaren Kreuzspulen ist eine sinnreiche und denkbar einfache Changierung gut verkapselt angeordnet. Für bequeme, kräftige Absaugung ist durch eine über den Spulen angebrachte Schutzhaube gesorgt. Das Bestreben der Kunstseidenerzeuger, das Bedienungspersonal nach Möglichkeit zu entlasten, indem überflüssige Handgriffe vermieden werden, bedingt die Verwendung möglichst großer, viel Kunstseide fassender Wickelspulen; ich glaube, daß mit der zuletzt beschriebenen Maschine diese Aufgabe sehr sinnreich und den heutigen Anforderungen der Technik entsprechend gelöst worden ist.

Abb. 73. Spulenhalter. System C. Hamel A.-G.

Erwähnt sei noch ein interessanter Spulenhalter der Firma Carl Hamel (Abb. 73). Ein im Dreieck gespanntes Gummikabel, das nur drei Abstützungspunkte besitzt, gibt infolge seiner Elastizität der Spule einen bequemen, zentralen Sitz, was für die gleichmäßige Aufwicklung des Fadens von außerordentlicher Bedeutung ist.

3. Haspelspinnmaschinen (Schappespinnmaschinen).

Die Haspelspinnmaschinen kommen hauptsächlich nur zur Herstellung der Stapelfaser in Frage, d. h. kurzgeschnittener Kunstseide, deren Faserlänge sich nach dem Verwendungszweck richtet. Wird die Stapelfaser nach dem Baumwollsystem weiter zu Fäden versponnen, so wird eine sehr feine Kunstfaser mit 30—35 mm Stapellänge hergestellt. Soll die Schappe nach dem Streich- bzw. Kammgarnverfahren versponnen werden, so wird eine Stapellänge von 40—60 mm gewählt. Auch wird die Faser je nach dem Verwendungszweck bedeutend stärker hergestellt. Die Stapellänge richtet sich vollkommen nach den Maschinen, welche für die Weiterverarbeitung zu Garnen gewählt werden. Wird die Schappe z. B. nach dem Baumwollverfahren versponnen, so ist die Stapellänge davon abhängig, ob das Fertigzwirnen der Garne auf der Ringdrossel oder auf Selfaktor geschieht. Während die Ringdrossel um ein gleichmäßiges Garn zu ergeben, eine äußerst gleichmäßige Stapelfaser erfordert, ist dies beim Selfaktor nicht der Fall, da bei letzterer Arbeitsmethode der Verzug des Fadens gleichmäßiger als beim Ringspinner erfolgt.

Soll die Schappe an Stelle von Baumwolle genommen werden, so verwendet man Kunstfasern von äußerst feinem, etwa $1^1/_2$ Denier. Soll die Kunstfaser dagegen Wolle ersetzen, so wählt man Einzelfasern von 5 Denier und stärker.

Die Erzeugung dieser Kunstfasern weicht im allgemeinen wenig von derjenigen der Kunstseide ab. Die früher verbreitete Ansicht, daß zur Herstellung von Stapelfaser Viskosen geringer Qualität, sogar in unfiltriertem Zustande zur Verwendung gelangen, entspricht nicht den Tatsachen. Zur Herstellung der Stapelfaser werden Düsen mit gleich feinen Öffnungen wie zur Erzeugung von Kunstseide verwendet, was an die zur Verarbeitung gelangenden Viskosen die gleichen Anforderungen in bezug auf Qualität und Reinheit stellt. Auch in bezug auf das Fällverfahren sind die gleichen Richtlinien maßgebend.

Da die Kunstfasern eine glatte Oberfläche besitzen, verhalten sie sich beim Verspinnen wie tote Fasern, d. h. sie haften schwer aneinander und erschweren daher den Spinnprozeß. Aus diesem Grunde wird in der letzten Zeit eifrig an der Cottonisierung der Fasern gearbeitet. Durch letzteren Vorgang wird der Faser eine rauhe, der Baumwolle oder Wolle ähnliche Oberfläche verliehen und dadurch das Haften der Fasern aneinander erleichtert. Diese erreicht man nach zwei verschiedenen Verfahren:

1. Die Faser wird nach der Fertigstellung cottonisiert,
2. Die Cottonisierung wird während des Spinnprozesses durchgeführt.

Nach der ersten Methode läßt sich die Oberfläche der Faser durch Auftragen bestimmter Appretur und durch mechanische Behandlung, wie Dämpfen, Trocknen usw., mehr oder weniger verändern. Bedeutend besser, auch sicherer, ist jedoch das zweite Verfahren, welches auf der bekannten Tatsache beruht, daß der Faden im nicht vollkommen ausgefällten, also koagulierten Zustande noch plastisch ist und alle Deformierungen seiner Oberfläche nach beendetem Ausfällen beibehält. Es sind nach dieser Richtung hin eine ganze Anzahl von Vorschlägen gemacht worden. So werden die erst halb ausgefällten grünen Gespinste vor dem Aufwickeln mittels geriffelter Walzen behandelt usw.

Da das Spinnen der Stapelfaser noch jüngeren Datums ist, so existieren auf diesem Gebiet noch keine so ausgeprägten Spinnmaschinen, wie dies bei der Kunstseidenspinnerei der Fall ist. Die Maschinenfabrik C. G. Haubold, A.-G., bringt für diesen Zweck eine sehr geeignete Schappespinnmaschine, welche die Abb. 74 zeigt. Diese Maschine ist als Großleistungsmaschine für die Herstellung feinfaseriger Kunstfäden (Kunstwolle) ausgebildet. Der Faden wird in Strangform gewonnen. In den Grundzügen der Konstruktion gleicht die Schappespinnmaschine den Kunstseidenspinnmaschinen, nur sind die Filter, Düsenköpfe und Pumpen für bedeutend größere Leistungen bemessen und daher auch größer ausgeführt. Zu jeder Spinnstelle gehören drei aus Edelmetall bestehende Düsen, sowie zwei Haspeln aus säurefestem Material, welche schirmartig zusammengelegt werden können, um ein bequemes und schnelles Abnehmen des Stranges zu ermöglichen. Eine dieser Haspeln nimmt nun den gesponnenen Faden auf, bis sie gefüllt ist und außer Betrieb

Abb. 74. Schappespinnmaschine. System C. G. Haubold A.-G.

gesetzt wird. Der Faden wird auf die zweite Haspel umgelegt und diese bis zur Füllung angetrieben, während die erste Haspel stillgesetzt und entleert wird. Somit befindet sich immer eine Haspelreihe in Betrieb. Jede Reihe hat ihren besonderen Antriebsmotor.

Der Fällbadtrog, in welchem die Düsen angeordnet sind, hat ein besonders großes Fassungsvermögen. Jede Düse besitzt bis zu 500 Öffnungen, so daß von jeder Spinnstelle, zu welcher 3 Düsen gehören, bis zu 1500 Fasern zu je 1,5 Deniers, insgesamt etwa 2250 Deniers Fäden erzeugt werden. In 24 Stunden leistet eine Spinnstelle, bestehend aus 3 Düsen und 2 Winden, also annähernd 15 kg, so daß eine Spinnmaschine mit 30 Spinnstellen eine Tagesleistung von etwa 450 kg aufweist.

Die schädlichen Gase, die sich in verhältnismäßig beträchtlicher Menge während der Arbeit an der Maschine bilden, werden durch geeignete Vorkehrungen an zwei Stellen abgesaugt, so daß das Bedienungs-

Abb. 75. Schappespinnmaschine. System C. Hamel A.-G.

personal nicht gesundheitsschädlich beeinflußt wird. Die Absaugung erfolgt an jeder Spinnstelle über dem Fällbad nach innen und bei jeder Haspel nach oben. Damit die Gase an den Absaugestellen erfaßt werden können, sind die Fällbäder mit säurefesten Bakelitplatten abgedeckt, so daß die Gase nur in der angegebenen Richtung entweichen können.

Ein Nachteil der Maschine liegt in der geringen Ausnutzung des in der Fällbadrinne vorhandenen Platzes. Die Ursache hierzu liegt in dem notwendigen Umfang der Einzelhaspeln. So sind 3 Spinndüsen, die ziemlich eng zusammengedrängt sind, bei einem Abstand von etwa 100 mm voneinander auf einem Raum von ca. 480 mm angebracht. Erfahrungsgemäß genügt ein Abstand von 80 mm von Spinndüse zu Spinndüse. Es könnte mithin der gleiche Raum anstatt nur 3 Spinnstellen deren 6 aufnehmen.

Eine andere Bauart, welche eine günstigere Raumausnutzung besitzt, finden wir bei der Maschinenfabrik Carl Hamel (Abb. 75). Zur Erzielung eines ununterbrochenen Betriebes sind hier für jede Maschinenhälfte zwei durchgehende Haspeln angeordnet, so daß, sobald auf eine Haspelkrone die erforderliche Fadenlänge aufgewunden ist und sie zum Abziehen der Strähne stillgesetzt werden muß, die Fäden auf die zweite Krone umgelegt und von dieser aufgenommen werden, bis sie ebenfalls gefüllt ist, worauf die erste inzwischen entleerte Krone wieder in Betrieb genommen wird usw. Die Maschine wird einseitig mit dem Antrieb in der Mitte gebaut. In der Regel wird jede Maschinenseite mit je 30 Düsen bei 100 mm Düsenentfernung eingerichtet.

In der letzten Zeit bemüht man sich, die Schappespinnmaschinen für kontinuierlichen Betrieb einzurichten, indem der frisch gefällte Viskosefaden verschiedene, an die Spinnmaschine anschließende Bäder bzw. Berieselungsanlagen durchwandert, um zum Schluß als trockener, fertiger Kunstfaden abgenommen zu werden. Da diese Neuerungen noch im Entstehen sind, wird von weiteren Schilderungen dieses Verfahrens hier abgesehen.

VI. Mechanische Nachbehandlung der Kunstseidenfäden.

1. Haspeln.

Sowohl die Zentrifugen-, als auch die Spulenseide müssen zwecks Überführung in Strangform gehaspelt werden. Da die Zentrifugenseide bereits auf der Spinnmaschine gezwirnt worden ist, wird sie im nassen bzw. sauren Zustande gehaspelt; bei der Spulenseide geschieht dies erst nach dem Entsäuern und Trocknen der Fäden. Da die nassen (sauren) Fäden bezüglich mechanischer Beanspruchung empfindlicher sind als die bereits getrockneten, so wird die Haspelung der beiden Kunstseidenarten auf verschiedenen zweckentsprechenden Maschinen durchgeführt.

Mechanische Nachbehandlung der Kunstseidenfäden.

Nicht nur der nasse Zustand der nach dem Zentrifugensystem gewonnenen Fäden erschwert das Haspeln. Im gleichen nachteiligen Sinne wirkt die Bildung von Salzkristallen aus dem im Faden verbliebenen Spinnbad. Diese scharfkantigen Gebilde zerschneiden einzelne Fasern des Fadens und machen das Fertigfabrikat dadurch flusig und unansehnlich. Das Auskristallisieren bekämpft man durch weitgehendes Befeuchten des gesamten Haspelraumes, so daß die vorhandene Luft mit Feuchtigkeit gesättigt ist.

a) Haspeln der sauren Zentrifugenseide. Zur Haspelung der sauren Zentrifugenseide haben sich Haspelmaschinen bewährt, welche Einzelhaspeln für je zwei Strähnen besitzen. Aus der Abb. 76 ersieht man die Konstruktion eines solchen Haspelaggregates nach dem System der Maschinenfabrik C. G. Haubold, A.-G. Der nasse Fadenkuchen kommt auf das untere Brett der Haspelmaschine zu liegen und der Faden wird über einen Porzellanfadenführer, der die Changierung in Kreuzwicklung bewirkt, auf die Einzelhaspeln aufgewunden. Diese Einzelhaspel ist, wie aus der Abb. 77 ersichtlich, so konstruiert, daß der volle Strang bequem von der Arbeiterin abgenommen werden kann, wie aus der dargestellten Hantierung deutlich hervorgeht. Zur Verhütung der Ballonbildung beim schnellen Haspeln ist über dem Fadenkuchen in entsprechender Höhe ein Porzellanring angebracht, welcher das übermäßige Ausschwingen des schweren, nassen Fadens verhindert. Da

Abb. 76. Haspelaggregat für Zentrifugenseide. System C.G. Haubold A.-G.

der nasse Faden eine hohe Empfindlichkeit besitzt, ist es nicht möglich, beim Bruch des Fadens eine Abstellvorrichtung zu benutzen, wie dies bei der trockenen Spulenseide geschieht. Es sind zwar nach dieser Richtung hin verschiedene Versuche angestellt worden, aber auch die empfindlichsten Apparate dieser Art bewähren sich leider nicht. Man hat daher auf die ursprüngliche einfache Bauart der Zentrifugenseide-Haspelmaschine zurückgegriffen; sie ist in der Abbildung veranschaulicht. Der Faden läuft, nur den Changierhaken passierend, direkt auf die aus Leichtmetall gebaute Haspel, die über eine Reibungskupplung betrieben wird.

Abb. 78 zeigt eine Maschine der Firma Carl Hamel. Bei Benutzung von Doppel-Einzelhaspeln ist die Teilung etwa 400—410 mm, die Breite des Einzelstranges 75—80 mm. Bei der Haspelung von nasser Seide ist besonders darauf zu achten, daß die Kreuzwindeneinrichtung so konstruiert ist, daß der Strang saubere Fadenkreuze erhält und sich gut abbinden (fitzen) läßt. Aus den Abb. 79 und Abb. 80 ersieht man die gute, saubere Windung der Fadenkreuze, bei der linksstehenden Hapsel jedoch eine Kreuzwicklung, wie sie nicht sein soll.

Die sauren, nassen Fadenkuchen werden mit einer Geschwindigkeit von 200 m in der Minute abgehaspelt. Ein schnelleres Haspeln ist bei Zentrifugenseide infolge sonst bleibender Überdehnung des Fadens und damit verbundenen großen Nachteilen keinesfalls zulässig, und zwar spielt hier die Fadenstärke, entgegen oft aufgestellten gegenteiligen Behauptungen, nur eine untergeordnete Rolle. Dagegen ist die Schleifgeschwindigkeit an den Fadenführern bzw. Ballonabfangringen und die Abzugsgeschwindigkeit von Bedeutung. Haspelt man die Zentrifugenseide mit einer größeren Geschwindigkeit als 200 m in der Minute, so leidet der Faden beträchtlich, indem die einzelnen Fasern des Fadens brechen und somit Flusigkeit verursachen.

b) Haspeln der Spulenseide. Abb. 81 zeigt eine Maschine der Firma Carl Hamel, welche in ihrer Konstruktion von den vorher beschriebenen Maschinen stark abweicht. Mit einer solchen Haspelmaschine können gleichzeitig 80—96 Fäden in Strangform gebracht werden. Die Maschine ist doppelseitig gebaut und besitzt auf jeder Seite 5—6 Haspelkronen für je 8 Fäden. Die nach dem Spulensystem gewonnenen und auf Etagenzwirnmaschinen gezwirnten Kunstseidenfäden werden mit großer Geschwindigkeit gehaspelt, und zwar mit 200 bis 420 m in der Minute je nach der Feinheit des Fadens. Auch hier spielt die Abzugsgeschwindigkeit bezüglich Überdehnung eine sehr wichtige Rolle. Daß alle stärkeren Bremsungen vermieden sein müssen,

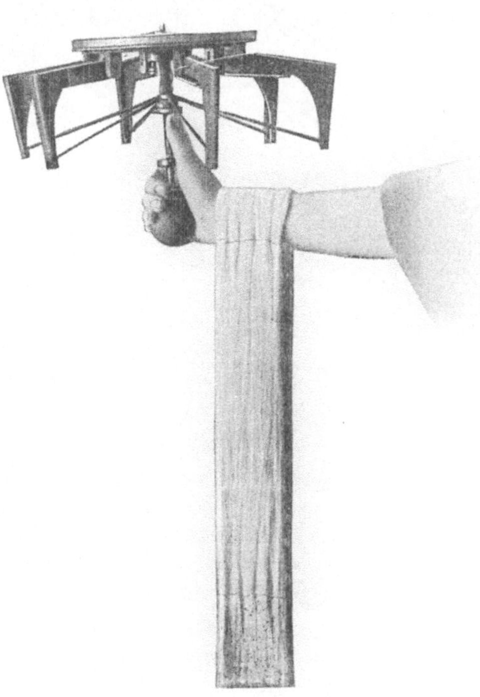

Abb. 77. Konstruktion einer zusammenklappbaren Haspel für Zentrifugenseide.

ist Selbstverständlichkeit. Zu berücksichtigen ist ferner, daß unter sonst gleichen Bedingungen ein Faden um so härter von der Spule abläuft, je größer die Feuchtigkeit ist.

Abb. 78. Haspelmaschine für die Zentrifugenseide. System C. Hamel A.-G.

Im Gegensatz zu der Zentrifugenseide kann beim Haspeln der Spulenseide eine Abstellvorrichtung zur Stillsetzung der Haspel bei Fadenbruch benutzt werden. Dies erleichtert natürlich die Bedienung der Maschine beträchtlich.

Zu erwähnen wäre noch, daß, wie bei der Haspelmaschine für Zentrifugenseide, auch bei der für Spulenseide der Fadenführer, wie auch der

Ballonabfangring unbedingt aus Porzellan hergestellt werden müssen, da alle anderen Materialien sich als zu weich erwiesen haben oder, was besonders nachteilig wirkte, magnetisch wurden (wie z. B. das vielfach verwendete Zelluloid). Beim Magnetischwerden der fadenführenden Flächen werden die Fasern des Fadens förmlich aus demselben herausgezerrt, wodurch der Faden flusig wird. Porzellan hat sich zur Herstellung dieser Teile als am geeignetsten erwiesen, da es weder magnetisch wird, noch sich abnutzt.

Die Abstellvorrichtung bei Fadenbruch an der Spulenseide-Haspelmaschine erfordert es, daß der Faden außer dem Changierhaken auch

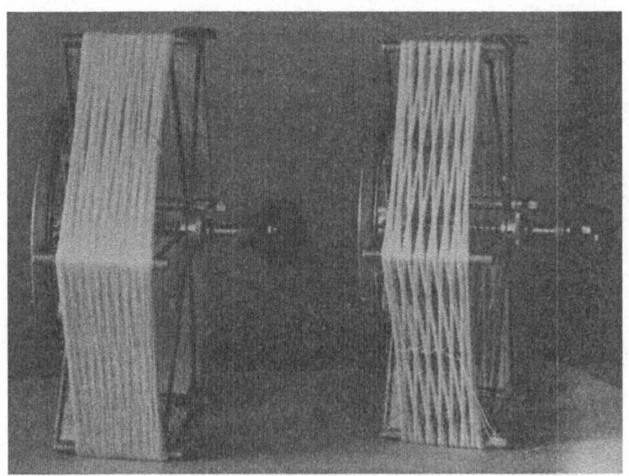

<table>
<tr><td>Abb. 79. Verwerfliche Haspelung.</td><td>Abb. 80. Gute Haspelung.</td></tr>
</table>

noch einige Stangen passiert. Diese werden aus Glas angefertigt. In der letzten Zeit werden von einigen großen Kunstseidenfabriken an Stelle der Glasstangen solche aus Messing verwendet. Diese zeigen, wie das Porzellan, keinen Magnetismus, nutzen sich wenig ab und können jederzeit nachgeglättet bzw. poliert werden, was in geordneten Betrieben auch mehrmals täglich geschieht.

Sowohl die Zentrifugen- als auch die Spulenseide erfordert eine dauernde Feuchthaltung der Luft im Haspelraum. Bei Zentrifugenseide ist dieser Feuchtigkeitsgehalt, wie schon erwähnt, notwendig, um das lästige Auskristallisieren der Fällbadsalze zu verhindern, bei Spulenseide, um eine saubere Fadenkreuzung und gute Auflage ohne durchhängende Fäden zu erhalten. Gewöhnlich werden im Haspelraum 65 vH relative Feuchtigkeit bei 20° C gehalten.

Zu erwähnen wäre noch, daß zur besseren Abhaspelung der Fadenkuchen der Zentrifugenseide in jeden vor dem Haspeln ein Zelluloidring

(Kragen) eingesetzt wird (da das Haspeln von außen nach innen geschieht).
Dieser Zelluloidkragen wird meist aus 1 mm starken, gut federnden
Zelluloidplatten geschnitten; sie haben 125 mm Höhe und etwa 440 mm
Breite unten bei 470 mm Breite oben. Die Ränder sind natürlich gut
abgerundet. Da Zelluloid mit der Zeit seine Federkraft einbüßt, müssen
die Ringe von Zeit zu Zeit in Holzrahmen ausgebreitet und bei etwa

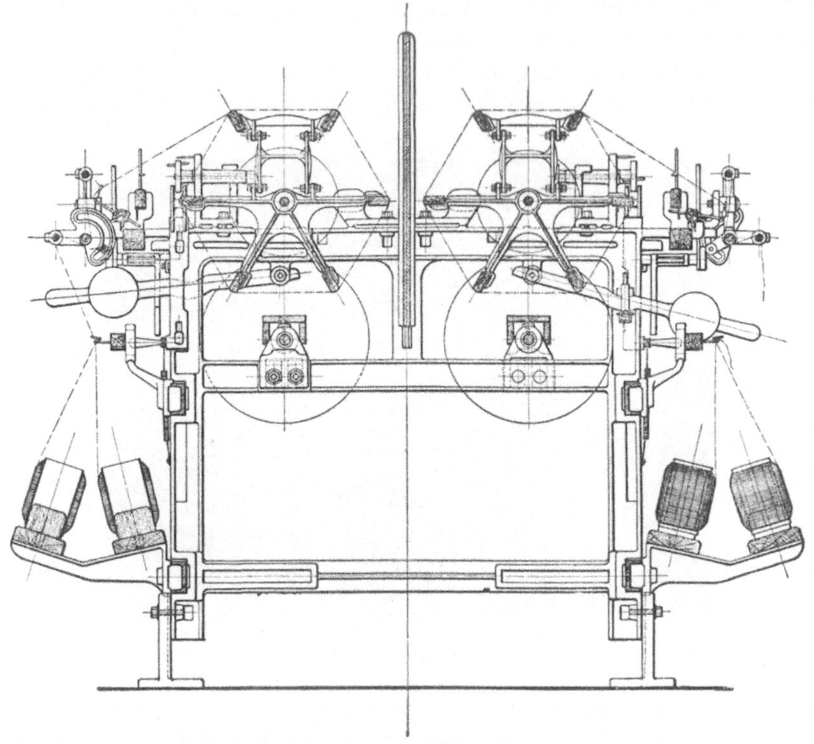

Abb. 81. Haspelmaschine für Spulenseide. System C. Hamel A.-G.

80° C geradegepreßt werden. Das Geraderichten kann auch mittels
heißen Wassers und späterer Trocknung in den Holzrahmen geschehen.

Wenn bei der Spulenseide die Fadenlagen nicht genügend fest auf
der Spule aufliegen, kommt es öfter vor, daß sie herunterfallen und so
lästige Schlingen bilden, die das glatte Ablaufen des Fadens verhindern.
In den Vereinigten Staaten von Amerika versucht man dem entgegen-
zuwirken, indem auf entsprechend zugerichtete Spulenaufsatztische
Leinensamen ausgeschüttet wird; die glatten Samen verhindern das
Verwickeln der Fäden und ermöglichen so ein glattes Abrollen der Spulen.

Gewöhnlich bedient beim Abhaspeln der Zentrifugenseide ein Mädchen 16 Doppelkronen, also 32 Haspeln. Da der Strang Kunstseide

mittleren Deniers (150 Deniers) 45 g wiegen soll, so entspricht die Länge
des Fadens im Strang 2700 m. Zur Herstellung des Stranges bei glattem
Ablaufen des Fadens sind daher 13,5 (also rund 15 Minuten) nötig. Wird
die Seide mit 200 m Geschwindigkeit gehaspelt, so ergibt sich aus den
angeführten Zahlen eine Leistung von

$$16 \cdot 2 \cdot 4 \cdot 8 \cdot 45 = 46 \text{ kg Kunstseide}$$

je Mädchen in 8 Stunden Arbeitszeit.

Ein ganz anderes Bild erhält man beim Haspeln der Spulenseide.
Wird Seide im Mittel von 75 Deniers gehaspelt, so ist die Fadenlänge
eines Stranges 3600 m. Die feinere Seide wird mit 280 m in der Minute
gehaspelt, also auch hier jede Viertelstunde ein Strang von 30 g hergestellt. Die Leistung eines Mädchens beträgt demnach

$$4 \cdot 8 \cdot 4 \cdot 8 \cdot 30 = 30{,}72 \text{ kg}$$

in 8 Arbeitsstunden.

Wird Seide von 150 Deniers gehaspelt, so beträgt die Länge des
Fadens im Strang 2700 m, das Gewicht des Stranges 45 g. Die Leistung
eines Mädchens bei 420 Haspelgeschwindigkeit errechnet sich zu

$$4 \cdot 8 \cdot 7 \cdot 8 \cdot 45 = 80{,}64 \text{ kg}$$

in 8 Arbeitsstunden.

Beim Haspeln von stärkerer Seide als 150 Denier werden kürzere
Stränge gebildet und zwar von 1800 m.

Das Abbinden (Fitzen) der Strähne geschieht in modernen Betrieben
außerhalb der Haspelmaschine auf speziellen, dazu geeigneten Gestellen.

c) Fitzen der Kunstseidensträhne. Der Strang wird je nach
Bedarf an 3—4 Stellen abgebunden, oft mit verschiedenfarbigen Fäden
zur Kennzeichnung der Stärke des Fadens (Deniers). Bei 80 mm Strang-
breite werden zum Abfitzen Garnfäden von 25—30 cm Länge benutzt.
Ein hin und wieder vorkommendes Abfitzen mit längeren Fäden ist zu
verwerfen, da die Knoten des Fitzfadens sich bei der Nachbehandlung
der Seide leicht im Nachbarstrange verfangen. Die Verwendung von
kürzeren Fitzfäden ist wiederum nicht zu empfehlen, da man Gefahr
läuft, durch zu enges Zusammendrängen der Fäden im Strang diese an
den abgebundenen Stellen der Nachbehandlung mit der entsprechenden
Flüssigkeit dadurch zu entziehen, daß die Fäden an diesen Stellen nicht
genügend von ihr durchdrungen werden können.

Gewöhnlich rechnet man auf jedes Haspelmädchen ein Fitzmädchen,
d. h. das Fitzmädchen muß die gehaspelten 32 Strähnen in der gegebenen
Viertelstunde sauber abfitzen, von den Haspeln herunternehmen und
die leeren Haspeln den Haspelmädchen zurückgeben.

2. Zwirnen der Fäden.

Die nach dem Spulensystem gewonnenen offenen, lockeren Kunstseidenfäden, welche aus einer Reihe mehr oder weniger parallel liegender Einzelfasern bestehen, bedürfen vor allem einer Zwirnung, um sie widerstandsfähig zu machen und ihnen das Aussehen eines geschlossenen Fadens zu verleihen. Gewöhnlich wird die Zwirnung in der Weise vorgenommen, daß der Faden von der in schnelle Rotation versetzten Spinnspule abgezogen und auf eine zweite, langsam umlaufende Spule in Kreuzwicklung aufgewunden wird. Die Zwirnmaschinen werden doppelseitig gebaut und die zum Aufstecken der Spinnspulen dienenden Spindeln in zwei Etagen angeordnet. Jede Maschine hat etwa 260 Spindeln. Den Fäden wird bei der Zwirnung meist ein Drall von 80—100

Abb. 82. Gurtantrieb. System C. Hamel A.-G.

Drehungen gegeben. Nach dem Zwirnen werden öfters die Spulen, auf denen der Faden in Kreuzwicklung aufgewunden ist, gedämpft, um den gegebenen Drall im Faden zu fixieren.

Wie schon erwähnt, bekommt der Faden eine sehr lose Drehung, um ihm für die Weiterbehandlung den erforderlichen Zusammenhalt zu geben. Die Spindeln der Zwirnmaschinen älteren Typs machen ca. 3200 Touren, wobei bei Garnen größerer Nummern, d. h. über 150—300 Deniers, mit etwa 39 m in der Minute abgezogen wird, so daß der Faden 82 Windungen je laufenden Meter erhält. Bei feineren Nummern unter 150 Deniers wird der Faden mit nur 32 m in der Minute abgezogen und erhält demnach je laufenden Meter 100 Windungen. Die Zylinder sind aus nahtlosem Messingrohr mit $2^1/_2$ mm Wandstärke hergestellt. Die untere Zylinderreihe wird von der Hauptantriebswelle durch Räder und Wechselräder angetrieben. Der Betrieb der oberen Zylinderreihe erfolgt von der unteren aus mittels Kettenräder und

Ketten, die über Spannrollen laufen, so daß sie stets straff eingestellt werden. Die Spindeln, welche nach dem Gravitysystem konstruiert sind, werden durch Schnüre oder durch den neuen Gurtantrieb bzw. endlosen Riemen angetrieben. Besonders gut hat sich der Gurtantrieb bewährt. Die Abb. 82 zeigt einen solchen Antrieb, welcher gleichzeitig auf zwei Spindeln wirkt, und zwar jeder Maschinenseite, also auf insgesamt vier Spindeln. Der Gurt läuft über eine Leitrolle mit Gewichtsbelastung, welche ihn in stets gleichbleibender Spannung erhält, wodurch die denkbar größte Gleichmäßigkeit in der Zahl der Spindelumdrehungen gewährleistet wird.

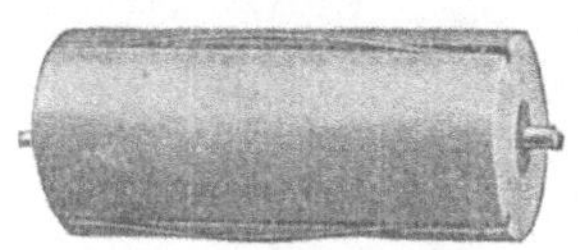

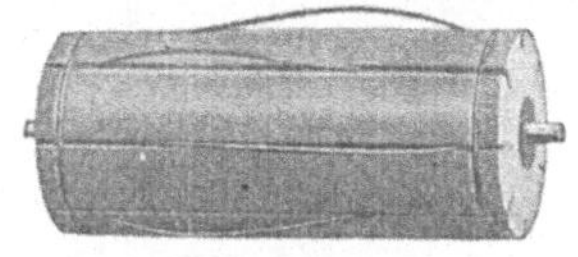

Abb. 83. Zylinder zur Aufnahme von Zwirnhülsen bzw. Spulen.

Der gezwirnte Faden wird in der Regel auf Hartpapier- oder Aluminiumhülsen von etwa 125—130 mm Länge und 60 mm Durchmesser aufgewunden. Die Holzzylinder zur Aufnahme der Hülsen sind verschiedenartig gebaut. So sieht man aus der Abb. 83 drei Arten von Walzen, und zwar

1. eine Holzwalze mit 3 Federn,
2. eine Holzwalze mit 8 Federn,
3. eine Blechwalze mit Plüschbelag.

Von einigen Fabriken werden die Spulenträger anstatt mit Federn mit federnden Kugeln und Führungsröllchen ausgeführt wobei die Kugeln von 8 mm Durchmesser enger zur Mitte zusammenliegen als die Röllchen, die einen Durchmesser von 15 mm aufweisen und zum besseren Abgleiten der aufgesetzten Spulen dienen.

Das Gewicht der Spulenträger richtet sich vollkommen nach dem Denier der zur Zwirnung gelangenden Fäden und zum Teil auch nach dem Feuchtigkeitsgrad, welcher im Zwirnraum gehalten wird. Die Spindelaufsatzglocke, welche die garntragende Spule auf der Zwirnspindel zu zentrieren hat, wird meist aus Messing hergestellt. Anderes Baumaterial hat sich wegen seiner Weichheit wenig bewährt. So schleifen sich z. B. die Aluminiumaufsatzglocken bereits in kurzer Zeit stark ab.

Abb, 84. Aufsatzglocke.

Aus der Abb. 84 ist die Form solcher Aufsatzglocken ersichtlich. Auch bei Messingaufsatzglocken kommt es vor, daß sie durch das Schleifen des Garnes rauh werden. Daher werden in Großbetrieben die Aufsatzglocken dreimal täglich von geeigneten Arbeitern mit feinstem Schmirgelpapier von allen Rauheiten befreit. Oft wird diese Arbeit auch der Arbeiterin an der Zwirnmaschine überlassen.

Eine ganz abweichende Art der Zweietagen-Zwirnmaschine stellt das neueste Modell der Firma C. G. Haubold, A.-G., dar (Abb. 85a). Hier wird der Faden nicht, wie bei den alten Systemen, auf Spulen aufgewickelt, sondern in den verschiedenartigsten Spulenarten wie Kreuz-, konischen oder Flaschenspulen, je nach Art der Weiterverwendung, aufgewunden. Durch geeignete Konstruktion der Maschine laufen die Zwirnspindeln mit 8—10000 Umdrehungen in der Minute (ausgerüstet mit der SSW-Elektrospindel sogar 12000—15000 Touren je Minute), so daß die Leistungsfähigkeit einer solchen Maschine verdoppelt bzw. verdreifacht wird. Da bei solcher Geschwindigkeit der Faden einen starken Ballon bildet, so sind die einzelnen Spindeln voneinander durch Zellonzwischenwände getrennt. Die Verwendung von Zelluloid zum gleichen Zweck ist nicht zu empfehlen, da es durch Reibung stark elektrisch aufgeladen wird und Flusigkeit des Fadens verursachen kann. Das Aufwinden eines gezwirnten Fadens direkt auf eine Spule beliebiger Art muß unbedingt unter Berücksichtigung aller Faktoren, wie richtige Feuchtigkeit, so Abzugsgeschwindigkeit (unter Vermeidung einer Überdehnung des Fadens) geschehen. Wie beim fertigen Garn spult man auch hier möglichst so, daß die kunstseidene Fadenschicht sich stets noch etwas eindrücken läßt. Steinharte Spulen (Kreuz- bzw. Flaschenspulen usw.) ebenso wie zu weich gespulte, werden immer Schwierigkeiten bei der Weiterverarbeitung verursachen und fehlerhafte Ware ergeben.

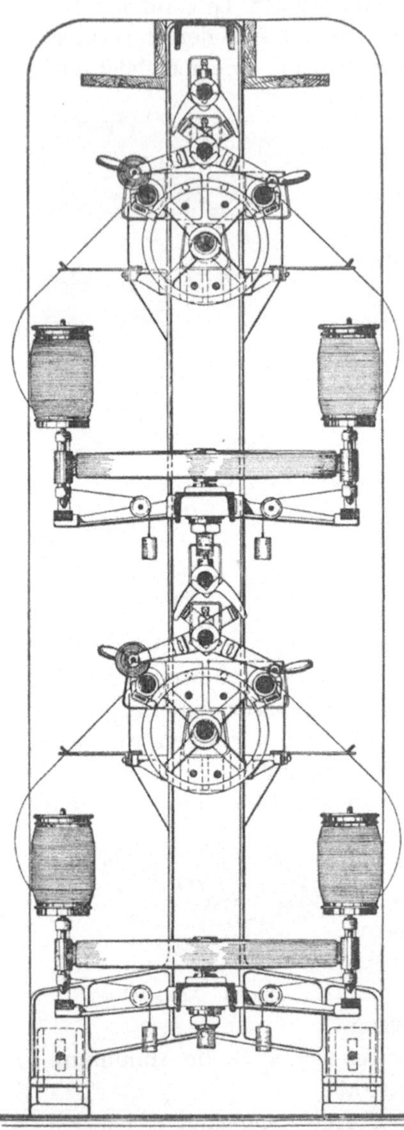

Abb. 85. Zwirnmaschine neuester Konstruktion für Kreuz- bzw. konische Spulen. System C. G. Haubold A.-G.

Aus der Abb. 86 sind die einzelnen Details der Zwirnmaschine zu entnehmen. Fig. 1 zeigt Zwirnspindeln mit Schnurantrieb mit auf-

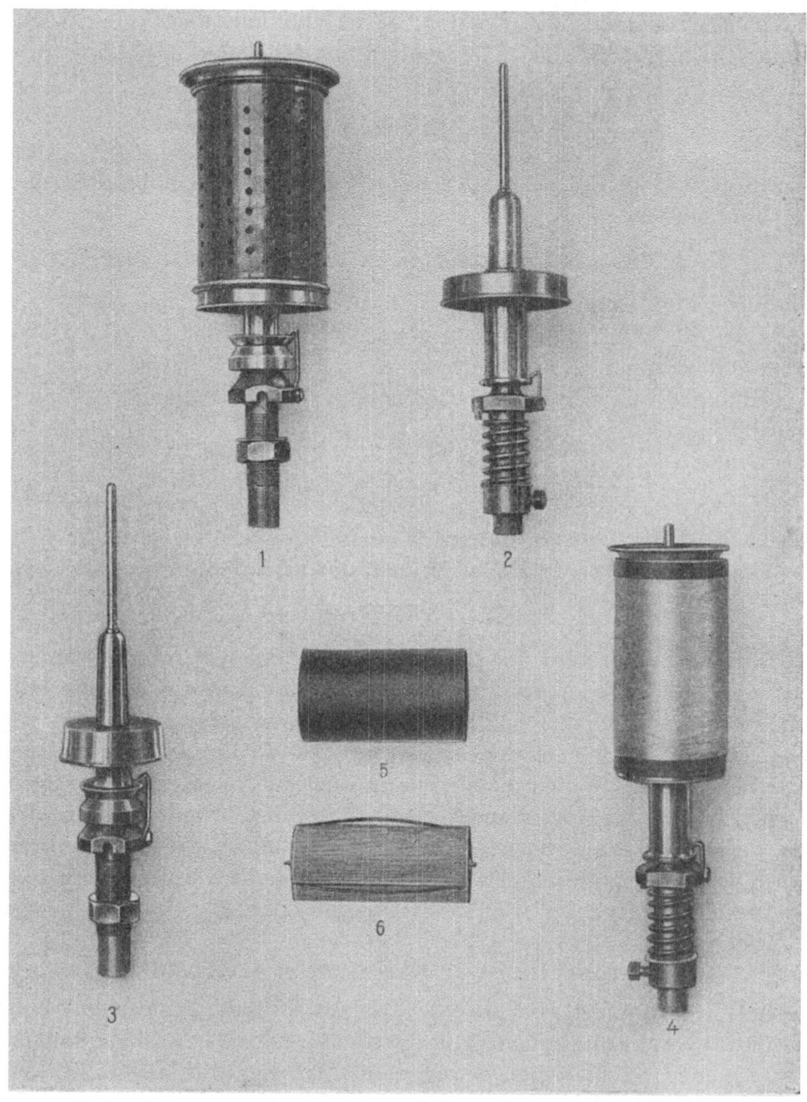

Abb. 86. Einzelne Details der Zwirnmaschine für Spulen-Kunstseide.

gesetzter perforierter Spinnhülse von 90 mm Durchmesser und auf-
gesetztem Zentrierdeckel. Die weitere Fig. 4 zeigt Zwirnspindeln für
Riemenantrieb mit bewickelter Spinnhülse von 70 mm Durchmesser.

a) Leistungen beim Zwirnen. Wird Kunstseide stärkerer
Nummern, d. h. über 150 Deniers verarbeitet, so bedient eine Arbeiterin
48 Spindeln. Zieht man in Betracht, daß gröbere Nummern mit 39 m

in der Minute abgezogen werden, so ist die Leistungsfähigkeit einer Spindel in 8 Stunden bei 150 Deniers aus folgender Gleichung zu ersehen:

$$\frac{39 \cdot 60 \cdot 8 \cdot 150}{9000} = 312 \text{ g in 8 Arbeitsstunden.}$$

Daraus ergibt sich die Leistungsfähigkeit eines Mädchens bei Bedienung von 48 Spindeln zu

$$312 \cdot 48 = 14{,}976 \text{ (rund 15 kg) in 8 Arbeitsstunden.}$$

Werden Fäden unter 150 Deniers, z. B. von 75 Deniers, gezwirnt, so wird nur mit 32 m in der Minute abgezogen, wobei der Faden 100 Windungen je laufenden Meter erhält. Dadurch sinkt natürlich die Leistungsfähigkeit einer Spindel beträchtlich, was aus folgender Gleichung ersichtlich ist:

$$\frac{32 \cdot 60 \cdot 8 \cdot 75}{9000} = 128 \text{ g in 8 Arbeitsstunden.}$$

Demnach ist die Leistungsfähigkeit eines Mädchens, welches bei feinen Garnen an Stelle von 48 Zwirnspindeln nur 32 Spindeln bedienen kann,

$$128 \times 32 = 3{,}996 \text{ (rund 4 kg).}$$

Für gewöhnlich wird die Zwirnerei in modernen Kunstseidenspinnereien im Akkord oder auf der Basis des Prämiensystems ausgeführt. Um dem Bedienungspersonal die größte Leistungsfähigkeit zu ermöglichen, werden die je nach dem Denier mit 30—45 g ungezwirnter Kunstseide bewickelten Spulen in tadellosem Zustande, und zwar mindestens in der Länge eines normalen Stranges, zugeführt. Nicht ganz tadellose bzw. verletzte Spulen werden aussortiert und auf besonderen, zu diesem Zweck geeigneten Maschinen im Stundenlohn, aber unter verstärkter Kontrolle, gezwirnt.

3. Fertigstellen der Zellulosehydratgebilde.

a) **Waschen (Allgemeines).** Das im Fällbad regenerierte Zellulosehydrat ist zwar unlöslich, befindet sich aber noch in hochgequollenem Zustande und zeichnet sich dadurch aus, daß sich die meisten Elektrolyte, wie Salze und Säuren, äußerst schwierig daraus entfernen lassen, eine Eigentümlichkeit, die mit dem hohen Quellungsvermögen und den kolloiden Eigenschaften des Materials zusammenhängt. Alle Kolloide, besonders organische, besitzen die Fähigkeit, unter Quellung bestimmte Flüssigkeitsmengen aufzunehmen. Die Erfahrung lehrt, daß ein ganz bestimmter Teil dieses Quellungswassers, und zwar abhängig von dem Fällverfahren (etwa 100 vH), als wahres (zum Unterschied vom Pseudoquellungswasser) auf mechanischem Wege, z. B. Zentrifugieren, nicht zu entfernendes Quellungswasser anzusehen ist. Dieses Quellungswasser ist z. B. auch äußerst schwer durch wasserentziehende Substanzen wie Alkohol usw. zu entfernen. Dagegen läßt es sich durch verschiedene organische (Zuckerarten, Glyzerin), auch anorganische Mittel verdrängen bzw. ersetzen. Trotz seiner festeren Bindung vermag dieses Wasser indessen noch Salze und Säuren zu lösen, welche dadurch auch in eine mehr oder weniger feste Bindung zum Kolloid treten. Darum ist eine möglichst vollständige Entfernung der Elektrolyte nur durch langsame Diffussion gegen Frischwasser zu erzielen. Man wäscht lediglich mit frischem Wasser. Die Temperatur des Waschwassers ist dabei von Wichtigkeit. Am vollkommensten gelingt die Entfernung der Salze und Säuren mit kaltem oder schwach bis 30⁰ angewärmtem Wasser; ein Verfahren, das allerdings ziemlich lange Zeit beansprucht. Heißes Wasser veranlaßt Schrumpfung des Kolloids. Gute Resultate liefert ein kombiniertes Waschverfahren, bei welchem man das Material zuerst mit kaltem Wasser, und zum Schluß mit warmem Wasser von etwa 30⁰C behandelt. Auch ein Anprall an das zu waschende Gebilde beschleunigt in den meisten Fällen das Auslaugen. Es kann dahingestellt bleiben, ob die Reibung des Wassers an der Außenfläche des Gebildes oder der auf das Gebilde ausgeübte Druck hierbei die entscheidende Rolle spielt.

Eine Verkürzung des Waschprozesses ist in der Praxis nicht nur aus Gründen der Ersparnis an Wasser und Zeit erwünscht, sondern hauptsächlich deswegen, um eine Hydrolyse oder Oxydation des Waschgutes durch den im Wasser gelösten Sauerstoff hintanzuhalten.

Anschließend gebe ich einen Auszug aus einem von mir in Mellians Textilberichten Heft 7 (1930) veröffentlichten Aufsatz wieder:

Betrachten wir nun die Beeinflussung eines Zellulosegebildes durch den Sauerstoff. Frisch gefällte, nasse Hydratzellulose ist weich und biegsam, hat ein starkes Dehnungsvermögen und der Dehnbarkeit entsprechend sehr große Bruchfestigkeit. Werden diese Gebilde der Einwirkung des Sauerstoffs (es genügt ein längeres Einwirken des Luftsauerstoffs) ausgesetzt, so ist die Biegsamkeit und Dehnbarkeit verschwunden. Das Gebilde fühlt sich sperrig-hart an und ist außerordentlich brüchig geworden. Die Brüchigkeit der mittels Sauerstoff behandelten Hydratzellulose ist so stark, daß man die behandelten Fäden zwischen den Fingern förmlich zerreiben kann. Man kann eine Zunahme an Quellbarkeit feststellen. Wird solche Hydratzellulose getrocknet, so verbessern sich zwar die nachteiligen Eigenschaften, die gewonnene trockene Hydratzellulose besitzt aber entschieden schlechtere physikalisch-chemische Eigenschaften als getrocknete gleiche Hydratzellulose, welche gegen Einwirkung des Sauerstoffs geschützt wurde. Auch das Wiederaufquellen ist bei beiden Mustern nicht gleich, sondern bei den mittels Sauerstoff behandelten Mustern bedeutend stärker. Es muß eine Veränderung in den Zellulosemizellen stattgefunden haben. Nun liegt die Vermutung der Bildung von Oxyzellulose nahe. Prüfungen auf Oxyzellulose versagen aber. Danach ist eine Veränderung im Zellulosekriställchen geschehen, ohne daß diese durch zur Zeit bekannte Prüfungsmethoden feststellbar ist. Auf Grund der obigen Ausführungen ist sicherlich Sauerstoff in die Mizelle eingedrungen und ist dort mit einer der labilen Gruppen in Verbindung getreten. Ob eine der Hydroxylgruppen in Aldehydgruppe verwandelt wurde oder der Sauerstoff

den Kern des Zellulosemoleküls getroffen hat, ist nicht feststellbar. Es steht nur
die Tatsache fest, daß der gequollene Zustand der nassen regenerierten Zellulose
das Eindringen des Sauerstoffs in das Kriställchen ermöglicht hatte. Die Ursache
der schweren Feststellbarkeit dieses eingedrungenen Sauerstoffs ist wohl in der
nicht tief genug greifenden Veränderung des Zellulosemoleküls zu suchen, wie
es z. B. bei der Bildung der Oxyzellulose der Fall ist. Enthält das Quellungsmedium Salze, welche katalytische Eigenschaften besitzen, z. B. Sauerstoffüberträger, so wandern in das Kriställchen bedeutend größere Mengen des
Sauerstoffs ein und der innere Angriff der Zellulosemizelle kann bis zur Bildung
von Oxyzellulose gehen oder zu Mischung verschiedenster Oxydationsstufen der
Zellulose führen. Gefährlich und wichtig sind aber Oxydationen, welche zwar
nicht feststellbar sind, aber die Zellulosemasse im trockenen wie im nassen Zustande äußerst ungünstig beeinflussen. Besonders alkalische Quellungsmittel
begünstigen in starkem Maße diese Art der Oxydation der Hydratzellulose. Das
Phänomen, daß einmal mit einer starken Alkalilösung gereinigte Zellulose bei
wiederholter Behandlung mit Alkali stets von neuem teilweise in Lösung geht
und überhaupt die Löslichkeit der Zellulose in Alkali, ist nach meiner Ansicht
zum Teil auf den Einfluß des Sauerstoffs auf die Alkalizellulose zurückzuführen.
Die, wenn man so sagen darf, anoxydierten Zellulosekriställchen besitzen geringere
Kohäsion. Es ist nicht unbedingt nötig, die nassen, frisch gefällten Fäden dem
gasförmigen Sauerstoff auszusetzen, um den obigen nachteiligen Effekt zu erreichen, auch Flüssigkeiten, z. B. Wasser, welche gelösten Sauerstoff enthalten,
wirken im angeführten Sinne. Diese äußerlich unsichtbaren Veränderungen in
einzelnen Zellulosekriställchen werden aber zur Ursache sehr nachteiliger Eigenschaften der fertiggestellten Zellulosegebilde. Es ist deshalb zu empfehlen, vor
der Trocknung dem letzten Waschwasser reduzierend wirkende Substanzen
zuzusetzen und zwar solche, welche sehr leicht oxydabel sind. Schon manche
organischen Säuren schützen die Hydratzellulose vorzüglich gegen Sauerstoff-
schädigungen. Es ist aber zu empfehlen, in das letzte Waschwasser, um den
ungünstigen Einflüssen des Sauerstoffs auf die gequollene Hydratzellulose ent-
gegenzuwirken, außer den erwähnten Neutralisationsmitteln noch geringe Mengen
desoxydierend wirkender Verbindungen anorganischer oder organischer Natur
zuzusetzen. Als billige anorganische Salze könnten z. B. Salze der schwefligen
oder auch unterschwefligen Säure verwendet werden. Auch organische desoxydierend wirkende Verbindungen können mit bestem Erfolg angewandt werden;
als Beispiel sollen erwähnt werden die Aldehyde, welche bekanntlich ganz vorzüglich desoxydierend wirken[1].

Die frisch gesponnenen Fäden enthalten natürlich beträchtliche Mengen
des Fällbades, und zwar nach dem Spinnprozeß 75 vH und mehr. Dieses Fällbad
muß, bevor man die Fäden weiter nachbehandelt, restlos durch ergiebiges Waschen
entfernt werden. Schon Girard erkannte die schädigende Wirkung der Säuren
auf die Zellulose. Nach seiner Auffassung bildet sich aus Zellulose unter Einwirkung von Säuren die so gefürchtete, aber auch sehr umstrittene Hydrozellu-
lose. Ob schon verdünnte Säuren, z. B. 10—15 vH, wie sie beim Spinnen als Fällbad verwendet werden, auf die Zellulose von nachteiliger Wirkung sind, ist noch
wenig geklärt. Die Möglichkeit eines solchen Einflusses kann aber noch heute
nicht bestritten werden. Als bewiesen kann gelten, daß auch sehr verdünnte
Säuren bereits in sehr geringen Mengen bei genügend hoher Temperatur die
Zellulose stark angreifen, sie in Alkali löslich machen, ja bis zur Glykose abbauen.
Besonders gefährden sie die Zellulose beim Trocknen, wenn diese auch nur Spuren
von Säure enthält. Erhöhte Quellbarkeit, schlechte ungleichmäßige Anfärbbar-

---

[1] Melliands Textilberichte **1930**, Nr. 5.

keit, geringe Reißfestigkeit und ungleichmäßige zu geringe oder auch zu hohe Elastizität können durch Säurenachwirkung hervorgerufen werden. Die Schädigungen durch Säuren können sehr mannigfacher Natur sein. Besonders die Schwefelsäure, und solche kommt hauptsächlich in Fällbädern zur Anwendung, bildet mit Kohlehydraten, also auch mit Zellulose, Ester. Inwieweit sich diese gegen Verseifung mittels Wasser stabil erweisen, ist noch nicht geklärt. Es ist nur gefunden worden, daß es nie gelingt, die Säure quantitativ bis zu den letzten Spuren aus den Zellulosefäden der Kunstseide herauszuwaschen. Von diesem Standpunkte ausgehend versuchte man die aus der Zellulose nicht mehr herauswaschbaren Spuren der Säuren durch einfache Neutralisation unschädlich zu machen. Zu diesem Zweck kann man natürlich die verschiedensten Substanzen verwenden. Mit Erfolg hatte ich z. B. sehr verdünnte Seifenlösungen gebraucht. Besser bewährten sich begreiflicherweise alle in Wasser leicht löslichen Salze, welche mit den Säureresten leicht unschädliche Verbindungen eingehen und selbst bei erhöhter Temperatur, auch beim Trocknen, der Zellulose nicht schaden. Von solchen Salzen hat sich das Natriumbikarbonat als bestes erwiesen. Schon sehr geringe Mengen, ja man kann sagen, homöopathische Dosen, haben sichtlichen Erfolg. Ein großes amerikanisches Werk verwendet z. B. zum Waschen der sauren Rohkunstseide Wasser, welchem auf 100000 Teile 70 Teile Natriumbikarbonat (wasserfei) zugesetzt werden. Da nach dem Gegenstromprinzip gewaschen wird, verbleibt die genannte schwache Natriumbikarbonatlösung in der entsäuerten Kunstseide und kommt mit dem Garn in den Trockenschrank. Durch diese Behandlung ist eine hervorragende Bruchfestigkeit der Kunstseide im trockenen wie auch im nassen Zustande erzielt worden, eine vorzügliche Elastizität und, was besonders hervorgehoben werden muß, qualitative Gleichförmigkeit des Fabrikates.

b) **Waschen der Bobinenseide.** Wurde bei der Herstellung der Kunstseide das sog. Spulenspinnsystem angewandt, so wusch man die mit Fäden umwickelten Spulen noch vor einigen Jahren nach dem Gegenstromtauchverfahren, indem man die Spulen in Spezialrahmen aufgereiht in großen Holzbottichen etwa 4—6 Tage lang wässerte. Dieses kostspielige und umständliche Verfahren hatte selbstverständlich viele Nachteile. Seit einigen Jahren verwendet man aber zum Waschen der Spulen die sog. Saugwäsche. Diese Arbeitsmethode gestattet, eine Spule je nach Stärke der aufgewickelten Fadenschicht in etwa $2—2^{1}/_{2}$ Stunden vollkommen zu entsäuern, wobei die Zellulose, wie auch die Fadenschicht, bestens geschont wird. Der Prozeß besteht im Durchsaugen des Waschwassers durch die Fadenschicht, und zwar von außen nach innen. Der Saugwaschkasten besteht aus einem gußeisernen Unterteil, einem perforierten Zwischenboden aus 12 bzw. 15 mm Stahlblech und einem schmiedeeisernen Oberteil. Die Größe des Waschkastens wird für 100 Stück siebziger oder neunziger Spulen berechnet. Die Spulen werden auf dem Zwischenboden in gut abgedichtete Löcher eingesteckt, welche entweder fest aufvulkanisierte Weichgummiringe oder einsteckbare Weichgummiteller erhalten. Man rechnet bei einer gleichmäßigen Bespinnung der Spulen in einer Aufspinnstärke von 8 mm mit einer Waschdauer von $2—2^{1}/_{2}$ Stunden bei einem Vakuum von 60—70 vH. Bei siebziger Spulen werden je Kasten und Stunde etwa 1800 l Waschwasser, bie neunziger Spulen etwa 2500 l Waschwasser verbraucht. Ist der Waschvorgang beendet und das Waschwasser abgelassen, kann man die gewaschenen Spulen durch Durchsaugen von Luft vortrocknen. Je nach dem Trockenheitsgrad dauert dieser Vorgang ca. $^1/_2$ Stunde. Der eigentliche Trocknungsprozeß wird hierdurch ganz erheblich abgekürzt. Das Einsetzen und Herausnehmen der Spulen erfordert ungefähr

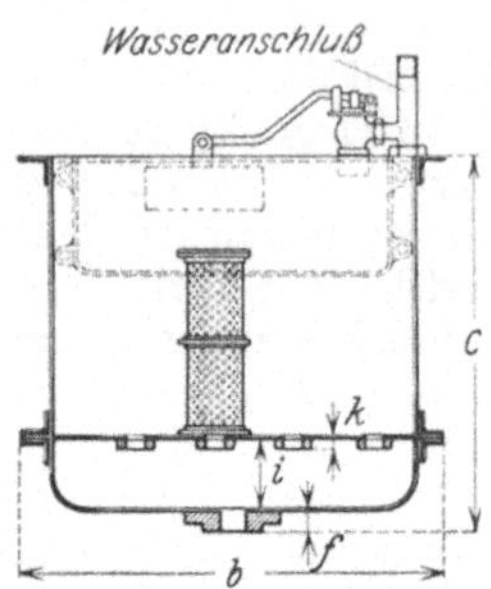

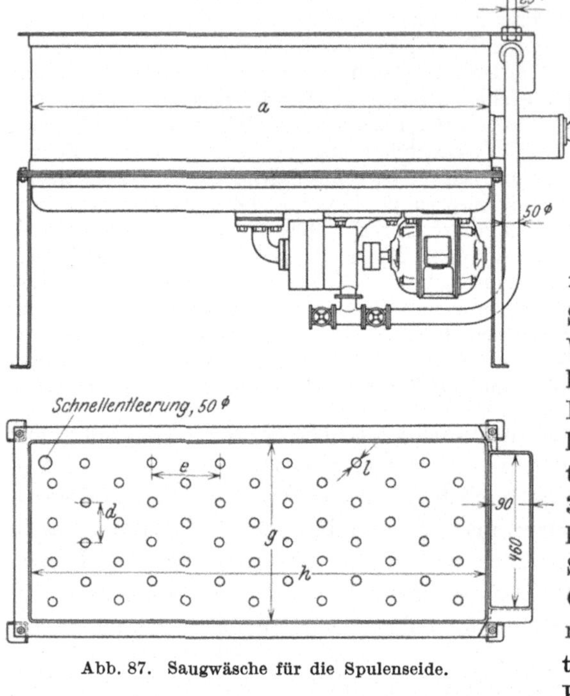

Abb. 87. Saugwäsche für die Spulenseide.

$^1/_2$ Stunde Arbeitszeit. Somit werden für den Waschprozeß einschließlich Hereinsetzen und Herausnehmen der Spulen, Waschen und Vortrocknung, insgesamt 3—4 Stunden für 100 Spulen benötigt, d. h. je Stunde 25 Spulen. Auf Grund dieser Berechnung kann man ohne weiteres feststellen, wieviel Kästen für einen entsprechenden Betrieb erforderlich werden. Sollten z. B. 10000 Spulen in 24 Stunden gewaschen werden, so ergibt sich die Stundenleistung mit

$$\frac{10\,000}{24} = 416 \text{ Spulen.}$$

Somit werden benötigt:

$$\frac{416}{25} = 17 \text{ Kästen} + 10 \text{ vH Reserve} = 19 \text{ Kästen.}$$

Der eigentliche Arbeitsvorgang ist folgender: Die Spulen befinden sich auf dem Zwischenboden aufgesteckt und gegeneinander abgedichtet in der Waschflüssigkeit. Das Waschwasser soll etwa 40—50 mm über der obersten Spule stehen. Aus dem Inneren des Spulenkörpers saugt eine Myriapumpe entsprechend stark. Infolge des sich bildenden

Vakuums wandert die Waschflüssigkeit durch die aufgewickelte Fadenschicht und die perforierte Wandung der Spule. Das so zirkulierende
Wasser entfernt in kurzer Zeitdauer das den Fäden anhaftende
Fällbad. Ist der Waschprozeß beendet, so wird mittels einer Elmo-
pumpe eine stärkere Luftleere erzeugt, um soweit als möglich das
Wasser aus den Fadenschichten zu entfernen. Es war bis zur Zeit gebräuchlich, mehrere Saugwaschapparate an eine Myria- bzw. Elmo-
pumpe anzuschließen.

Abb. 87 zeigt einen vorzüglich arbeitenden Saugapparat. Aus der
ersieht man die Arbeitsweise dieses Saugapparates. Die gegeneinander

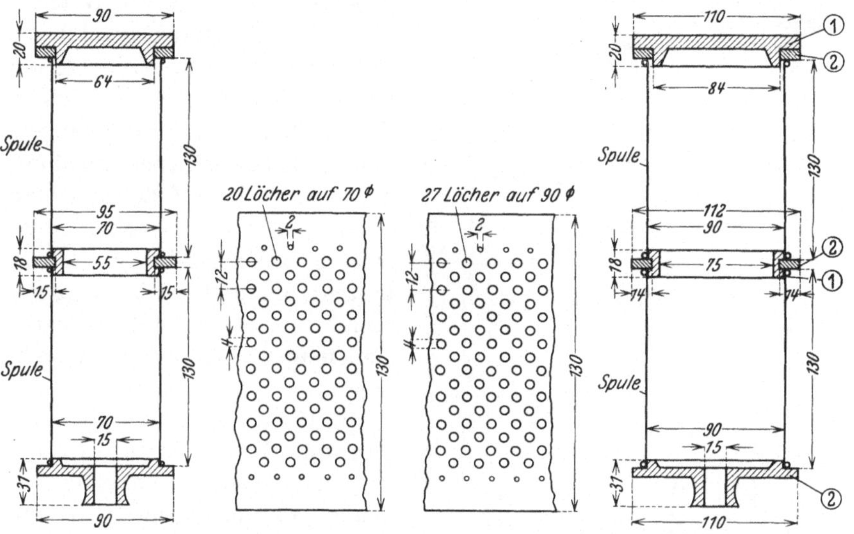

Abb. 88. Aufbau und Abdichtung der Spulen, auch Spulenperforation.

gedichteten Spulen werden dicht auf den Boden des Apparates aufgesetzt und stehen somit in Verbindung mit dem Saugraum. Die
Spezialpumpe erzeugt im Saugraum die notwendige Luftleere, wobei
die angesogene Waschflüssigkeit in den Vorkasten dauernd zurückbefördert wird. So kann eine vollkommene oder Teilzirkulation der
Waschflüssigkeit unterhalten werden. Der Elektromotor treibt die
Pumpe. Die Abb. 88 zeigt Aufbau und Abdichtung der Spulen gegeneinander und gegen den Saugkasten. Die Perforation der die Fadenschicht tragenden Spule ist aus der Abbildung gut zu ersehen. Infolge
Anwendung einer Spezialpumpe für jeden Apparat wird es möglich,
die Saugwäsche denkbar vollkommen und exakt, bei größter Schonung
des Fadenmaterials, durchzuführen.

In einer großen Kunstseidenfabrik soll die Saugwäsche mit Erfolg
durch eine Druckwäsche ersetzt worden sein. Dieses Verfahren beruht eben-

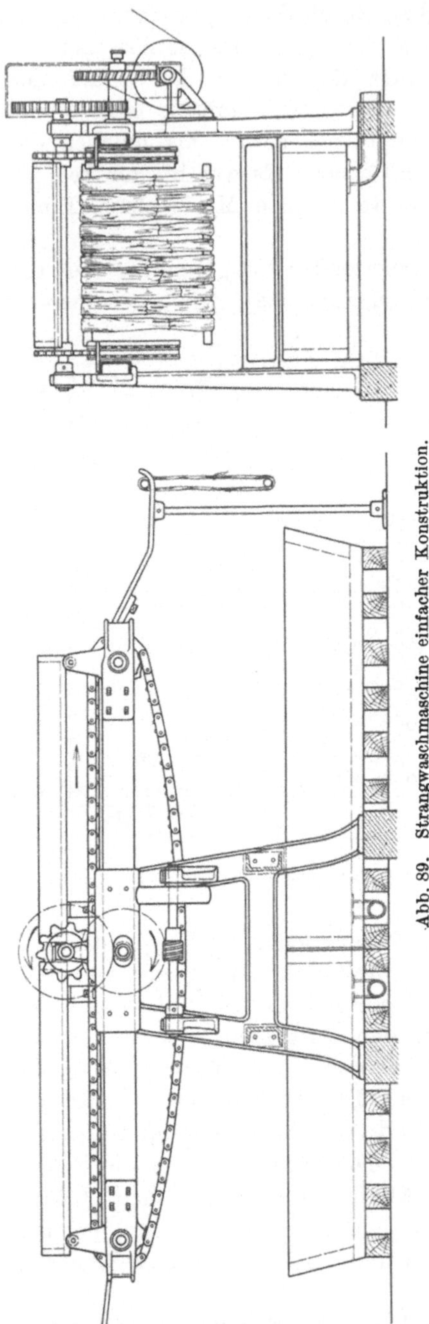

falls auf Ausnutzung des Druckgefälles, wie es bei der Saugwäsche angewendet wird. Die gegeneinander abgedichteten, vollgesponnenen Spulen werden in einen Druckapparat gebracht, wobei das Innere der Spulen mit der nicht unter Druck stehenden Kanalisationsleitung verbunden ist. Wird nun das die Spulen umgebende Waschwasser z. B. unter $1—1^1/_2$ Atm. Druck gesetzt, so passiert es die Fadenschicht, um durch das Innere der Spulen in die Abflußleitung zu gelangen. Diesem System wird nachgerühmt, daß man dickere Fadenschichten nehmen kann als beim Saugsystem; auch soll die beim Saugsystem hin und wieder vorkommende Verschiebung der äußeren Fadenlagen hierbei nicht eintreten.

c) Waschen der Zentrifugenseide in Strähnen. Die nach dem Zentrifugensystem erzeugte Rohkunstseide wird vor dem Waschprozeß aus der Spinnkuchenform, d. h. dem beim Spinnen sich bildenden kompakten, aus Fadenschichten bestehenden Ring, durch Haspeln in Strähnform übergeführt. Die noch beträchtliche Menge sauren Spinnbades enthaltenden Strähne werden durch Berieselung gewaschen. Eine geeignete und höchst einfache Maschine (Abb. 89) für diesen Zweck ist wie folgt konstruiert: Zwischen zwei Gestellböcken bewegen sich zwei endlos umlaufende Bronzeketten, deren besonders ausgebildete Kettenglieder die Waschstäbe aus Aluminiumrohr aufnehmen, die mit je 8—10 Garnsträhnen behangen sind. Die Kette mit den Waschstäben wird durch Riemenantrieb langsam in einer Richtung bewegt. Von zwei über den Ketten angeordneten Siebkästen rieselt in feinen Strahlen Wasser auf die Strähne; das ablaufende Wasser wird von den darunter stehenden Holztrögen aufgefangen. Zwecks Wasserersparnis kann das in der zweiten Hälfte der Waschmaschine ablaufende Wasser, das verhältnismäßig wenig angesäuert ist, zur Speisung des ersten Berieselungs-Siebkastens in der ersten Behandlungshälfte wieder verwendet werden. Die Durchlauf- bzw. Waschdauer beträgt etwa 15 Minuten. Diese Maschine ist imstande, in 24 Stunden leicht 500 kg Kunstseide bei 1 Mann Bedienung und 1 PS Kraftbedarf zu bewältigen. Den wichtigsten Teil der oben beschriebenen Waschmaschine bilden die Siebkästen, d. h. ihre Konstruktion, Art der Anbringung über den Garnsträhnen, die Form und Art der Perforation des Bodens usw. Die Gründlichkeit des Auswaschens ist abhängig von der Menge des herausrieselnden Wassers, der Verteilung der Wasserstrahlen und dem Anprall des Wasserstrahls, d. h. Stoß- und Reibwirkung des letzteren. Sind alle obenerwähnten Faktoren betreffend der Konstruktion der Siebkästen der Waschmaschine zweckentsprechend gewählt, so genügen zum Auswaschen von 1 kg saurer Rohkunstseide (naß) etwa 250 l Wasser. Beide zur Berieselung dienenden Siebkästen werden vorteilhaft aus Reinaluminiumblech gebaut. Jeder dieser Kästen ist 650 mm breit, 1300 mm lang und etwa 250 mm tief. Der die Perforation tragende Boden des Berieselungskastens muß eine Stärke von 5—6 mm aufweisen. Wie schon erwähnt, spielt die Konstruktion bzw. die Form der Löcher eine außerordentlich wichtige Rolle. Um einen heftigen Anprall des Wasserstrahles auf die äußerst empfindlichen Fadenschichten zu vermeiden, welche stets zum Bruch von Einzelfasern des Fadens führt, müssen die Löcher von außen nach innen schwach konisch gebohrt sein. Die Lochweite wird 1—1,5 mm gewählt, und zwar zur Austrittseite auf 2—2,5 mm konisch erweitert. Die gleichmäßige Erweiterung des Spritzloches nach außen (der hydrodynamische Druck des Flüssigkeitsstrahls wird negativ) bezweckt infolge seitlicher Ausdehnung des Wasserstrahles bedeutende Dämpfung desselben, auch ist ein Verstopfen solcher Löcher durch Fremdkörper begreiflicherweise ausgeschlossen. Da die Waschdauer von 15 Minuten ein feststehender Faktor ist, so ergibt sich die Anzahl der Löcher durch einfache Berechnung aus der notwendigen Menge des herausfließenden Wassers. Die dauernde Bewegung der Strähne gestattet, die Verteilung der Löcher in schachbrettähnlicher Anordnung vorzunehmen. Die Praxis hat gezeigt, daß auch bei der besten Konstruktion des Sieb- bzw. Berieselungskastens die Art der Aufhängung dieser Kästen eine äußerst wichtige Rolle spielt. Als geeignetste Ent-

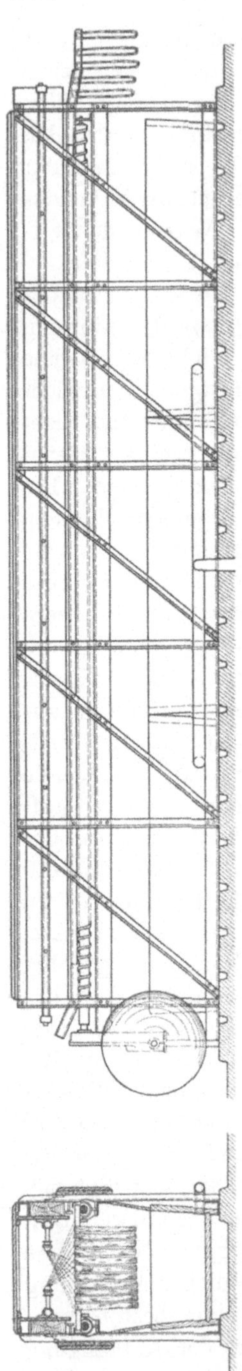

Abb. 90. Strangwaschmaschine. System C. G. Haubold A.-G.

fernung der Ausflußöffnung von der oberen Schicht der Strähne sind 35 mm gefunden worden. Eine Schaukelbewegung der Siebkästen über den nach vorwärts wandernden Garnsträhnen hat sich als vorteilhaft erwiesen.

Auf eine eigenartige Weise versucht die Firma C. G. Haubold, A.-G., die Siebkastenfrage zu lösen. Oberhalb der durchlaufenden Garnstäbe werden paarweise Sprühdüsen angeordnet. Sie arbeiten gegeneinander und verteilen das Wasser in Staubform, also angeblich ohne jede Tropfenbildung. Die Strähne soll gründlich und schonend ausgewaschen werden. Die Abb. 90 zeigt die Ein- und Auslaßseite einer solchen Strähnwaschmaschine. Die Bauart KW 1 ist für Leistungen bis zu 1000 kg in 24 Stunden bestimmt. Hauptbestandteil der Maschine ist das mit Holz verkleidete Eisenkonstruktionsgerippe, in dem zwei Transportschnecken aus nichtrostendem Spezialwerkstoff angeordnet sind. Diese befördern die Waschstäbe aus Aluminiumrohr mit Bronzeboden langsam durch die Maschine. Die Stäbe, jeder etwa mit 10 Strähnen behangen, werden während des Durchlaufens selbsttätig ab und zu verdreht, damit die Kunstseide auf dem Aluminiumrohr nicht immer auf der gleichen Stelle liegt. Unter den Strähnen befinden sich Holztröge, die das abtropfende Wasser auffangen. Die Durchlauf- bzw. Waschdauer der Strähne beträgt auch bei diesem System 15 Minuten. Für den Antrieb der Maschine ist ein 4 PS-Motor und für die Bedienung sind 2 Mann erforderlich. — Die Überführung der Fadenkuchen in Strähne durch Haspeln ist keine begrüßenswerte Operation und wird als unvermeidliches Übel angesehen bzw. durchgeführt. Die in dem Garn enthaltene sehr salzhaltige Spinnsäure verdunstet schnell beim Haspeln, wobei sich infolge Abkühlung scharfkantige Salzkristalle bilden, welche die einzelnen Fasern des Fadens förmlich zerschneiden, die Kunstseide unansehnlich und minderwertig machen. Durch verschiedene, nicht billige

Maßnahmen, wird dieses Übel mit mehr oder weniger großem Erfolg bekämpft.

d) **Waschen der Zentrifugenseide in Kuchenform.** Es fehlt deshalb nicht an Versuchen, Kunstseide, die nach dem Zentrifugensystem hergestellt ist, vor dem Haspeln bzw. der Überführung in Strähnform zu entsäuern und zwar schon in Fadenkuchenform. Diesen Versuchen war aber bis heute wenig Erfolg beschieden, schon deshalb, weil ein Fadenkuchen keinen festen Kern besitzt, welcher der Fadenschicht die notwendige Stabilität verleiht. Auch ein verschieden ausfallender, nicht genau abzupassender Durchmesser des Fadenkuchenhohlraumes bietet fast unüberwindliche Schwierigkeiten. Nun ist es mir gelungen, eine Arbeitsmethode bzw. Vorrichtung zu finden, welche gestattet, auch die Zentrifugen-Kunstseide nach dem bewährten Saugwaschverfahren mit bestem Erfolg zu entsäuern. Erwähnen möchte ich nur noch, daß dieses Verfahren auf einfachste und billigste Weise ermöglicht, den Fadenkuchen als solchen nicht nur zu entsäuern, sondern auch weiter bis zur vollkommenen Fertigstellung nachzubehandeln (siehe Absatz „Rationalisierung und kontinuierlicher Betrieb“).

VII. Chemische Nachbehandlung der Kunstseidenfäden.

1. Einleitung.

Die in den üblichen sauren Fällbädern hergestellten Zellulosegebilde zeigen gewöhnlich unmittelbar nach dem Waschen und Trocknen noch ein glanzloses Aussehen und eine gelbliche Farbe. Dies rührt von elementarem Schwefel her, der sich bei der Zersetzung der Zellulosexanthogenatverbindung in und außerhalb des Zellulosegebildes abgelagert hat. Um dem Gebilde ein edles Aussehen und guten Griff zu geben, wird es zuerst mit einer Schwefelnatriumlösung „entschwefelt“ und dann mit Natriumhypochloridlösung gebleicht.

a) **Allgemeines über Entschwefeln.** Vorgetrocknete Rohkunstseide enthält, je nach dem Herstellungsverfahren, verschiedene Mengen elementaren, äußerst fein verteilten Schwefel. Ein Teil dieses Schwefels ist verhältnismäßig lose auf der Oberfläche der Zellulosegebilde gelagert, der Rest in der Zellulosemasse eingelagert. Durch diesen Schwefel wird die Kunstseide in Aussehen und Griff sehr nachteilig beeinflußt. Die Entfernung des Schwefels aus den Fasern ist deshalb notwendig, um ein edles Aussehen usw. zu erlangen. Schon kochendes Wasser vermag elementaren, fein verteilten Schwefel unter Bildung von Schwefelwasserstoff langsam zu lösen. Bei erhöhten Temperaturen wird der Schwefel verhältnismäßig leicht von schwachen alkalischen Lösungen gelöst, so z. B. Ammoniak (Ammoniumhydroxyd) unter Bildung von Ammoniumpolysulfid und -thiosulfat. Wäßrige Alkalien bilden Polysulfide mit wechselndem Gehalt an Thiosulfat, z. B. nach der Formel: $6\,NaOH + 12\,S = 2\,Na_2S_5 + Na_2S_2O_3 + 3\,H_2O$. Begünstigt wird das Lösungsvermögen der Alkalien durch Zusatz, oft genügen geringe Mengen einiger organischer Substanzen. Besonders ausgezeichnet wirkt Glykose in dieser Hinsicht. Z. B. ein Bad, bestehend aus 0,6—0,7 vH Ätznatronlauge und nur 0,1—0,2 vH Glykose, welches bei 60—65° C angewendet wird, wirkt in kurzer Zeit gut entschwefelnd.

Alkalien wirken bekanntlich auf Zellulose, besonders regenerierte Zellulose, wie sie in den Kunstfäden vorliegt, äußerst ungünstig ein. Nach Auffassung von K. Heß und anderen wird Zellulose durch mehrmaliges Einwirken von Alkalien in eine alkalilösliche Modifikation umgeformt. Es tritt eine Zustandsänderung ein, welche die Qualität der sonst sehr widerstandsfähigen, natürlichen Zellulose bedeutend vermindert. Die Fasern des Fadens gewinnen stark an Quellbarkeit; dabei verlieren sie viel an Elastizität. Es resultiert eine typische Erscheinung als ob die einzelnen Zellulosemoleküle des Gebildes zueinander den üblichen Zusammenhang vollkommen verlieren. Nicht nur durch Zug, sondern schon beim einfachen Knicken brechen die Einzelfasern, ähnlich feinen Glasfäden. Diese Verletzbarkeit der Einzelfasern des Fadens verliert sich zwar nach dem Trocknen in gewissem Grade, kehrt aber beim Naßwerden, d. h. Wiederaufquellen des Fadens, in bestimmtem Maße wieder. Die Elastizität bleibt auch im trockenen Zustande sehr vermindert. Auch die Reißfestigkeit des Fadens geht sowohl im trockenen, wie auch im feuchten Zustande bedeutend zurück. Dagegen wird die Anfärbbarkeit bedeutend erhöht, ist dabei aber sehr ungleichmäßig. Interessant ist es, daß solche Kunstseide auch im trockenen Zustande geringe Reibfestigkeit aufweist. Dies tritt besonders nachteilig bei Strick- und Wirkwaren in die Erscheinung. Der Glanz wird im nassen wie auch trockenen Zustande nachteilig beeinflußt, d. h. nicht die Stärke, sondern die Reinheit des Glanzes wird vermindert. Den Grund dieser Erscheinung hier zu erklären, würde zu weit führen.

Eine Lösung von Natriumsulfid besitzt im warmen Zustande die Eigenschaft, fein verteilten elementaren Schwefel zu lösen, wobei das Monosulfid in Polysulfide übergeht. In der Praxis arbeitet man nach dem Gegenstromprinzip mit einer 1 vH Schwefelnatriumlösung, 0,3 vH NaOH und 1 vH Glykose bei 45—50° C. Die Dauer des Entschwefelungsprozesses beträgt bei Kunstseide 5 Minuten. Danach folgt eine zweite, 10 Minuten lang dauernde Entschwefelung mit einer Schwefelnatriumlösung von 1 vH Na_2S (ohne NaOH) und nur mit 0,3 vH Glykose, bei 50—60° C. Diese zweite Lösung wird immer frisch angesetzt, wobei sie nach Zugabe von NaOH und mehr Glykose als erste Lösung verbraucht wird. Die zweite Lösung wird daher stets nur in solchen Mengen angesetzt als etwa notwendig sind, um täglich die erste Lösung damit zu ergänzen.

Die Anwendung stärkerer Lösungen ist nicht ratsam, da Schwefelnatrium stark alkalisch reagiert und infolgedessen das Quellungsvermögen der Zellulose außerordentlich erhöht. Nach dem Entschwefeln werden die Zellulosegebilde im fließenden Wasser gründlich gewaschen. Da Polysulfide leicht hydrolytisch gespalten werden, wobei ein Teil des gelösten Schwefels wieder ausfällt, ist es ratsam, nach beendeter Entschwefelung mit etwa 40—45⁰ C warmem Wasser zu waschen, und zwar 20 Minuten lang. Die Polysulfide lassen sich durch Zusatz von 0,3 bis 0,5 vH Natronlauge und 0,5—1,0 vH Gew. Glykose zum Bad wieder in Monosulfide überführen. In der Praxis wird, wie oben angegeben, von dieser Regenerierungsmethode Gebrauch gemacht. Beim Zusatz von freiem Alkali zum Entschwefelungsbad ist jedoch unbedingt Vorsicht geboten.

Die obenerwähnte Arbeitsmethode gestattet, die schwefelhaltige Rohkunstseide denkbar schonend zu behandeln, da vorgequollene Zellulosefasern mit Leichtigkeit von der frischen Natriummonosulfidlösung durchdrungen werden und der Prozeß der Lösung des in der Zellulosemasse fein verteilten, eingebetteten Schwefels deshalb vollkommen, schnell und gleichmäßig verläuft. Der an der Oberfläche des Zellulosegebildes angelagerte Schwefel wird bereits durch das alte, ausgenutzte Schwefelnatriumbad weitgehend gelockert, zum Teil auch heruntergelöst.

b) Allgemeines über Bleichen. Um den Gebilden ein rein weißes Aussehen zu geben, werden sie mit einer Hypochloridlösung behandelt. Die färbenden Substanzen sind zum größten Teil nichts anderes als Schwefelverbindungen, d. h. Sulfide der Schwermetalle, insbesondere des Eisens. Es scheint aber auch ein Farbstoff organischen Charakters vorzuliegen. Es wäre vielleicht an geschwefelte Harzstoffe zu denken; allerdings ist möglich, daß auch andere geschwefelte Verunreinigungen bzw. Abbauprodukte der Sulfitzellulose beteiligt sind.

Die Metallsulfide lassen sich verhältnismäßig leicht durch Säuren zerstören bzw. entfärben. Für die Farbstoffe organischer Natur ist die Anwendung des aktiven bzw. naszierenden Sauerstoffes als Entfärbungsmittel unumgänglich. Diesem gegenüber ist Zellulose, besonders gequollene, regenerierte Zellulose äußerst empfindlich. Es braucht zwar nicht immer die angebliche Bildung von Oxyzellulosen befürchtet zu werden, doch können die durch Sauerstoff verursachten Schäden sehr beträchtlich sein. Verwirft man die Bezeichnung Oxyzellulose und betrachtet die schädigende Wirkung des Sauerstoffes als Abbau der Zellulose, so sieht man, daß das vorher in bezug auf Schwefelalkalien

Gesagte auch in den Rahmen der vorliegenden Betrachtung genau hineinpaßt. Auch hier soll die oxydierende Reaktion so geleitet werden, daß der aktive Sauerstoff nur so lange zur Einwirkung zugelassen wird, wie es die Zerstörung des Farbstoffes unbedingt erfordert. Der Zellulose selbst müßte der naszierende Sauerstoff unbedingt ferngehalten werden. Dieses ist erstens zu erreichen durch genaue Einhaltung der schwächsten Konzentration der Reagentien, welche zur Entfernung des Farbstoffes erforderlich ist, ohne der Zellulose selbst zu schaden; zweitens durch Tränkung der Fasern mit Stoffen, welche größere Affinität zu Sauerstoff bzw. zu Natriumhypochlorid haben als die gequollene, regenerierte Zellulose. Dadurch wird gewissermaßen ein Schutzpuffer mit eingeschaltet, durch den der stets vorhandene, überschüssige Sauerstoff von der Einwirkung auf die Zellulose mehr oder weniger zurückgehalten wird. Für diesen Zweck haben sich einige Eiweißstoffe, z. B. Gelatine, einige Seifen, sulfurierte Öle usw. gut bewährt.

Die billigste Verbindung zur Herstellung der Bleichlauge ist Chlorkalk, in der Praxis arbeitet man aber meistens mit Natriumhypochloridlösungen, die bis etwa 0,15 vH aktives Chlor enthalten. Stärkere Lösungen greifen unter Umständen die Zellulose unter Bildung von Oxyzellulose an. Naturgemäß werden die oberen Schichten des Gebildes stets mehr in Mitleidenschaft gezogen als die inneren. Falls ein absolutes Weiß gefordert wird, bleicht man die Gebilde mehrere Male, wobei man der Bleiche stets eine Säurebehandlung folgen läßt. Im allgemeinen bleicht man nicht länger als 20 Minuten bei 22^0 C mit einer Lauge, bestehend aus 0,075 vH aktiven Chlors und 0,04 vH NaOH. Die Natronlauge wird zugesetzt, um zu verhindern, daß die eingeschleppte Säure das Bleichbad sauer und dadurch HOCl frei macht. Bereits durch Hydrolyse der unterchlorigsauren Salze entsteht in der Bleichflotte stets freie HOCl-Säure. So bildet neutrale Hypochloridlösung mit 52,5 g NaOCl im Liter durch hydrolytische Spaltung $3,5 + 10^{-4}$ Mole unterchlorige Säure = 0,0018 vH HOCl, deren Menge sich mit zunehmender Temperatur bedeutend steigert. Wird die Bleichlauge alkalisch gemacht, so ist das Bad viel haltbarer, folglich auch weniger aggressiv (bleichkräftig), weil die Bildung freier unterchloriger Säure durch das Alkali zurückgedrängt wird und dadurch die schädigende Wirkung auf die empfindliche, regenerierte Zellulose behoben wird. Zur Feststellung der freien HOCl-Säure sind die Proben mittels Methylenblaulösung oder Jodkalilösung ausgezeichnet geeignet, da nur freie HOCl-Säure die Fähigkeit hat, die Methylenblaulösung zu bleichen bzw. aus Jodkalilösung freies Jod auszuscheiden. Die Salze der unterchlorigen Säure dagegen besitzen diese Fähigkeit nicht. Erst nach Zugabe von Mineralsäuren zu neutralen bzw. alkalischen Natriumhypochloridlösungen erfolgt die Bleichung.

c) **Säuern nach dem Bleichen.** Als Säurebad verwendet man mit Vorliebe schwache Salzsäure (0,5 vH). Das Säurebad ist notwendig, einerseits um das im Faden verbliebene Hypochlorit zu ersetzen, und ferner, um die von der Zellulose absorbierten Salze, besonders Eisensalze, in leicht lösliche (wasserlösliche) Chloride überzuführen. Mitunter ist es vorteilhaft, dem Bleichbad Kochsalz zuzusetzen, dieses scheint das Eindringen der Bleichlauge in das Gebilde zu erleichtern. Das Bleichen erfolgt bei 22° C, das Säuern dagegen bei Zimmertemperatur; Erwärmung vermag den Bleichprozeß etwas zu beschleunigen.

Die Bildung von freiem Chlorgas ist peinlich zu bekämpfen. Die Bleichlauge soll frei sein von: Chloraten, freier unterchloriger Säure, Kohlensäure, auch im gebundenen Zustande, endlich Stoffen, z. B. Metallsalzen, die katalytisch wirken. Gewissenhafte Überwachung der Bleichbäder, betreffs der zuletzt genannten Beimengungen bzw. Verunreinigungen ist deshalb unumgänglich.

Nach dem letzten Bleichbade wird gründlich gesäuert, um die überflüssige, unterchlorige Säure zu zerstören, gründlich im fließenden Wasser gewaschen und evtl., um die letzten Spuren Chlor zu binden, mit einer schwachen Natriumbisulfitlösung ($NaHSO_3$) kurze Zeit warm oder kalt nachbehandelt. Durch die Säuerung wird ein beträchtlicher Teil der Verfärbung weggelöst. Die meist dunkel gefärbten Schwermetallsulfide werden durch das Säuern zersetzt und aus dem Zellulosegebilde entfernt. Es ist auch festgestellt worden, daß höher oxydierte Schwermetallsalze, z. B. Ferriverbindungen, durch das Säuern leichter entfärbt und entfernt werden als Ferrosalze. Auch aus diesem Grunde wird das erste Absäuern nach dem ersten Bleichbad ausgeführt. Zum Absäuern verwendet man hauptsächlich Salzsäure, und zwar 0,5—0,75 Vol. vH. Früher suchte man die Einwirkungsdauer des Säurebades nach Möglichkeit kurz zu halten. Irrtümlicherweise nahm man an, daß Salzsäure der nassen Kunstseide schaden könnte, und die schädigende Wirkung des Schwefelnatrium- und Bleichbades wurde der Salzsäure zugeschrieben. Wie man jedoch festgestellt hat, kann verdünnte Salzsäure die Zellulose nicht angreifen. Nur beim Trocknen und evtl. auch beim Kochen leidet Zellulose unter Einwirkung von Chlorwasserstoffsäure beträchtlich. Die Zellulose wird dabei unter Abbau, und zwar unter Bildung von Glykose usw., stark angegriffen. Es findet also eine regelrechte Verzuckerung der Zellulose statt. Da sich Salzsäurespuren sehr schwer aus der Zellulose herauswaschen lassen, kann beim Trocknen der Kunstseide sehr leicht eine Schädigung der Fäden bzw. eine Verminderung der Qualität eintreten. Um diese vermeidbaren Schädigungen zu beseitigen, wurden früher schwache, sehr verdünnte Säurelösungen, und zwar zweimalig wie beim Chloren, angewendet. Nach jedem Bleichbad wurde kurz, etwa 5 Minuten lang, gesäuert. Es hat sich als vorteilhaft erwiesen, vom zweimaligen Säuern abzugehen. Es ist günstiger, eine einmalige Säurebehandlung mit bedeutend stärkerer Salzsäurelösung und während einer längeren Zeitdauer vorzunehmen. Durch diese energischere Behandlung erhält man reinere, klarer gebleichte Kunstfäden. Zwecks Neutralisation der Chlorlauge folgt in diesem Falle dem zweiten Bleichbade an Stelle eines Säurebades Behandlung mit Antichlor, z. B. einer eisenfreien, verdünnten Natriumbisulfitlösung. Darauf folgt etwa 15—20 Minuten lang eine Spülung mittels gereinigtem und enthärtetem Wasser, die den Kreis der chemischen Nachbehandlung der Rohkunstseide schließt.

d) **Appretieren.** Die auf vorbeschriebene Art behandelte Kunstseide muß nun noch appretiert werden. Früher legte man keinen großen Wert auf die Appretur und behandelte im günstigsten Falle die Kunstfäden vor dem Trocknen mit einer verdünnten Seifenlösung. Die Wichtigkeit einer sachgemäß durchgeführten Appretur wurde zuerst in den Vereinigten Staaten von Amerika erkannt. Griff und Lagerfähigkeit der Kunstseide gewinnen sehr durch die Appretur, und auch die Weiterverarbeitung wird bedeutend erleichtert. Die bewährte Seifenappretur war folgende:

1. Bei 60—70⁰ C löste man 36 kg gute, neutrale Natronseife in 36 l enthärtetem Wasser. Nach erfolgter Auflösung setzte man 29 kg gute, helle Oleinsäure hinzu. Von diesem Gemisch nahm man nach dem Erkalten 5,4 bzw. 7,2 kg und löste sie in 700—800 l enthärtetem Wasser. Dieses Bad wurde bei einer Wärme von 45—50⁰ C zur Tränkung der abgeschleuderten, feuchten Kunstseide verwendet. Nachdem 15—20 kg Kunstseide (auf trockenes Material berechnet = etwa 400 Strähne) behandelt worden waren, setzte man dem Appreturbad 25—30 l der frischen, verdünnten Seifen-Oleinlösung hinzu. In bestimmten Zeitabständen wurde das Appreturbad vollkommen erneuert.

2. Man verwendete auch folgende Gelatineappretur:

Etwa 12,5 kg gute Tafelgelatine wurden in 700 l enthärtetem Wasser gelöst. Um Fäulnis dieser Eiweißappreturlösung zu verhüten, fügte man 70 g gut gelöstes Sublimat-Quecksilberchlorid hinzu. Das Bad wurde bei 40—45⁰ C angewendet. Nach Behandlung von etwa 25 kg trockener Kunstseide wurden der Lösung ca. 1¹/₂ kg trockene Tafelgelatine zugesetzt.

Diese beiden Appreturarten haben sich gut bewährt und werden von manchen Werken auch heute noch angewendet.

In den letzten Jahren ist man dazu übergegangen, fertige ölhaltige Appreturgemische zu beziehen und zu verwenden. Diese bestehen meistens aus sulfuriertem Rizinus- bzw. Olivenöl (Oleinsäure) von den verschiedensten Sulfurationsgraden mit Zusätzen von seifenartigen Netzmitteln oder anderen Substanzen, die oft nur einer Komplizierung oder Streckung des Präparates dienen. Diese Zusätze sollen eigentlich die Bildung guter lange ohne Entmischung haltbarer Emulsionen begünstigen. Da man heute eine Unmenge derartiger Präparate auf dem Markt angeboten erhält, ist es unmöglich an dieser Stelle näher hierauf einzugehen. Es sei nur erwähnt, daß sehr darauf zu achten ist, ob die angepriesenen Appreturpräparate freie Schwefelsäure oder überhaupt freie Säuren enthalten. Diese müssen unbedingt abgestumpft bzw. neutralisiert sein, und zwar mit Natriumsalzen, und nicht, wie es gerne gemacht wird, mit Ammoniak (Ammoniumhydroxyd). Das sich bildende Ammoniumsulfat verursacht stets ein Grauwerden der kunstseidenen Garne, das besonders bei längerem Lagern auftritt. Auch scheint die Seide bei längerem Lagern in ihren chemisch-physikalischen Eigenschaften, wahrscheinlich infolge Abspaltung freier Säuren, stark zu leiden.

Bei richtiger Behandlung des Garnes verbleibt nach dem Trocknen in den Fäden ca. 1 vH des Appreturpräparates. Gewöhnlich schleudert (zentrifugiert) man das nasse, gebleichte Kunstseidengarn vor der Behandlung mit der Appreturlösung, was sehr zu empfehlen ist, da das zentrifugierte Garn die Appreturlösung besser und gleichmäßiger aufsaugt als das ganz nasse. Das Appretieren wird folgendermaßen ausgeführt:

Die gebleichten, gewaschenen Kunstseidensträhne werden in nicht zu großen Bündeln in Baumwolltücher sauber eingeschlagen und geschleudert. Aus der Zentrifuge kommen die Puppen (Bündel) in das Appreturbad und verbleiben dort je nach Bedarf. Das Baumwolleinschlagtuch spielt dabei die Rolle eines vorzüglich arbeitenden Filters, verhütet die Verschmutzung des Garnes und verhindert die Bildung von Öl- bzw. Appreturflecken auf dem Kunstseidengarn. Verfärbungen, Verschmutzungen und Entmischungen der Emulsion des Appreturbades sind in den meisten Fällen auf falsch angelegte bzw. schlecht funktionierende Wärmeapparatur des Bades zurückzuführen.

Die appretierten Strähne kommen als Bündel wieder in die Zentrifuge und werden dort während eines nur ganz kurzen Schleuderprozesses von der überschüssigen Appreturlösung befreit.

e) Herstellung der Bleichlaugen. In einigen großen Werken stellt man sich die Bleichlaugen durch Einführen von billigem Chlorgas in Ätznatronlösung selbst her. Es wird hierzu Abfall-Ätznatronlösung verwendet. Gegen diese Herstellung der Bleichlaugen ist nichts einzuwenden, wenn bei der Fabrikation durch Kühlung und andere Maßnahmen peinlich dafür gesorgt wird, daß eine Bildung von Chloraten usw. verhindert wird. Auch darf in diesen Laugen kein ungebundenes, freies Chlorgas enthalten sein. Gewöhnlich wird diese Lauge nach dem DRP. 207258 wie folgt erzeugt:

Man leitet in eine Sodalösung (Na_2CO_3) bei niedriger Temperatur solange gasförmigen Chlor, bis die Entwicklung von freier Kohlensäure beginnt. Zu diesem Zeitpunkt ist die Hälfte des vorhandenen Natriumkarbonats (während die andere Hälfte sich in Natriumbikarbonat verwandelt) nach der Gleichung

$$Na_2CO_3 + 2Cl + H_2O = NaCl + NaHCO_3 + HOCl$$

in Natriumchlorid und freie unterchlorige Säure umgesetzt. Man unterbricht die Chlorzufuhr und setzt der Flüssigkeit solange Natronlauge zu, bis die Kohlensäureentwicklung aufgehört hat und die Flüssigkeit auf Phenolphtalein stark reagiert (besser Paranintrophenol). Hierauf neutralisiert man den Überschuß von NaOH durch Einleiten von Kohlensäure bis Phenolphtalein nicht mehr gerötet wird. Besser ist es, titrimetrisch den NaOH-Überschuß festzustellen und die Zugabe bei einer NaOH-Alkalität von 0,1 vH zu unterbrechen, wodurch die Einleitung der Kohlensäure vermieden wird.

Als beste Natriumhypochloritlösung für Bleichzwecke der Kunstseide ist bis jetzt noch immer die elektrolytische Bleichlauge geeignet. Die richtig geleitete Elektrolyse einer wenig verunreinigten Natriumchloridlösung ergibt stets vorzügliche Bleichlaugen. Das Verfahren ist zwar nicht billig und erfordert sorgfältige Überwachung, gestattet andererseits aber, den Bleichprozeß exakt und ohne Schädigung der Zellulose durchzuführen. Da Natriumhypochloritlösung sich bekanntlich bei Einwirkung der Lichtstrahlen unter Bildung freier unterchloriger Säure zersetzt, so empfiehlt es sich, in den Bleichereien gelbes, ultraviolette Strahlen nicht durchlassendes Glas zur Herstellung der Fensterscheiben zu benutzen.

f) Nachbehandlungsmaschinen bzw. -Verfahren. Seit jeher hatte man die Nachbehandlung, Entschwefelung und Bleiche der Rohkunstseide in länglichen Kästen aus 50—85 mm starken Pitschpinebohlen vorgenommen. Auch sehr harzreiches Kiefern- oder Lärchenholz eignet sich gut für diesen Zweck. Die Nachbehandlung in Kästen, auch Kasten- oder Tauchverfahren genannt, hat sich bei richtiger Anwendung ausgezeichnet bewährt. Die Garne befinden sich dauernd in Berührung mit den Reagenzien, ohne mit dem Sauerstoff der Luft irgendwie in Berührung zu kommen. Absolut gleichmäßige, milde und schonende Einwirkung des Bades ist besonders hervorzuheben. Dagegen ist diese Methode sehr kostspielig, und zwar wegen der vielen Handarbeit, die eine solche Bleiche bzw. Nachbehandlung erfordert. Schon vor etwa 20 Jahren suchte man die Kastennachbehandlung der Kunstseide durch billigere Arbeitsmethoden zu ersetzen, und zwar durch Berieselungsnachbehandlung. Langsam schreitet die Entwicklung dieser Methode vorwärts. Viele Nachteile mußten beseitigt werden. Es muß leider zugegeben werden, daß auch über diese Methode das letzte Wort noch nicht gesprochen worden ist.

Der Gedanke, die Strähne, welche langsam vorwärts bewegt werden, durch Berieselung der Nachbehandlung auszusetzen, ist nicht neu. Diese Arbeitsmethode war eine harte Schule für die Betriebsleiter vieler Kunstseidenfabriken. Nur langsam wurden Nachteile behoben und Schwierigkeiten überwunden. Geringe Handarbeit, große Leistungs-

Abb. 91. Wasch- und Bleichmaschine. System Oscar Kohorn A.-G.

fähigkeit, also Billigkeit des Betriebes, waren die Ziele, die immer wieder zu neuer Belebung und Entwicklung dieser Arbeitsmethode verlockten.

Eine recht brauchbare automatische Wasch- und Bleichmaschine DRP. 481247 baut z. B. die Firma Oscar Kohorn (s. Abb. 91). Die Maschine behandelt die aus der Haspelei kommenden, bereits entsäuerten und vorgetrockneten Kunstseidensträhne selbsttätig mit den zur Fertigstellung notwendigen Flüssigkeiten. Die auf Stäbe aufgehängten Strähne wandern schrittweise durch die Maschine hindurch, wobei sie mit den verschiedensten Flüssigkeiten berieselt werden. Während der Berieselung drehen sich die Stäbe langsam abwechselnd vorwärts und rückwärts. Durch ein eigenartiges Verfahren will die Firma Tillm. Gerber und Gebr. Wansleben das Problem der Nachbehandlung der Strangkunstseide lösen, indem sie die alte, gut bewährte Kastenbleiche mit der Berieselungsnachbehandlung kombiniert und auf diese Weise eine Wasch- und Nachbehandlungsmaschine für Kunstseide schafft.

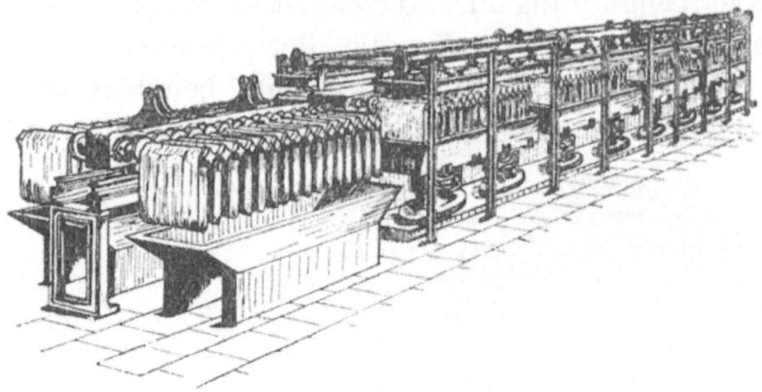

Abb. 92. Wasch- und Bleichmaschine. Konstruktion Tillm. Gerber.

Bei dieser Konstruktion werden die Garnsträhne gleichzeitig von oben berieselt und unten durch Eintauchen in Flüssigkeitsbäder entlastet, wodurch ein vollkommen zugfreier Lauf erzielt wird (Abb. 92). Dadurch, daß die Fortbewegung der Aggregate automatisch erfolgt und das Beschicken der freitragend angeordneten Walzen sich bequem vornehmen läßt, kann das Bedienungspersonal auf ein Minimum reduziert werden.

Auf zwei Längsprofilschienen werden die Aggregate automatisch laufend von Bad zu Bad gezogen. Die leeren Aggregate werden auf

Abb. 93. Wasch- und Bleichmaschine. System Tillm. Gerber.
Im Betrieb.

das Aufhängegestell, welches vor der eigentlichen Bleichmaschine steht, aufgesetzt, die freitragenden Porzellanwalzen mit der Seide behängt und dann in die Maschine eingefahren. Gleichzeitig werden sämtliche in der Maschine befindlichen Aggregate um eine Behandlungsstelle weitergerückt, so daß auf das am Ende der Maschine befindliche Abhängegestell ein neues Aggregat kommt. Hier wird

die fertiggebleichte Seide abgenommen und das leere Aggregat wieder an den Anfang der Maschine zurückgeführt (Abb. 93).

Nimmt man eine Stranglänge von 550 mm an, so würde der Strang innerhalb eines Bades achtmal umgezogen werden, d. h. viermal nach rechts und viermal nach links.

Ist ein Aggregat in der Behandlungsstelle angekommen, so wird die unterhalb des Stranges befindliche Barke hochgehoben, damit das untere

Ende des Strahnes in die Flotte taucht. Gleichzeitig werden die Motore der Zentrifugalpumpen eingerückt, so daß der Kreislauf der Bäder beginnt. Die Kästen (Barken) sind mit einem Überlauf versehen, damit der Flüssigkeitsspiegel dauernd auf gleicher Höhe bleibt. Das Bad fließt durch diese Überläufe in einen tiefer stehenden Behälter, an welchen die Zentrifugalpumpe angeschlossen ist.

Während der untere Teil des Stranges durch das Bad in der Barke gezogen wird, berieselt ihn von oben aus sehr geringer Fallhöhe ein feiner Regen.

Die Porzellanwalzen können mit $1^1/_2$—2 kg Seide beschickt werden.

Versuche haben ergeben, daß zur Erreichung einer Ersparnis an Arbeitern die Nachbehandlung der Strangseide auch auf einfachere Art ausgeführt werden kann, und zwar nach dem Druckgefälleverfahren (also durch Anwendung des Druckes, des Saugens, oder beider Verfahren kombiniert). Auf einer entsprechend großen Porzellan- oder Steingutnutsche wird rohe Strangkunstseide in der erforderlichen Schichthöhe aufgepackt, mit einem Gitterwerk von oben beschwert und der Nachbehandlungsflotte solange ausgesetzt, bis der gewünschte Effekt erzielt worden ist. Die Durchflußrichtung der Nachbehandlungsflüssigkeit kann mit Vorteil periodisch gewechselt werden. Dieses Verfahren hat den Vorzug größter mechanischer Schonung der Fäden und bester Ausnutzung der Nachbehandlungsbäder (bis zur Erschöpfung), sowie der Ersparnis an Arbeitskräften. Zum besseren Durchtränken bzw. Dränieren der sich zusammenballenden Fäden mit Flüssigkeit können zwischen einzelne Strangschichten geeignete Fremdkörper, z. B. Siebe, Porzellankugelgeflechte usw., eingelegt werden. Dieses Verfahren macht auch das nachträgliche Abschleudern vor dem Trocknen überflüssig. Es bleibt sich gleich, ob der Durchfluß des Bades in horizontaler oder in vertikaler Richtung erfolgt.

Zum Aufhängen der Strähne bei der Nachbehandlung benutzte und benutzt man heute noch vielfach Glasstäbe oder Glasrohre; zwar sind Glas- und keramische Materialien vorzüglich im Betriebe, jedoch durch das häufige Brechen recht kostspielig. Holzstäbe, meist Haselnußholz, wie man sie häufig in den Färbereien verwendet, sind durchaus zu verwerfen. Es ist eine Unterlassungssünde, wenn ihre Benutzung geduldet wird. Abgesehen von der unvermeidlichen Rauheit des Stabes ist es unbedingt falsch, die feinen, leicht haftenden Zellulosefasern auf einen Holzstab gleiten zu lassen. Ich habe gefunden, daß gummierte Holzstäbe alle Vorzüge in sich vereinigen, die ein moderner, rationell arbeitender Kunstseidenbetrieb von solchen Stäben fordert; sie sind sehr leicht, werden daher beim Fallen auch nicht verletzt, sind elastisch, erwärmen sich nicht übermäßig und besitzen noch eine Reihe anderer wichtiger Vorzüge. Es ist aber nicht einfach, Holz sachgemäß zu gummieren. Es ist mir jedoch gelungen, ein Verfahren zu finden, welches die Herstellung tadelloser und billiger gummierter Holzstäbe ermöglicht.

g) Das Nachbehandlungsschema ist folgendes:

1. 5 Minuten Bad (1 vH Na$_2$S + 0,3 vH NaOH + 1 vH Glykose) bei 45—50° C.

2. 10 Minuten Bad (1 vH Na$_2$S (ohne NaOH) + 0,3 vH Glykose) bei 50—60°C.

3. 20 Minuten Bad in Wasser von 40—45° C.

4. 20 Minuten bleichen mit 0,075 vH aktivem Chlor + 0,04 NaOH bei 22° C.

5. 5 Minuten Bad in Wasser bei 27° C.

6. 10 Minuten absäuren mit 0,5 vH HCl (Zimmertemperatur).

7. 5 Minuten Bad in Wasser bei 27° C.

8. 15 Minuten Bad in Wasser von 45—50° C.

9. 15 Minuten zentrifugieren.

10. Appretieren; z. B. 10 Minuten mit einer Lösung von 0,48 vH Ölsäure, wovon 50 vH mit Natron verseift sind. Behandlung bei 40° C.

11. 20 Minuten zentrifugieren.

12. 3 Stunden trocknen (bei 65° C angefangen und bei 45° C endend).

h) Einfluß von Metallsalzen auf die Reißfestigkeit der Kunstseide. Zum Schluß dieses Kapitels möchte ich noch den Einfluß von Metallsalzen auf die Reißfestigkeit der Kunstseide erwähnen, da dieses Problem äußerst wichtig ist. Ich gebe daher meine Arbeit über dieses Thema, welche in der Chemiker-Zeitung[1] erschienen ist, gekürzt wieder.

In den verschiedensten Zweigen der chemischen Industrie ist die katalytische Beeinflussung durch Metallsalze bereits weitgehend geprüft worden, und auf Grund der dabei gesammelten Ergebnisse sind Arbeitsmethoden ausfindig gemacht worden, um Zufallsstörungen bzw. ungünstige Beeinflussungen durch derartige Salze unmöglich zu machen. Anders liegt der Fall bei der Kunstseide. Auch hier spielen verschiedene Metallsalze, leider im Sinne einer ungünstigen Beeinflussung der künstlich erzeugten Fäden, eine höchst wichtige Rolle. Es wurde gefunden, daß die Bleichbäder sich schnell an Metallsalzen anreichern, wobei durch ständiges Ergänzen und durch die Zugabe frischer Chemikalien die Mengen dieser Salze dauernd wechseln. Am geringsten sind diese Mengen immer zu Anfang des Arbeitstages, da morgens bei Beginn der Arbeit meist größere Mengen Wasser mit neuen Ansätzen zu den Bädern hinzukommen, auch durch Wechselwirkungen, Ausflockungen, Oxydation usw. die Bäder sich selbst reinigen. Als Salze sind solche von Eisen, Kupfer, Zink, Aluminium, Arsen, Mangan, Nickel, Zinn, Magnesium und Kalzium festgestellt worden. Selten konnte man auch Spuren von Quecksilber-, Kadmium- und Chromsalzen ermitteln. Lösliche Blei- und Antimonsalze waren fast nie zu finden. Da die gebräuchlichen Chemikalien zur Zeit sämtlich fast frei von den genannten Verunreinigungen erhältlich sind, so kommen als Bildner der Salze in erster Linie verschiedene Maschinen- und Apparaturteile in Frage.

Es ist ja schon seit langem bekannt, daß Kupfersalze auch in kleinsten Mengen sehr energisch in katalytischem Sinne als Sauerstoffüberträger wirken. Oft werden aus diesem Grunde Kupfersalze bei der Durchführung starker bzw. schneller Oxydationsvorgänge verwandt. Maschinenteile, die aus Kupfer, Bronzen, Messing oder anderen, Kupfer enthaltenden Legierungen bestehen, müssen als

---

[1] 1928, Nr. 81.

Bildner von Kupfersalzen angesehen werden. Günstiger verhalten sich Eisen und Stahl, obwohl auch den Eisensalzen eine verhältnismäßig starke katalytische Wirkung im Sinne der Oxydationsbeschleunigung zukommt. Diese Eigenschaft der Eisensalze ist an den sog. Rostflecken leicht erkennbar. Kommt Fadenmaterial, das mit braunen Rostflecken behaftet ist, mit Bleichbädern in Berührung, so ergeben solche Flächen stets höchst schwache Stellen hinsichtlich Reißfestigkeit und anderer physikalischer Eigenschaften. Nebenbei soll nicht unerwähnt bleiben, daß derartige Stellen beim Färben des Garnes immer einen anderen Farbton annehmen und ein buntes Material ergeben. Leider wird auch diese Erscheinung in der Praxis oft ohne weitere Überlegung auf eine Säurewirkung zurückgeführt. Ähnlich den Kupfersalzen wirken Arsen-, Mangan- und Vanadiumsalze sehr stark katalytisch. Schon Spuren von Arsensalzen wirken höchst ungünstig auf Kunstseidenfäden. Zink-, Aluminium-, Magnesium- und Kadmiumsalze scheinen als Sauerstoffüberträger keine oder wenigstens keine wesentliche Rolle zu spielen. Dagegen beeinflussen diese Salze oft indirekt das Zellulosematerial der Fäden ungünstig. Nickel-, Quecksilber-, Chrom- und Kalziumsalze üben anscheinend eine höchst ungünstige Wirkung aus. Insbesondere Chrom- und Quecksilbersalze sind in dieser Hinsicht bemerkenswert.

Nicht allein die Konzentration der Salzlösung bedingt die katalytische Aktivität, sondern auch die Löslichkeit, die Wertigkeit (Oxyd oder Oxydul) und die Anionen der fraglichen Salze. Ist die Löslichkeit des Salzes im Bade gering, oder befindet sich im Bade ein Stoff, welcher die katalytische Wirkung heruntersetzt bzw. ganz vernichtet, so ist die nachteilige Wirkung des Salzes auf den Seidenfaden demgemäß gering oder ganz aufgehoben. Salze, die leicht, insbesondere bei der Berührung mit organischen Stoffen, ihre Wertigkeit wechseln, sind, wie durch Versuche festgestellt wurde, als am stärksten aktiv anzusprechen. Der Charakter des Säureradikals oder der Hydroxylgruppe ist auch nicht ohne Wirkung. Besonders Metallsalze einer organischen Säure mit hohem Molekulargewicht haben sich als sehr träge erwiesen. Bei Metallsalzen einiger organischer Säuren findet bekanntlich infolge des Austausches der Säureradikale eine Umsetzung unter Bildung entsprechender Metallhypochlorite statt. In diesem Falle darf nicht nur die katalytische, sondern auch die spezifische Wirkung dieser Metallverbindungen nicht unberücksichtigt bleiben.

VIII. Trocknen.

a) **Allgemeines.** Die gewaschenen Zellulosegebilde werden sodann getrocknet. Beim Trocknen wird nicht nur mechanisch anhaftendes Wasser entfernt, auch die Eigenschaften der regenerierten Zellulose werden durch diesen Prozeß beeinflußt. Das äußerlich anhaftende Wasser läßt sich durch Behandlung mit trockener, vorgewärmter Luft leicht verdampfen; bedeutend schwieriger ist es aber, das Quellungswasser aus dem Kolloid zu entfernen. Dieser Eingriff ist stets mit einer Änderung der Elastizität, Festigkeit und des Wiederaufquellungsvermögens des Produktes verbunden. Die Entfernung der letzten Spuren des Aufquellungswassers ist außerordentlich schwierig. Naturzellulose besitzt, unabhängig von ihrer Herkunft, ein bedeutend geringeres Quellungsvermögen als regenerierte Zellulose, eine Tatsache, welche die geringe Widerstandsfähigkeit der aus Zellulosehydrat hergestellten Ge-

bilde im nassen Zustande erklärt. Eine Verringerung des Quellungsvermögens der Zellulose-Kunstprodukte würde für die Kunstseidenindustrie einen sehr wichtigen Fortschritt bedeuten.

b) Die Verringerung der Quellbarkeit. Die Quellbarkeit der
künstlich hergestellten Zellulosegebilde ist von chemischen und besonders Temperatureinflüssen abhängig. In der Praxis trocknet man die
nach dem Spulensystem hergestellte Kunstseide bei niedriger Temperatur, etwa 50—65° C. Versuche des Verfassers haben ergeben, daß die
Quellbarkeit der Zellulosegebilde durch Trocknen bei hohen Temperaturen (etwa 150° C) bedeutend abnimmt. Besonders günstige Resultate
werden erzielt, wenn die Fäden hierbei durch Vorbehandlung mit Stoffen,
welche leichter oxydierbar sind als Zellulose, oder durch Entfernung des
Sauerstoffs aus der Trockenluft vor Oxydation geschützt waren. So
will Bronnert bei der Herstellung von Kunstseidenfäden die Seiden-
stränge in 40 vH Formaldehydlösung bei Gegenwart von 0,8 vH Na-
triumformiat für die Dauer von 6—8 Stunden einweichen. Dann wird
auf das zweifache Gewicht des ursprünglichen Trockengewichtes abgeschleudert und etwa 24 Stunden der Luft ausgesetzt. Die Seide darf
dabei nicht vollkommen austrocknen. Nun kommt die Ware in einen
geschlossenen Trockenschrank, in welchem dauernd Luft umgewälzt,
aber keine frische zugeführt wird, und wird dort während 3—6 Stunden
gleichmäßig auf 148° C erhitzt. Die Seide bleibt dabei meistens rein
weiß oder wird nur schwach cremefarbig. Versuche haben gezeigt, daß
Ware mit einer Bruchfestigkeit von 1,46 g trocken und 0,47 g naß nach
der Behandlung eine Bruchfestigkeit von 1,61 g trocken und 0,91 naß
bekommt. Die Dehnung sinkt aber von ursprünglich 12 trocken und
14 naß auf 7—9 trocken und 14 naß. Ich nehme an, daß diese Nachbehandlung bessere Resultate zeitigen wird, wenn die Behandlung an
frisch gebleichter bzw. nachbehandelter Kunstseide vor dem Trocknen,
aber nach Entwässerung mittels Alkohol oder Azetylentetrachlorid
vorgenommen wird.

Das gleiche Resultat wurde erhalten, wenn der Trockenprozeß bei
niedriger Temperatur (etwa 50° C) aber längere Zeit (etwa 20 Tage) unter
Sauerstoffausschluß durchgeführt wurde. Die Feuchtigkeitsentziehung
darf übrigens eine gewisse Grenze nicht überschreiten; sinkt der Wassergehalt unter 9 vH, so büßt das Gebilde viel an Dehnung ein. Beim
Trocknen schrumpft das Kolloid stark zusammen. Hindert man das
Schrumpfen nicht, so leidet die Dehnbarkeit des Produktes. Die
erste Trocknung soll daher stets unter einer gewissen Spannung vorgenommen werden. Dies geschieht auch, um möglichst glatte Erzeugnisse zu erhalten.

Man unterscheidet zwei Trocknungsvorgänge, und zwar die Vortrocknung der rohen, nicht vorbehandelten Seide, und die Fertigtrocknung,

d. h. diejenige der fertigen, bereits nachbehandelten, gebleichten Kunstseiden. Beide Trockenprozesse werden zur Zeit fast ausschließlich in
sog. Kanaltrocknern vorgenommen.

c) Der Kanaltrockner. Der Apparat wird durch einen in einzelne
Trockenzonen (ohne Zwischenwände) geteilten Kanal gebildet, hinter
dessen seitlichen Wänden Heizelemente untergebracht sind. Über jeder
Trockenzone befinden sich zwei Ventilatoren, die die Luft in senkrechtem, sich ständig wiederholendem Kreislaufe den Heizelementen
und anschließend dem Trockengute zuführen. Der Apparat arbeitet
nach dem Gegenstromprinzip, d. h. das Trockengut wird entgegen der
Richtung der Zirkulationsluft bzw. der eintretenden Frisch- oder Raumluft durch den Apparat bewegt. Das Ansaugen der Frischluft erfolgt
durch das offene Kühlabteil am Ausgange, in dem die Abkühlung des
Trockengutes bis auf annähernd Raumtemperatur erreicht wird. Die

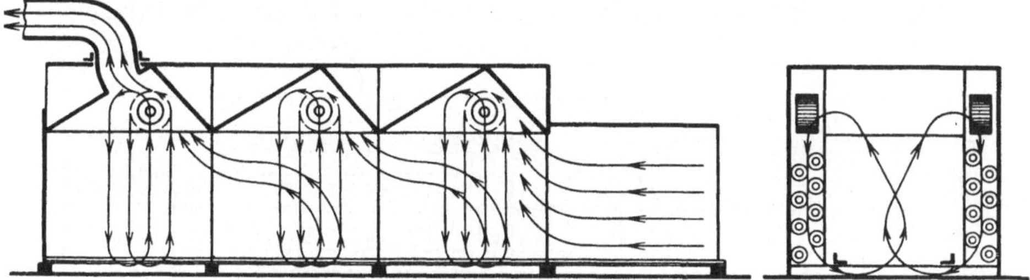

Abb. 94. Schematische Darstellung der Luftbewegung im Kanaltrockner.

Abführung der gesättigten Luft erfolgt durch zwei Ventilatoren, die
sich über dem ersten Abteile befinden. Die durch das Kühlabteil eintretende Luft nimmt von Abteil zu Abteil an Wärme und Feuchtigkeit
zu und verläßt, wenn sie im ersten Abteil von Absaugventilatoren erfaßt
und angeblasen wird, den Apparat im Sättigungszustande. Dadurch
ergibt sich die größte Wirtschaftlichkeit im Dampfverbrauch; der Kraftverbrauch ist durch günstige Luftdurchgangsquerschnitte geringer (entsprechend etwa 1,3—1,5 PS je 1000 kg Wasserverdunstung) als bei einem
gleich großen Apparat anderen Systems. Die schematische Darstellung
der Luftbewegung und die Anbringung der Heizelemente beim genannten
Kanaltrockner ist aus der Abb. 94 ersichtlich. Bekanntlich enthalten

1. 100 kg trockene Rohspulenseide nach dem Waschen etwa 300 kg
Wasser,

2. 100 kg (Trockengewicht) auf Wagen gespannte Zentrifugenseide
500 kg Wasser,

3. 100 kg geschleuderte, gebleichte Strangseide 100 kg Wasser.

Dieses Wasser muß beim Trocknen verdunstet werden. Die Maschinenfabrik Friedr. Haas in Lennep will dieses im ersten Fall mit 390 bis
510 kg, im zweiten Fall mit 650—850 kg, und im dritten Falle mit 130

bis 170 kg Dampf, entsprechend 1,3—1,7 kg Dampf für 1 kg zu verdunstendes Wasser, bei Anwendung ihrer Apparate erreichen. Einen
äußerst einfachen Trockenapparat der Zittauer Maschinenfabrik, A.-G.,
für bereits nachbehandelte, gebleichte Strangseide zeigt die Abb. 95.
Die Beförderung des Trockengutes durch den Kanal, soweit es sich um
Strähngarn handelt, erfolgt durch Kettenbetrieb, wie ihn die obige
Abbildung zeigt. In einem solchen Apparat sind endlose Ketten angeordnet, die die Garnstäbe bei ihrem ununterbrochenen Umlaufe ganz
langsam von Abteil zu Abteil vorwärts bewegen. Der Apparat ist mit
automatischer Ablegevorrichtung ausgestattet, so daß man nur von
Zeit zu Zeit eine Anzahl mit Strähngarn behangene Stäbe am Ausgang
des Apparates abzunehmen hat.

d) **Vortrocknung der rohen Kunstseide.** Die Trocknung der
nassen, rohen Spulen- oder gespannten Zentrifugenseide nimmt etwa
4, höchstens 6 Stunden in Anspruch und wird bei 60—65° C durch-

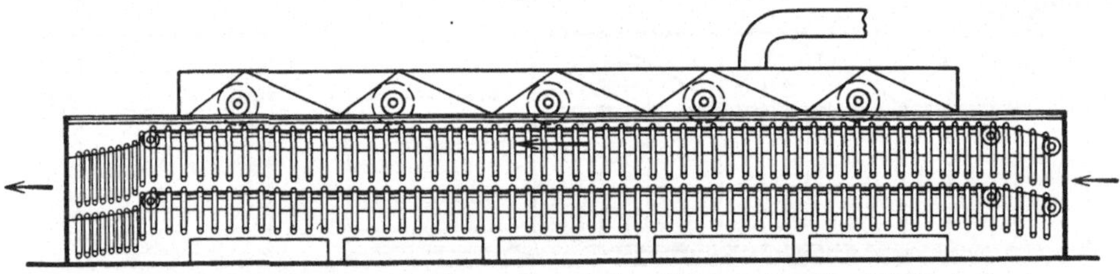

Abb. 95. Kanaltrockner für Strangseide. System Zittauer Maschinenfabrik, A.-G.

geführt. Dagegen soll die nachbehandelte, gebleichte und geschleuderte
Kunstseide höchstens 3 Stunden bei 45° C, die ungeschleudert in den
Trockenkanal gelangende Seide bei höchstens 65° C getrocknet werden.

Wie bereits erwähnt, sucht man in der letzten Zeit das Vortrocknen
der Rohseide auszuschalten und die unmittelbar von der Spinnmaschine
kommenden und vom Fällbade freigewaschenen Fäden direkt der Nachbehandlung und Bleiche zu unterwerfen und nur am Schluß fertig zu
trocknen. Wie schon in anderen Kapiteln erwähnt, ist diese Arbeitsmethode jedoch zu verwerfen. Zwar wird viel Handarbeit und auch
Kohle erspart, doch stehen der Ersparnis so große Nachteile in bezug
auf die Qualität des Fertigfabrikates gegenüber, daß ein Betrieb, welcher
erstklassige Erzeugnisse auf den Markt bringen will, die Mehrkosten
nicht scheuen darf. Nur im äußersten Falle ist es zulässig, die Entschwefelung bereits an der frisch gesponnenen Rohseide vorzunehmen.
Die Bleiche soll aber unbedingt erst nach der Vortrocknung erfolgen.
Die Spulenseide erfordert, da sie beim Spinnen auf einen festen Körper
(Bobine) gewickelt worden ist, keine Nachspannung. Die besponnenen
Spulen werden nach der Wäsche auf einen Spezialwagen aufgesteckt
und gelangen in den Kanaltrockner, wie Abb. 96 einen zeigt (Friedr.

Haas). Die Zentrifugenseide dagegen, die bekanntlich in nassem Zustande gehaspelt bzw. in Strangform übergeführt wird, muß erst durch Spannen auf einem Spannwagen wieder auf die ursprüngliche Länge zurückgebracht werden. Die Trocknung erfolgt dann in diesem ge-

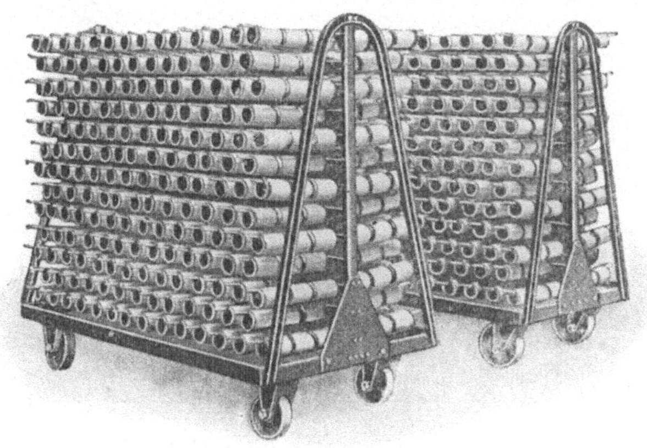

Abb. 96. Spezialwagen für Spulen.

spannten Zustande. Die Auflege- bzw. Spannstäbe werden zweckmäßig aus starkwandigem (Wandung etwa 5 mm) Hartaluminium hergestellt (Berg-Heckmann-Selve, A.-G.) und besitzen eine Länge von 75 cm bei 38 mm Durchmesser. Stäbe mit Stahlrohreinlage haben verschiedene Mängel gezeigt und werden heute in modernen Betrieben nicht mehr angewendet. Die Seide wird auf den ursprünglichen Haspelumfang von 107 cm gespannt. Soll die Dehnung des Fadens aus irgendwelchem Grunde erhöht werden, so spannt man etwa 2 vH geringer als der Haspelumfang gewesen ist. Demnach wird bei Überschreitung des Haspelumfanges die Dehnung verringert, doch darf man

Abb. 97. Spannwagen für Zentrifugenseide. System Zittauer Maschinenfabrik A.-G.

hierbei nicht zu weit gehen, da sonst die beim Trocknen stark schrumpfenden Fäden reißen.

e) **Durchführung der Trocknung.** Noch vor einigen Jahren erfolgte diese Trocknung auf einem Spannwagen, und zwar starr. Eine Vervollkommnung in dieser Hinsicht brachte die Maschinenfabrik Zittau, A.-G. Aus der Abb. 97 ist zu ersehen, daß die Garnstränge infolge Einschaltung einer kräftigen Feder bei jedem Spannstabe elastisch und gleichmäßig gespannt werden, was ein Zerreißen von Einzelfäden verhütet. Die gleiche Firma baut aber auch Spannrahmen für Zentri-

Abb. 98. Kanaltrockner für gespannte Zentrifugenseide. System Friedr. Haas.

fugenseide, welche in den beschriebenen Kanaltrockner mit Kettenbetrieb hineinpassen.

Nach Angabe der Zittauer Maschinenfabrik schwankt der Dampfverbrauch bei Benutzung ihrer Kanaltrockner von 30—60 kg bei einer

Abb. 99. Kanaltrockner für Strangseide ohne Spannung. Konstruktion Friedr. Haas.

Wasserverdunstung von 20—40 kg, wobei je Abteil des Trockners stündlich beim Trocknen gespannter Zentrifugenseide 30—50 kg, bei Spulenwagen 35—23 kg Wasser verdampft wird.

In letzter Zeit baut die gleiche Firma einen ganz neuen Trockenapparat, in dem zwei Reihen von Garnsträngen übereinanderhängen.

Zwei vollkommen getrennte Luftströme von gleichmäßiger Trockenkraft
bestreichen die beiden Garnreihen gleichmäßig. Die nasse Kunstseide

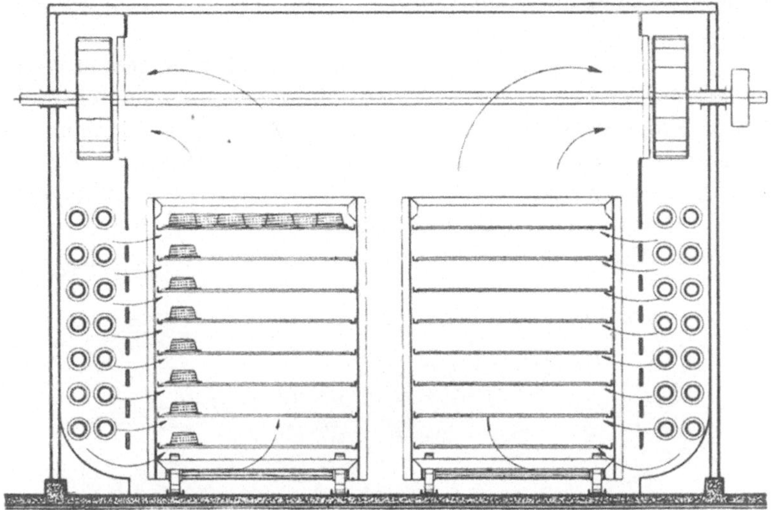

Abb. 100. Kanaltrockner für Spinnkuchen. System Friedr. Haas.

wandert unten hinein und kommt in der zweiten oberen Bahn trocken
zurück. Sie wird somit im feuchten Zustande von der Luft von unten

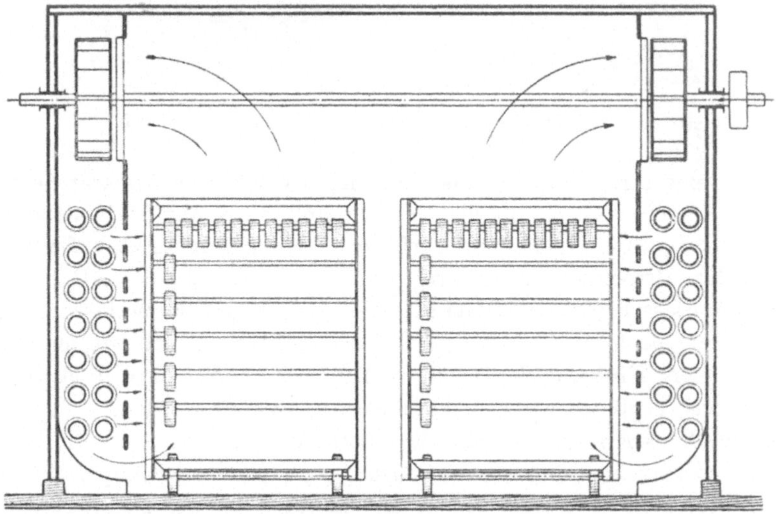

Abb. 101. Kanaltrockner für Spinnkuchen zur Trocknung auf Stuben.

nach oben, dagegen im trockenen Zustande, wo sie leicht zum Verfilzen
neigt, von oben nach unten durchgeblasen und dabei geglättet.

Abb. 98 (Friedr. Haas) zeigt, daß auf hängenden Spannwagen die mit Kunstseide behängten Spannstäbe in drei Reihen und einmal übereinander meist mittels eines mechanischen Wagenvorschubes in den Kanaltrockner gebracht werden.

Interessant ist auch der von der gleichen Firma gebaute Kanaltrockner, der zum Trocknen fertiger, d. h. nachbehandelter und gebleichter Kunstseide dient (s. Abb. 99). Dieser Apparat zeichnet sich durch geringe Größe und bedeutende Leistungsfähigkeit aus. Wie bereits mehrmals erwähnt, will man in der letzten Zeit die Zentrifugenseide in Kuchenform nachbehandeln, bleichen und fertig trocknen. Wie die beiden Abb. 100 und 101 in schematischer Darstellung zeigen,

Abb. 102. Kanaltrockner für lose Faserstoffe. System Friedr. Haas.

wird von der Firma Friedr. Haas ein hierzu geeigneter Apparat bereits gebaut. Die eine Abbildung zeigt die Spinnkuchen, auf Stäbe gehängt, die andere die Spinnkuchen auf perforierte Böden aufgesetzt, auf Wagen in den Kanaltrockner eingeführt.

f) Trocknung der Stapelfaser. Soll die Kunstfaser, z. B. Stapelfaser, als loses Material getrocknet werden, so benutzt man am besten einen Einband-Trockner (s. Abb. 102). Mit diesem Apparat können sehr große Mengen Viskosefasern bewältigt werden.

Beim Trocknen von Kunstseide, überhaupt aller Kunstfasern, ist es äußerst wichtig, die Garne beim Durchgange durch den Apparat nicht nur vollkommen zu trocknen, sondern sie auch bis auf Zimmertemperatur abzukühlen. Außerdem ist zu beachten, daß die Einzelfasern nicht durch die Einwirkung des Luftstromes verfilzt werden oder anderswie in Unordnung geraten, wodurch das dem Trocknungsprozeß folgende Sortieren erschwert wird. Die Temperatur muß im allgemeinen, wie

auch in den einzelnen Zonen leicht regulierbar sein, desgleichen auch
die Strömungsgeschwindigkeit der Trockenluft. Im allgemeinen werden
diese Bedingungen von den modernen Kanaltrocknern gut erfüllt.

Es wäre zu erwägen, ob die Trocknung nicht schneller und billiger durch Verdrängung des Wassers, evtl. bei Siedetemperatur, mit
Kohlenwasserstoffen, nicht feuergefährlichem Azetylentetrachlorid oder
anderen Verbindungen durchzuführen wäre. Die zu starke Entwässerung
könnte durch das später zur Entfernung des Azetylentetrachlorides
notwendige Dämpfen oder auf andere Art ausgeglichen werden. Das
Verfahren würde z. B. ermöglichen, das Waschen, Entschwefeln und
Trocknen der Kunstseide in einem Apparat, z. B. nach dem Druckgefälle-Verfahren, vorzunehmen.

IX. Physikalische Eigenschaften der Kunstfaser.

1. Allgemeines.

Die äußere Form, wie auch die Struktur der Fasern, sind für deren
Verarbeitung von großer Bedeutung. Weit ausschlaggebender ist aber
der Zustand der gefällten Zellulose, und aus diesem Grunde die Bedingungen, unter welchen die Regeneration vollzogen wurde. Ist z. B. die
Faser nicht in allen Teilen gleichmäßig oder variieren einzelne Fasern
im Faden, was ihr äußeres Verhältnis zueinander anbetrifft, so treten
beim Anfärben Ungleichmäßigkeiten zutage. Naturgemäß liefern solche
Fäden beim Verweben ebenfalls ungleichmäßige und daher minderwertige Stoffe. Eine wichtige Rolle, besonders bezüglich der Anfärbbarkeit, spielt der Aufbau der Zellulosemizellen im Faden, d. h. deren
chemisch-physikalischer Zustand. Nach Faust[1] sollen sogar untergeordnete Faktoren, wie Veränderung der Fällstrecke, Art und Lage
des Fadenführers, Änderung des Abzuges, Strömung des Spinnbades
usw. von Bedeutung für die Gleichmäßigkeit des Fadenmaterials sein.
Es ist ohne weiteres einleuchtend, daß jeder chemisch-physikalische
Vorgang in der Herstellung, bei den Rohstoffen angefangen, auch auf
die chemisch-physikalischen Eigenschaften der fertigen Kunstfaser von
Einfluß ist. Auf diesem Gebiet ist auch bereits viel gearbeitet und veröffentlicht worden. Leider gestattet es mir der beschränkte Platz nicht,
auf diese Arbeiten hier näher einzugehen. Es soll nur allgemein darauf
hingewiesen werden, daß die Verschiebung eines Faktors bei der Herstellung der Kunstseide, zwangsläufig eine Verschiebung einer ganzen
Reihe abhängiger Faktoren verursacht und somit oft eine vollkommene
Umgestaltung der Eigenschaften des fertigen Produktes herbeiführt.
Will man dauernd gleichmäßige Kunstfasern erzeugen, ist daher in erster

---

[1] Faust: Kunstseide. Dresden. Th. Steinkopff. 1928.

Linie eine absolute Gleichmäßigkeit in der Einhaltung der gegebenen Bedingungen zu beachten. So ist die oft gerühmte Gleichmäßigkeit der Produkte großer englischer Fabriken in der konservativen Leitung dieser Betriebe zu begründen, die sich streng an die bewährten Erfahrungen und Errungenschaften hält und nicht laboriert. Man kann fast sagen: „Zeige mir das Fertigfabrikat und ich werde dir sagen, in welchem Lande es hergestellt wurde." Es ist zwar eine merkwürdige, aber nichtsdestoweniger zutreffende Behauptung, daß der Charakter der Belegschaft und der technischen Leitung dem von ihr erzeugten Produkt einen besonderen Stempel aufdrückt.

Das Problem der Anfärbbarkeit ist von Weltzien in neuester Zeit ganz vorzüglich bearbeitet worden und es ist daher überflüssig, hier noch näher darauf einzugehen. Außerdem sind aber auch die chemisch-physikalischen Eigenschaften der Viskosekunstfaser von großer Bedeutung. Diese Eigenschaften sind äußerst wichtig für die Weiterverarbeitung der Kunstseidenfaser, und die nachfolgend aufgeführten Faktoren sind maßgebend für die Beurteilung des Fabrikationsganges: Bruchfestigkeit, Feuchtigkeitseinfluß, Dehnbarkeit bzw. Elastizität, Drall und Glanz.

Wie bereits erwähnt, ist absolut trockene Naturzellulose hart, spröde und hornartig. Liegt aus Viskose regenerierte Zellulose vor, wie es bei Kunstseide der Fall ist, so ist diese zwar in ganz entwässertem Zustande auch hornig, jedoch reaktionsfähiger und stärker quellbar. Ich verweise hier auf meine Arbeit in Melliands Textilberichten[1].

a) Dehnung der Fasern im nassen und trockenen Zustand. Mit steigender Quellung bzw. Aufnahme von Wasser wird gefällte Zellulose immer plastischer, bis volle Sättigung und somit die Höchstgrenze der Quellbarkeit in Wasser, welche von verschiedenen Faktoren abhängig ist und in bestimmtem Maße variiert, erreicht ist. Je plastischer die Zellulosemasse der Faser wird, um so mehr steigert sich die Dehnungsfähigkeit unter gleichzeitigem Rückgang der Bruchfestigkeit. Die Dehnung des Fadens wird oft fälschlich als Elastizität bezeichnet, was dadurch erklärt werden kann, daß die Dehnung, falls der Faden nicht bis zum Bruch beansprucht wurde, beim Wiederaufquellen der Faser beträchtlich zurückgeht, so daß die Faser die ursprüngliche Länge wieder annimmt. Nach Kämpf[2] müßte man annehmen, daß die Seitenkräfte der Mizellen, durch welche die Elastizität bedingt wird, aus irgendwelchem Grunde zu schwach sind, die durch die Dehnung im trockenen Zustande hervorgerufene Spannung aufzulösen. Nur wenn

---

[1] Gequollene Hydratzellulose und der Sauerstoff. Melliands Textilberichte 1930, H. 7.

[2] Rechnerisches und Spekulatives über den Spinnvorgang. Die Kunstseide 1927.

durch Wiederaufquellung der Faser die Innenreibung der Mizellen vermindert worden ist, genügen diese Kräfte, um die Einzelkriställchen in die ursprüngliche Lage wieder zurückzuführen. Durch das Quellen werden diese Seitenkräfte noch um ein Vielfaches geschwächt und es ist anzunehmen, daß die Dehnung nichts anderes als ein einfaches Vorbeigleiten der Mizellen aneinander ist. Dies beweisen auch die Untersuchungen von Gasicek[1], aus welchen erkennbar ist, daß beim Dehnungsprozeß Einschnürungen bzw. schwächer werdende Stellen an den Fasern gebildet werden, deren Rißenden beim Bruch spitz auslaufen. Die wahre Elastizität der Kunstfasern ist nur sehr gering und beträgt etwa 2 vH der Länge. Man kann sogar behaupten, daß eine Elastizität überhaupt nicht besteht, da die genannten 2 vH eher als Zellulosekriställchen-Orientierungseffekt anzusprechen sind. Zeigen die Kriställchen (Mizellen) eine geringe Orientierung in der Längsrichtung, so weisen sie bei der Dehnung, wenn man so sagen darf, eine gewisse Biegungselastizität auf, welche mit steigender Orientierung geringer wird und bei vollkommener Parallelität ganz verschwindet. Aus diesem Grunde zeigen Kunstfäden, die nach dem Streckspinnverfahren gesponnen worden sind, die geringste Elastizität, dagegen aber größte Bruchfestigkeit im trockenen wie auch im nassen Zustande. Letzteres erklärt sich durch dichtere, kompaktere Anlagerung der einzelnen Zellulosekriställchen aneinander unter Ausnutzung aller Seitenkräfte, was auch durch geringere Quellbarkeit derartiger Fasern im Wasser bestätigt wird. Steigert man die Bruchfestigkeit der Fasern durch Streckung beim Spinnen, so vermindert man damit die Dehnungsfähigkeit. (Nebenbei sei erwähnt, daß die Orientierungsfähigkeit der Zellulosekriställchen anscheinend auch von der Reife der Viskose abhängig ist. Wenig reife Viskosen ergeben beim Streckspinnverfahren stets dehnbare Fäden.)

Auf Grund der obigen Ausführungen kommt für die Praxis die Dehnung der Fäden im trockenen wie im nassen Zustande in Frage. Da solche Prüfungen immer relativen Charakter tragen, so sucht man die trockene Bruchfestigkeit immer bei gleicher relativer Feuchtigkeit von 65 vH und Raumtemperatur von 20^0 C zu ermitteln. Ein modernes Prüfungslaboratorium ist daher mit einer automatisch arbeitenden Temperatur- und Feuchtigkeitsregelanlage z. B. nach dem Cärriersystem (Cärrier Lufttechnische Ges., Berlin-Stuttgart) auszurüsten.

Die Naßfestigkeit wird dagegen bei vollständiger Nässe des Garnes bestimmt, d. h. auf dem Garn müssen noch Wassertropfen (Perlen) haften.

b) Bruchfestigkeitsprüfung. Die Bruchfestigkeitsprüfung wird meistens mit dem bekannten Festigkeitsprüfer, System Schopper,

---

[1] Beitrag zur Frage der Kunstseidenspannschüsse. Melliands Textilberichte 1930, H. 9.

ausgeführt, und zwar für gezwirnte Garne mit höchster Zugkraft von 0,5 kg bei einer Einspannlänge von 500 mm und einem Antrieb mittels Schwerkraftmotor (Abb. 103). Der Antrieb des Apparates erfolgt durch eine mittels Schwerkraftmotor bewegte Zahnstange. Der Motor wird durch einen Schalthebel ein- und ausgeschaltet. Die Antriebsgeschwindigkeit, d. h. die Abwärtsbewegung der Zahnstange bzw. der ziehenden Klemme in der Zeiteinheit (z. B. 1 Minute), läßt sich durch Regulieren des Schwerkraftmotors variieren. Mittels des Umschalthebels können zwei Geschwindigkeiten eingestellt werden. Beim Verstellen des Umschalthebels werden Geschwindigkeiten zwischen den Grenzen 100 und 500 mm bzw. 200—1000 mm Zahnstangentiefgang je Minute erreicht. Die einzelnen Geschwindigkeitsstufen innerhalb der beiden Bereiche werden durch eine Regulierschraube eingestellt. Das Umlegen des Umschalthebels von einer Stellung nach der anderen darf nur bei Abwärtsgang der Zahnstange erfolgen.

Das Gewicht, welches zu der Skala gehört, auf welcher man prüfen will, ist am Hebel anzubringen. Bei Benutzung der 100 g-Skala ist ohne Hebelgewicht, d. h. mit leerem Gewichtshebel, zu arbeiten.

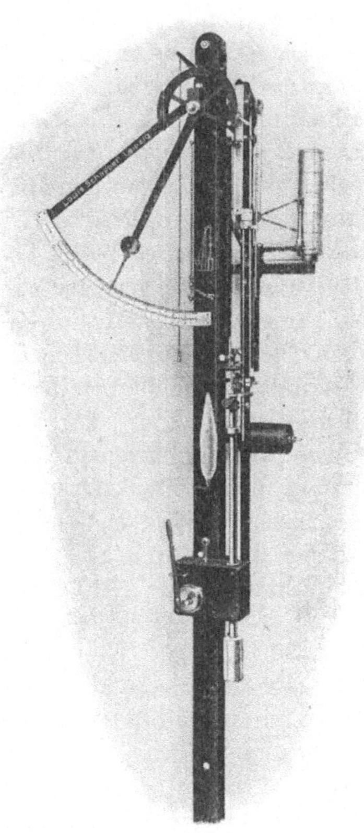

Abb. 103. Bruchfestigkeitsprüfapparat.

c) Reißlänge. Hat man außer der Bruchlast auch die Reißlänge des geprüften Materials zu bestimmen, so schneidet man nach dem Reißen des Probekörpers die beiden Teile unmittelbar an den Einspannklemmen J und M ab und wägt die beiden Teile zusammen. Die Berechnung der Reißlänge erfolgt dann nach der bekannten Formel:

$$R \text{ (Reißlänge)} = \frac{l - B}{G} \text{ Meter.}$$

$l =$ Länge des zerrissenen Probekörpers in Millimeter.

$G =$ Gewicht des zerrissenen Probekörpers zwischen den Klemmen in Gramm.

$B =$ die zum Zerreißen des Probekörpers benötigte Kraft in Kilogramm.

Es werden 5—10 Probekörper geprüft und davon das Mittel gezogen.

Um diese Arbeiten schneller zu erledigen, wägt man nicht jeden Probekörper allein, sondern nimmt alle 5—10 Stück zusammen und dividiert durch 5 oder 10, um das Gewicht eines Probekörpers zu erhalten. Desgleichen verfährt man mit den Prüfungswerten, addiert alle 5 oder 10 und zieht davon das Mittel.

Bei Kunstseide tritt der Bruch nicht plötzlich ein, sondern nach und nach. Da bei dem ersten eingetretenen Bruch jede Festigkeit aufhört, so ist in dieser Belastungsstufe auch das höchste Maß der Ausdehnung erreicht. Solange nun zwischen den Klemmen noch etwas Bindung besteht, kann sich die Klemme M nicht senken und den Dehnungsmaßstab nicht auslösen. Um hierbei eine genaue Angabe der Dehnung zu sichern, muß die Zahnstange im Augenblick des ersten eintretenden Bruches des Probekörpers sofort zum Stillstand gebracht werden. Beachtet man Vorstehendes nicht, so erhält man falsche Rechnungswerte, und zwar Plusresultate.

Bei Nichtgebrauch des Apparates soll der Gewichtshebel stets festgelegt sein.

Wird die Prüfung der Bruchfestigkeit bei stets gleicher Feuchtigkeit und unter stets unveränderten Bedingungen vorgenommen, so wird dadurch nicht nur eine richtige Beurteilung der Kunstfaser mit Bezug auf Eignung zur Weiterverarbeitung ermöglicht, sondern der Fabrikationsgang läßt sich ebenfalls in seinen einzelnen Prozessen exakt und gleichmäßig durchführen. Die Bruchfestigkeit der Viskoseseide im trockenen und feuchten Zustande schwankt zur Zeit etwa wie folgt:

trocken 1,59 naß 0,75 Dehnung: trocken 14 naß 21
„ 1,42 „ 0,68 „ „ 24,7 „ - 31,6

Natürlich sind auch Trockenbruchfestigkeiten über 2 g je Denier anzutreffen. Nach Lilienfeld soll Kunstseide z. B. eine Trockenbruchfestigkeit von 7 g je Denier aufweisen. Nach bisher üblichen Verfahren hergestellte Kunstseiden zeigen, wie bereits erwähnt, allgemein bei der Steigerung der Bruchfestigkeit abnehmende Dehnung, besonders in trockenem Zustande, eine Erscheinung, die sich bei der Weiterverarbeitung, besonders in der Wirkerei, sehr unangenehm auswirkt. Dagegen ist in der Weberei eine große Dehnbarkeit von Nachteil, die beim Verspinnen wenig reifer Viskosen von z. B. 14—15° Chlorammon (nach Hottenroth) auftritt (d. h. über 30 Dehnung trocken). Solche Garne geben leicht Spannschüsse (Glanzstreifen). Sie erschweren auch das Verweben dadurch, daß sie gegen die Temperatur- und Feuchtigkeitsschwankungen des Weberaumes zu empfindlich sind.

Die Naßfestigkeit und die Naßdehnung sind bei der Verarbeitung der Garne zu Strümpfen und Unterwäsche besonders wichtig, auch wird danach die Waschbarkeit und das Verhalten der Gewebe gegen Feuchtigkeit beurteilt.

Die Bruchfestigkeit im trockenen und nassen Zustande kann durch die Nachbehandlung, Bleiche, Säuern usw. sehr nachteilig beeinflußt werden. Interessant ist die Feststellung, daß Kunstseidengarne durch Vortrocknung und Spannung günstig beeinflußt werden, was gegen die heute verbreitete Anschauung die Nachbehandlung ohne diese beiden Faktoren vorzunehmen, spricht. So zeigen Viskoseseiden, die ohne Vortrocknung und Spannung nachbehandelt worden sind, einen Bruchfestigkeitsverlust von 30 vH gegenüber gleichzeitig hergestellten Viskoseseiden, welche vor der Nachbehandlung vorgetrocknet und gespannt worden sind.

d) Drall. Die Bruchfestigkeit und Dehnung des Fadens ist jedoch nicht nur allein von den erwähnten Faktoren abhängig, sondern auch von dem durch die Drehung des Fadens auf die Einzelfaser ausgeübten Druck. Werden kräftige Fasern zu einem lose gedrehten Faden von ca. 88 Windungen auf einen laufenden Meter verwendet, so ist durch die geringe Drehung der Widerstand der Verbindung nicht groß. Der Faden reißt bei der Bruchfestigkeitsprüfung durch Auseinanderreißen der Fasern und nicht durch den Bruch der Fadensubstanz. Die ganze Stärke der Faser kommt nicht zur Verwertung. Sollen daher Garne erzeugt werden, die einen stärkeren Zug aushalten, so werden weniger kräftige Fasern jedoch unter Anwendung schärferer Drehung verwendet, die eine festere Verbindung der Einzelfasern untereinander ermöglicht. Um bei solchen Garnen die Fadensubstanzfestigkeit möglichst auszunutzen, gibt man dem für die Kette bestimmten Faden 145, dem für den Schuß bestimmten 275 Drehungen je laufenden Meter. Es ist bei einer so vermehrten Drehung jedoch darauf zu achten, daß nicht der kritische Punkt überschritten wird, bei welchem durch Überdrehung die Fadenfestigkeit abnimmt. Naturgemäß ist hartgedrehtes Garn weniger voluminös als weiches, weil von außen her durch Windungen gegen die Fadenachse zu ein zentraler Druck ausgeübt wird, der sich mit zunehmender Drehung vermehrt. Je größer die Drehung eines Fadens ist, um so mehr werden die nach dem Inneren des Fadens zu liegenden Fasern von den äußeren Randfasern zusammengedrückt, so daß der Faden an Volumen einbüßt, wodurch auch die Deckkraft des Garnes abnimmt. Es sei noch erwähnt, daß bei der Drehung des Fadens die äußeren Schichten stärker gedreht werden als die inneren. Am geringsten ist die Drehung bei den in der Fadenachse liegenden Fasern. Die Anspannung ist bei den außenliegenden Fasern größer als bei den innenliegenden, und die außenliegenden Fasern werden bezüglich Dehnung mehr beansprucht. Hat der gezwirnte Faden einen feineren Titer, so ist die Überdrehung der äußeren Faserschichten im allgemeinen geringer als bei dickeren Fäden mit höherem Titer. Ist die Zwirnung gleichmäßig und für die gegebene Faserstärke richtig durchgeführt worden, so ist der Reibungswiderstand zwischen den einzelnen Fasern im Faden größer als die Kohäsion der Faserkriställchen, und die Fäden weisen daher größere Reißfestigkeit auf.

Um die tatsächliche Bruchfestigkeit und Dehnung zu erhalten, muß deshalb der ungezwirnte Faden untersucht werden, indem das ganze Faserbündel zerrissen wird, wodurch man das Durchschnittsergebnis je Denier und Faser erhält. Es ist ratsam, diese Untersuchung auf dem Festigkeitsprüfer mit hydraulischem Antrieb und Kraftleistung von

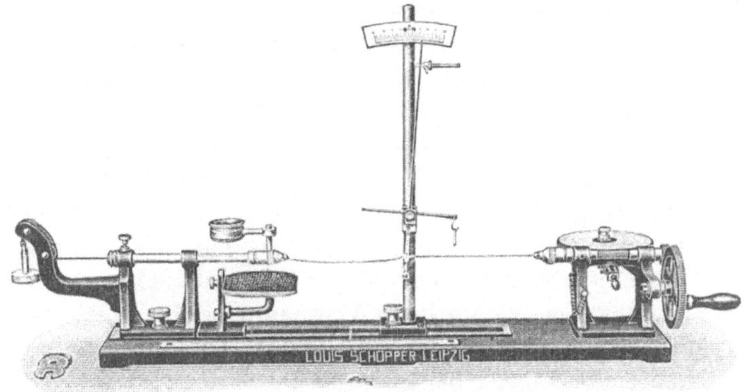

Abb. 104. Drallbestimmungsapparat.

1 kg bei einer Einspannlänge von 100 mm der Firma L. Schopper durchzuführen.

Außer auf Bruchfestigkeit muß der Kunstseidenfaden auch noch auf Drall und Vorspannung geprüft werden, wozu man einen Schopper-Spannungsfühler, kombiniert mit Drallbestimmungsvorrichtung (s. Abb. 104), benutzt.

Der Spannungsfühler besteht aus einem empfindlichen Zeigersystem, einer Bogenskala und einem Stativ. Das Zeigersystem befindet sich unbelastet im indifferenten Gleichgewicht und schwingt um eine Nadel-achse. Der untere Schenkel des Zeigersystems trägt eine Klemme, die zum Einspannen des Fadens dient. Am rechten Schenkel ist ein Haken zum Anhängen von Gewichten angebracht. Der Abstand des Hakens vom Drehpunkt des Systems ist gleich dem Abstand der Einspann-klemmen vom Drehpunkt. Es ist dadurch erreicht, daß der eingespannte Faden in horizontaler Richtung eine Belastung erfährt, die den am rechten Schenkel angehängten Belastungsgewichten entspricht. Der Gewichtssatz ist so unterteilt, daß Vorspannungen von $^1/_{10}$—10 g in Stufen von $^1/_{10}$ zu $^1/_{10}$ g eingestellt werden können. Der obere Schenkel des Systems ist als Zeiger ausgebildet. Er zeigt auf der Bogenskala die Abweichungen der unteren Klemme nach rechts oder links von der Mittellage in vergrößertem Maßstabe an. Die Skala besitzt ein Meßbereich von ± 0 bis ± 10 mm und ist von $^1/_2$ zu $^1/_2$ mm geteilt. Die Größe des Zeigerausschlages nach rechts kann durch einen verschiebbaren Anschlag begrenzt werden.

Die Stativstange, an der das Zeigersystem und die Bogenskala befestigt sind, ist mit einem seitlich verschiebbaren Schlitten verbunden. Die Größe der Entfernung der Spannungsfühlerklemme von der rechten Einspannklemme des Drallapparates wird durch einen Zeiger auf dem an der Grundplatte angebrachten Maßstab angezeigt. Zum Feststellen des Schlittens dient eine Rändelschraube.

Versuchsausführung: Das Einstellen der zu untersuchenden Fadenlänge erfolgt durch Verschieben des Spannungsfühlers nach rechts oder links. Zu beachten ist dabei, daß sich die Entfernung der Spannungsfühlerklemme in der Mittelstellung von der rechten Drallapparatklemme aus dem angezeigten Wert am Maßstab plus dem auf dem Zeiger eingeschlagenen Betrag ($+ 50$ mm) zusammensetzt. Bei einer gewünschten Einspannlänge von 200 mm muß der Zeiger also auf 150 mm eingestellt werden. — Nach dem Einstellen der Prüflänge wird am rechten Schenkel des Zeigersystems das erforderliche Vorspanngewicht angehängt. Den bestehenden Vorschriften entsprechend soll bei Drehungsbestimmungen die Vorspannung betragen: bei Kunstseide Titer $\times$ $^1/_{30}$ g. Der Faden wird in die linke Klemme des Drallapparates, die vorher arretiert wurde, eingespannt, und dann von unten her in die Eederklemme des Spannungsfühlers eingelegt. Er soll dabei leicht durchhängen und in der Federklemme so hochgezogen werden, daß er den an der Klemme angebrachten Anschlag berührt. Danach wird der Faden in die rechte Klemme eingelegt und nachgezogen, bis der Zeiger des Zeigersystems auf 0 zeigt. Die genaue Fadenlänge ist dann abgegrenzt und die rechte Klemme wird geschlossen. Nun beginnt das Aufdrehen. Der Drallapparat wird dabei in der üblichen Weise gehandhabt, d. h. das Zählwerk auf Null gestellt und eingekuppelt, die Arretierung gelöst und das Antriebsrad in Drehung versetzt. Beim Aufdrehen erfährt der Faden eine Verlängerung, deren Größe an der Bogenskala angezeigt wird. Die Drehung des Handrades wird in gleichem Sinne fortgesetzt, bis sich der Faden wieder verkürzt. Sobald die Federklemme ihre Anfangsstellung (Zeigerstellung 0) wieder erreicht hat, wird mit Drehen aufgehört und der Zählerstand abgelesen. Die gefundene Zahl wird durch 2 dividiert und auf diese Weise die Anzahl Drehungen des Garnes, bezogen auf die gewählte Einspannlänge, gefunden. Während des Versuches wird gleichzeitig die größte Zeigerabweichung von der Nullstellung, die gleichbedeutend mit der Verkürzung ist, die das Garn beim Drehen ursprünglich erfahren hat (Zwirneinschlag), beobachtet.

Bei einigen Fäden kann trotz der geringen Vorspannungen ein Auseinanderziehen des Garnes in aufgedrehtem Zustande eintreten. Es würde in diesem Falle ein falsches Ergebnis erhalten werden, wenn die Verlängerung des Garnes durch Drehung ausgeglichen würde. Um diesen Fehler zu vermeiden, schiebt man den Anschlag so weit nach links, daß der Zeiger nur etwa die Hälfte des Weges zurücklegen kann, den er ungehemmt machen würde. Während des Versuches wird der Zeiger nach einer entsprechenden Verlängerung des Garnes am Anschlag anliegen. Der Faden wird dadurch entlastet. Nachdem er durch Zusammendrehen wieder verkürzt wurde, erfährt er wieder die ursprüngliche Belastung. Die Verkürzung, die das Garn bei der Herstellung erfahren hat, wird durch einen weiteren Versuch in der Weise bestimmt, daß man die Zeigerstellung beobachtet, bei der der Zeiger anfängt, sich plötzlich nach rechts zu bewegen. Der Anschlag ist dabei natürlich zurückgezogen.

Zu ermitteln ist die Drehung von Kunstseide Titer 60

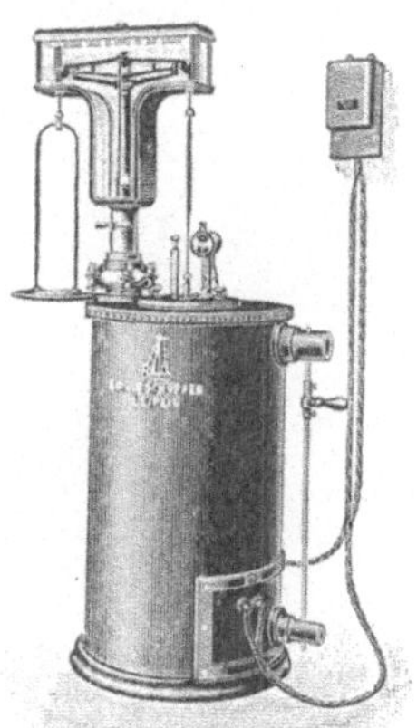

Abb. 105. Konditionierapparat.

$$\text{Vorspannung: } \tfrac{1}{30} \times \text{Titer} = \tfrac{60}{30} = 2 \text{ g,}$$
Einspannlänge: 25 cm,
abgelesener Zählerstand: 90,
$$\text{Drehung: } \tfrac{90}{2} = 45 \text{ bezogen auf 25 cm,}$$
$$= 180 \text{ Drehungen/1 m.}$$

Mit gleicher Gewissenhaftigkeit wie bei den vorstehenden Versuchen ist auch bei der Prüfung auf Feuchtigkeitsgehalt der Kunstseide zu verfahren; sie verläßt die Fabrik mit einem Wassergehalt von 10 vH. Es ist festzustellen, in welcher Weise die übrigen Eigenschaften der Kunstseide durch diesen Wassergehalt beeinflußt werden. Es gibt verschiedene Methoden, um die Prüfung durchzuführen. In Großbetrieben benutzt man meist den bekannten Konditionierapparat mit elektrischer Heizung, den Abb. 105 (System Schopper) zeigt. Die wesentlichen Teile des Apparates sind:

1. elektrische Heizkörper,
2. Raum zum Erhitzen der Luft, welche durch den Apparat strömt und das Trocknen bewirkt,
3. Raum zum Trocknen des Prüfmaterials,
4. 1 Thermometer, welches die Temperatur der Trockenluft anzeigt,
5. 1 Korb zur Aufnahme des Prüfmaterials oder 1 Strähnenhalter,
6. 1 Abzugsrohr für die feuchte Luft,
7. 1 Präzisionswaage,
8. 1 Temperaturregler.

Die Waage ist auf den Apparat montiert und ermöglicht so das Wiegen der Probe im Trockenraum. Es ist dies ein sehr großer Vorteil, da die Probe, wenn sie außerhalb des Trockenraumes gewogen wird, sofort wieder Feuchtigkeit aufnimmt und das Wiegeergebnis dann unzuverlässig ausfällt.

Damit der für die Anlage charakteristische Luftstrom das Auswiegen im Fertigtrockner nicht beeinträchtigt, sind verschließbare Klappen angebracht, durch welche der Luftstrom für die Dauer des Wiegens abgestellt wird.

Versuchsausführung: Nachdem das Gewicht des zu prüfenden Materials bestimmt ist, wird es in den Trockenkorb gebracht und der Deckel aufgesetzt. Lufteinlaß und Abzugsklappen sind für die Luftzirkulation durch Einstellen des Handgriffes c in der Richtung der Rohrleitung zu öffnen. Mit dem Wiegen beginnt man dann nach $^1/_2$ bis $^3/_4$ Stunden. Nimmt das Gewicht innerhalb einer halben Stunde, bei einem Ausgangsgewicht der Probe von 500 g, um weniger als 0,05 g ab, dann ist die Trocknung als beendet zu betrachten. Hierauf soll die Probe zur Kontrolle

Abb. 106. Präzisionsweife.

noch eine Viertelstunde im Ofen bleiben. Alsdann ist die letzte Wiegung vorzunehmen.

Der Apparat besitzt als wesentlichen Teil den Temperaturregler, der in der Hauptsache aus dem Thermostaten und dem elektromagnetischen Selbstschalter besteht. Die mittlere Trocknungstemperatur soll 105 bis 110° C betragen.

Bequem und schnell läßt sich der Feuchtigkeitsgehalt auch durch Verdrängen mittels chlorierter Kohlenwasserstoffe, z. B. Azetylentetrachlorid, bestimmen. Eine größere Probe der Fäden, z. B. etwa 100 g, werden in einem geeigneten Apparat mit dieser spezifisch schweren Flüssigkeit (D. 1;47) reichlich übergossen und auf einem Wasserbade solange erhitzt, bis etwa die Hälfte der Flüssigkeit in eine gut gekühlte Vorlage überdestilliert ist. Die Vorlage kann z. B. aus einem vertikalen Kühler und anschließend einer Bürette mit erweitertem Boden bestehen. Da Wasser auf dem Azetylentetrachlorid schwimmt, so können die Feuchtigkeits-vH direkt an Teilstrichen der Bürette abgelesen werden. (Für absolut dichten Abschluß der Apparatur gegen Destillatverlust muß natürlich gesorgt werden.) Da Azetylentetrachlorid nur

Spuren von Wasser zu lösen vermag, kann der dadurch bedingte geringe Fehler unberücksichtigt bleiben. (Auch die Zellstoffeuchtigkeit kann nach diesem Verfahren schnell festgestellt werden.)

Da Kunstseidengewebe auch auf Reibung beansprucht werden, müssen die Garne eine Scheuerprüfung durchmachen. Dies könnte z. B. nach dem Prinzip geschehen, daß der Faden an einem Ende mit einem entsprechenden Gewicht beschwert und dann über eine mit feinem Schmirgel belegte Walze hin- und hergezogen wird. Der Apparat könnte auch so konstruiert werden, daß die scheuernde Walze nicht bewegt wird. Auch müßte man versuchen, an Stelle des Schmirgels mit Leder oder Stoff bezogene Flächen zu benutzen. Ich nehme an, daß derartige Prüfungen auch für die Feststellung des geeigneten Dralles der Fäden für die Weiterverarbeitung zu den verschiedensten Stoffen bzw. Wirkwaren wertvolle Aufschlüsse geben würden.

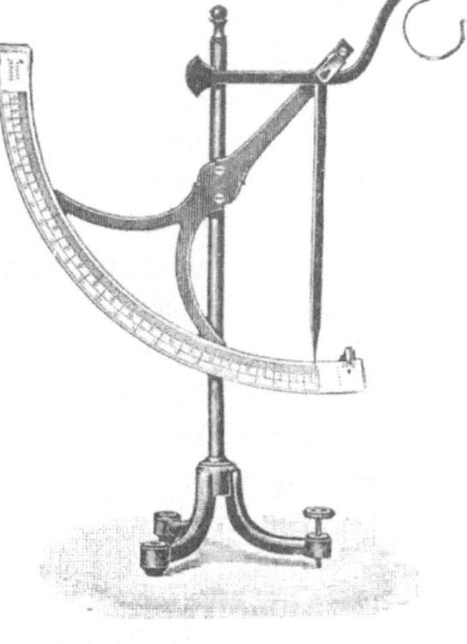

Abb. 107. Denierwaage.

Von gleicher Bedeutung wie die vorgenannten Prüfungen ist auch die mikroskopische Untersuchung, welche die Beschaffenheit der Oberflächen und Querschnitte der einzelnen Fasern erkennen läßt. Sie vermittelt ebenfalls die Möglichkeit, die Fällung und andere Fabrikationsvorgänge schnell beurteilen zu können. Von einer eingehenden Besprechung dieses Themas will ich aber trotz seiner Wichtigkeit absehen, da der Raum zu beschränkt ist und andererseits bereits ausgezeichnete Werke namhafter Autoren bestehen, von denen ich nur nennen will: A. Herzog: „Die mikroskopische Untersuchung der Seide und der Kunstseide".

Abb. 108. Gleichheitsprüfer für Kunstseide.

Zur Vervollständigung des vorher Gesagten wären von physikalischen Prüfungsapparaten noch zu nennen:

1. Die Präzisionsweife zum Abhaspeln kleiner Mengen Kunstseide zwecks Feststellung des Titers (Abb. 106).

2. Denierwaage für Kunstseide (Abb. 107).

3. Gleichheitsprüfer für Kunstseide (Abb. 108).

Diese Apparate sind so einfach in ihrer Anwendung und ihr Zweck so verständlich, daß von einer Beschreibung abgesehen werden kann.

2. Glanz.

a) **Allgemeines.** Die Viskosekunstfaser weist im Garn und Gewebe einen mehr oder minder starken Glanz auf. Nach A. Herzog[1] hat die Viskoseseide einen Brechungsexponenten von 15,24, also den höchsten nach Kupfer- und natürlicher Seide. Die Erscheinung des Glanzes wird nun durch eine ganze Reihe von Ursachen bedingt bzw. beeinflußt. In Laienkreisen wird der Glanz der Kunstseide empfindungs- bzw. vergleichsweise beurteilt. So findet man oft phantastische Bezeichnungen (nach A. Herzog z. B. glasig, speckig, schimmernd, glitzernd, seidig, hochglänzend, samtig, lederartig usw.). Dies sind natürlich alles nur individuelle Vergleichsbezeichnungen, und es ist unmöglich, diese als Kritik für den Glanz bzw. das Aussehen der Kunstseide anzuerkennen. A. Herzog versucht nun die Stärke des Glanzes in fünf Klassen einzuteilen, und zwar matt, schwach glänzend, deutlich glänzend, stark glänzend, hochglänzend, wobei als matt ostindische Baumwolle und als hochglänzend Kunstseide usw. bezeichnet werden. Da es in den letzten Jahren gelungen ist, den Glanz der Viskosekunstseide zu variieren, andererseits auch die Mode verschieden glänzende Garne verlangt, so ist die Frage des Glanzes bzw. seine Messung, von Wichtigkeit geworden.

b) **Entstehung des Glanzes.** Aus Viskose gefällte Zellulose ist in dünner Schicht gut durchsichtig, sogar in stärkeren Viskosefolienblättern (Zellophan) bis zu einer beträchtlichen Stärke, d. h. weit über 0,04 mm. Erhalten die gleichen Folien jedoch beim Herausfließen aus dem Schlitz infolge unglatten Schlitzrandes eine Längsriffelung an der Oberfläche, so werden sie milchig, wenig glänzend und wenig durchsichtig. Daraus ergibt sich, daß die äußere Oberfläche in erster Linie für den Glanz maßgebend ist. Ist die Oberfläche glatt und absolut eben, so wird das auffallende Licht regelmäßig zurückgeworfen und der Faden oder die Faser erscheinen hochglänzend. Ist die Oberfläche dagegen in der Längsrichtung ungleichmäßig geriffelt und rauh, so wird ein Teil des Lichtes zerstreut, so erscheinen die Fäden also mehr oder weniger matt. Störungen im parallelen Verlauf der Linien rufen nach A. Herzog einen unruhigen Glitzerglanz hervor. Daher kann als Maß für den Glanz die Differenz des diffus und des direkt reflektierten Lichtes gelten, natürlich nur bei Verwendung einer konstanten künstlichen Lichtquelle. Interessant ist es, daß gröbere Deformierungen der glatten Zelluloseoberfläche weniger in die Erscheinung treten als feine Kanelierungen.

---

[1] Herzog, A., Die mikroskopische Untersuchung der Seide und der Kunstseide.

c) Beeinflussung des Glanzes durch Fremdkörper. Da gefällte Zellulose, wie bereits erwähnt, gut durchsichtig ist, so sind auch Einbettungen fremder, fein verteilter und durch rauhe Oberfläche ausgezeichneter Körper in der Zellulosemasse von Einfluß auf den Glanz. Stärkere Zelluloseschichten vermögen einen Teil des auffallenden Lichtes vollkommen zu reflektieren. Sind daher die genannten Fremdkörper tief in die Oberfläche eingebettet, so beeinflussen sie die Rückstrahlung weniger als wenn sie sich in der Nähe der Oberfläche befinden. Feinfädige Seiden mit wenig Masse in der Einzelfaser sind daher bezüglich ihrer Oberflächenstruktur, insbesondere ihrer inneren Beschaffenheit, empfindlicher als gröbere Fasern stärkeren Deniers.

Ähnlich den Fremdkörpern wirkt auch Luft, welche in Bläschenform in der Fasermasse eingeschlossen ist. Je feiner (mikroskopischer) diese Lufteinschlüsse sind und je näher sie sich der Oberfläche befinden, um so stärker zerstreuen sie das auffallende Licht und verleihen dadurch dem Zellulosekörper ein matteres Aussehen (Luftseide). Es tritt hier die gleiche Erscheinung auf, die man bei klarem Wasser beobachten kann, welches stark mit feinsten Luftbläschen durchsetzt ist. Die ultramikroskopische Struktur der Zellulosemasse ist (nach A. Herzog) für den Glanz der Fäden ohne Belang. Im übrigen ist die Glanzerscheinung dem bekannten physikalischen Grundsatz unterstellt, daß durchsichtige Körper bei feinster Verteilung stets weiß undurchsichtig erscheinen, undurchsichtige dagegen schwarz, wobei die Tiefe dieser Färbungen von der Feinheit der Verteilung abhängig ist. Danach könnte in gewissem Grade mit feinsten, mikroskopisch kleinen Luftblasen durchsetzte Zellulosemasse als ein in Luft fein verteilter durchsichtiger Körper angesehen werden.

Aus den gleichen obengenannten Gründen ist auch feinfädige Seide weniger glänzend als grobfaserige, da sie das Licht infolge ihrer großen Oberfläche, welche durch die große Anzahl von Fasern bedingt ist, mehr zerstreut. Aus diesem Grunde besitzt sie auch größere Deckfähigkeit.

Ferner wird der Glanz auch noch durch die künstliche Färbung beeinflußt, da die Farben, je dunkler sie sind, auch um so weniger Licht zurückwerfen. Aus diesem Grunde läßt sich neben dem Glanz auch der Weißgehalt bzw. der Bleichgrad durch geeignet konstruierte Apparate leicht feststellen.

d) Messung des Glanzes. Die Messung der unbunten oder grauen Farben geschieht im Halbschattenphotometer oder „Hasch" nach Wilhelm Ostwald (Abb. 109) (nach Janke & Kunkel, G. m. b. H., Köln). Dieses Meßverfahren hat auch große Bedeutung für die Beurteilung gebleichter Waren durch die Bestimmung des Bleichgrades. Der Bleicher ist in der Lage, die Vorzüge seines Weiß zahlenmäßig zu belegen.

Die Graumessung kann sehr leicht zu einer Messung des Glanzes umgestaltet werden; dies ist durch Douglas, einen Schüler Ostwalds, geschehen[1]. Wie bereits beschrieben, beobachten wir den Glanz eines Körpers dann, wenn er das auffallende Licht wie ein Spiegel in unser Auge zurückwirft. Seine Oberfläche muß also in eine solche Lage gebracht werden, daß die Senkrechte den Winkel zwischen einfallendem und ins Auge zurückgeworfenem Licht gerade zur Hälfte teilt. Im Hasch fällt das Licht gewöhnlich unter einem Winkel von 45° ein und wird dann zurückgeworfen. Legt man also die Seidenprobe nicht waagerecht, sondern unter einem Winkel von $22^1/_2°$ in den Apparat ein, so wird das Licht in das Sehrohr hineingespiegelt. DieLichtmenge, die über die normale Zerstreuung hinaus unter dem Spiegelwinkel zurückgeworfen wird, ist die Maßzahl des Glanzes. Hat man z.B. eine Probe Hemdentuch zunächst in normaler (waagerechter) Lage im Hasch gemessen und 70 Weiß gefunden, und findet man darauf in der Spiegellage 101 Weiß, so ist der Glanz diesesHemdentuches 31. Bei merzerisiertem Serge hat Douglas 65, bei Kunstseide 171 Glanz gemessen.

Abb. 109. Halbschattenphotometer oder „Hasch". (Nach Wilh. Ostwald.)

Um den Einfluß des Untergrundes auszuschalten, legte Douglas mehrere Lagen des zu untersuchenden Stoffes übereinander, bis die beobachteten Werte sich nicht mehr ändern. Zart[2] verwendet stets denselben Untergrund, nämlich das absolute Schwarz in dem Ausschnitt eines innen mattschwarz ausgekleideten Kastens. Bei seinen Messungen von Kunstseide wickelt er die Fäden parallel und dicht nebeneinander auf einen schwarzen Rahmen, befestigt sie durch Überkleben mit Papierstreifen, schneidet die eine Hälfte der Stücke ab, so daß nur die andere Lage übrigbleibt und legt den Rahmen so über den schwarzen Ausschnitt in das Photometer, daß die Fäden in der Richtung des einfallenden Lichtes verlaufen. Er fand so, daß der Glanz einer Viskoseseide durch dunklere Färbung sowie durch stärkere Zwirnung herabgemindert wurde.

---

[1] Textilberichte 1921, 411.   [2] Textilberichte 1923, 161.

X. Sortierung (Schönraum) und Verpackung der Kunstseide.

Die Sortierung der Kunstseide bzw. der Sortierraum ist das Schmerzenskind einer jeden Kunstseidenfabrik, und zwar aus dem Grunde, weil die hier zu leistende Arbeit sehr individueller Natur ist und die Leistungsfähigkeit der einzelnen Arbeiterin in sehr weiten Grenzen schwankt. Diese Abteilung verursacht einer Fabrik viel Kosten, und an dieser Stelle wäre die Durchführung einer Rationalisierung zuerst geboten.

Wird die Kunstseide in Strangform verkauft, so bleibt nichts anderes übrig als sie zu sortieren. Die Seide wird bei diesem Prozeß nicht nur auf ihre Qualität geprüft, sondern der Strang wird auf dem Schlägerarm leicht ausgeklopft, um evtl. während der verschiedenen Fabrikationsvorgänge verschobene Fadenlagen in richtige Gebindelagen zu bringen.

Von Unkundigen wird der Begriff des Sortierens oft falsch verstanden, und so findet man Anlagen, wo die Seide in geradezu barbarischer Weise gezerrt, gedreht und gewunden wird, da man auf diese Weise versucht, durch Fabrikationsfehler entstandene Härte des Fadens zu beseitigen.

a) Einteilung der Sorten und deren Beschaffenheit. Die Seide wird meist in drei Sorten und Abfall, oder auch in zwei Sorten und Abfall gesondert. Die Festlegung der Bedingungen für das Aussehen jeder einzelnen Sorte hängen vollkommen von der individuellen Auffassung ab, und zwar nicht nur seitens der Fabrikleitung, sondern auch seitens der Arbeiterin (wenn auch manchmal behauptet wird, daß dies nicht der Fall sei). Es ist aber auch gar nicht anders möglich, denn schon Ermüdungserscheinungen, Stimmung und andere Momente bei der Arbeiterin spielen hier eine große Rolle. Der Mensch ist keine Maschine, und das ist der ausschlaggebende Faktor beim Sortieren.

Als erste Sorte werden gleichmäßige, knotenfreie und fehlerlose Strähne angesehen.

Bei der zweiten Sorte sind einige Knoten im laufenden Faden, sowie geringe Flusigkeit und andere, nicht besonders hervortretende Mängel zulässig.

Die dritte Sorte kann außer Knoten und stärkerer Flusigkeit auch Flecken und andere Fehler (ungleichmäßige Bleiche usw.) aufweisen.

Als Abfall werden nur stark verwirrte oder mit zerrissenen Fäden behaftete Stränge betrachtet.

b) Beschaffenheit des Sortierraums. Um eine gute Übersichtlichkeit zu erzielen, bringt man den Sortier- und Packraum meist in einem großen Saal unter, der im wahrsten Sinne des Wortes ein

Schönraum sein muß. Ordnung und Sauberkeit sind hier Bedingungen. Die Abb. 110 zeigt den Sortierraum einer großen Kunstseidenfabrik. Decke und Wände des Raumes sind glatt und blendend weiß gestrichen. Gutes Oberlicht ist Bedingung. Der Fußboden ist mit Linoleum oder fugenlosem Hartholz bzw. Steinholz (Xylolith) bedeckt. Jede Staubentwicklung muß vermieden werden (deshalb wird der Fußboden öfter geölt oder gewachst). Eine gut angeordnete Cärrierbelüftungsanlage sorgt für gleichmäßige Temperatur und Feuchtigkeit der Luft. Die

Abb. 110. Sortierraum für Kunstseide.

Fensterscheiben des Oberlichtes sind nach Norden gerichtet, da dieses Licht zwar schwächer, aber dafür gleichmäßiger ist. Als Beleuchtungskörper wählt man Zugpendel mit Opal- oder Tageslichtfilter-Scheibeneinsatz; über jedem Schläger muß eine Lampe angebracht sein.

c) Konstruktion und Material der Schlägelböcke. Die Konstruktion der Schlägelböcke ist aus Abb. 111 ersichtlich. Je ein Bock mit 4 Schlägelarmen ist für 4 Mädchen eingerichtet. Die Mädchen sitzen mit dem Rücken zueinander auf bequemen Stühlen. Vor dem Schlägelarm haben sie ein schwarzes mattes Tuch oder Brett, um die vom Glanz der Seidenfäden angestrengten Augen ausruhen lassen zu können. Seitlich an dem Bock sind drei schlägelartige Stöcke angebracht, um die drei Sorten der geprüften Seide aufnehmen zu können. Die sortierte Seide wird von Zeit zu Zeit in neben dem Bock stehenden

Kästen, je nach der Sorte, abgelegt. Diese Kästen sind aus fugenlosem Vulkanfiber angefertigt, sind 480—500 mm lang, 350 mm breit und 380 mm hoch und mit bequemen Leichtmetall- oder Vulkanfibergriffen versehen.

An dem Sortierbock muß alles geglättet und von Rauheiten befreit sein. Am besten ist es, ihn aus glattem Holz zu bauen und mit bestem weißem Emaillelack zu überziehen. Die Schlägerarme müssen aus bestem, hochpoliertem, nicht rauh werdenden Hartholz gefertigt sein, eine Ausladung von 800—900 mm haben, konisch verlaufen und am

Abb. 111. Sortierböcke.

Ende einen Knopf besitzen. An der Einbaustelle in den Bock sollen sie 90 mm (100 mm Rosette) aufweisen und nach dem Knopf zu bis auf 40 mm Durchmesser schwächer werden. — Die Aufhängestöcke für die sortierte Seide sind mehr zylindrisch und besitzen ebenfalls am Ende einen Knopf. Sie sind etwa 250—350 mm lang und nur 30—35 mm stark. Das beste Material für diese Stöcke ist gut abgelagertes, hochpoliertes schwarzes Ebenholz. Aus Ersparnisgründen verwendet man auch schwarz gebeizte Weißbuche, sogar auch Birkenholz von im äußersten Norden gewachsenen Birken. Zur Anfertigung der Schlägelarme sind auch andere Edelhölzer geeignet, wie z. B. Hickory, blaues Ebenholz, Grenadilleholz, Olivenholz, Bruyère, rotes Sandelholz, ostindisches Seidenholz, Quajak-Pockholz, Mehlbeerbaumholz, Palisander, Pferdefleischholz (Panakoholz), Kokosholz, Teakholz, Ulme (Rüster), Weißdorn, Fliederbaumholz, Götterbaumholz (Ailanthus glandulosa) und mehrere andere. Die Hölzer müssen rein und gut abgelagert sein und gute Politur erhalten bzw. sich beim Umziehen der Seide stets neu polieren und dürfen nicht rauh werden.

Die Höhe, in welcher die Schlägelarme an dem Sortierbock angebracht werden, richtet sich nach dem Durchschnittswuchs der Arbeiterinnen; in den meisten Fällen kann man mit 1350 mm vom Fußboden aus rechnen.

Die aus dem Kanaltrockenofen kommenden Kunstseidenstränge werden zu je 10 bis 15 Stück lose gedockt auf glatte Stäbe gehängt und im Sortierraum mindestens 12 Stunden auf fahrbaren Gestellen stehen gelassen, damit sie die erforderliche Feuchtigkeit aufnehmen. Dann wird die Seide an die Sortierböcke herangefahren und verteilt. Die Sortiererin sieht durch Umziehen den Strang schnell durch, ordnet ihn und hängt ihn auf den der Sorte entsprechenden Seitenstock.

Abb. 112. Packpresse. System C. Hamel A.-G.

Von Zeit zu Zeit werden die Strähne zu je 5 Stück gut zusammengedockt und in den Vulkanfiberkästen abgelegt. Diese Kästen wiederum werden mittels Spezialwagen periodisch abgeholt und durch neue ersetzt. Die Sortierung erfordert geschickte, gepflegte und von jeder Rauheit freie Hände. Durch ungepflegte Hände kann die Seide oft mehr verdorben als sortiert werden.

d) Leistungsfähigkeit einer Arbeiterin. Wie schon eingangs erwähnt, ist das Sortieren eine vollkommen individuelle Arbeit. Um bezüglich der Leistungsfähigkeit einer Sortiererin einen Anhalt zu geben,

will ich einige Daten aus einer amerikanischen Fabrik geben. Dort
sortiert ein tüchtiges Mädchen 700—850 Strähne von 42—46 g Gewicht
je Strang in 9 Arbeitsstunden. Das entspricht einer Leistung von
36,5 kg (also sortiert und zu je 5 Strähnen gedockt). Eine Steigerung
dieser Leistung ist kaum zu erreichen, denn die angeführte Leistung
entspricht bei ununterbrochener Arbeit etwa 1,8 Strähnen je Minute.
Evtl. könnte die Leistung durch Mechanisierung bzw. Anwendung der
sog. Fließarbeit am laufenden Band noch etwas erhöht werden.

Abb. 113. Packraum einer Kunstseidenfabrik.

Versuche, bei durchgehendem Licht auf einer Mattscheibe zu sortieren, sind noch zu neu, um hier weiter darauf einzugehen.

Die sortierten, in kleine Vulkanfiberkästen verpackten Docken
kommen nun in die Packerei. Als Beispiel sei wieder das Arbeitsverfahren einer großen amerikanischen Fabrik angeführt.

Jedes versandfertige Paket enthält 10 Pfund Seide und ist außen
gemessen etwa 750 × 512 × 563 mm groß. Es wird mittels fast automatisch arbeitender, pneumatischer Packpressen gepackt; jede derartige
Maschine kann bequem 2700—3000 kg Seide in 9 Arbeitsstunden ver-
packen. Auf ein Mädchen rechnet man etwa 400 kg fertigverpackte
Seide in 9 Arbeitsstunden.

e) Packen. Die Verpackung wird wie folgt vorgenommen:

Abb. 112 zeigt eine mechanische Packpresse (Garnbündelpresse der
Firma Carl Hamel, A.-G.). Diese wird auf den tiefsten Stand eingestellt,

der Kasten, dessen Deckel mit Scharnieren befestigt ist, wird geöffnet, zunächst die sechs Querschnüre eingezogen, ein aus ungebleichtem Sulfitzellstoff gefertigter korbähnlicher Streifen eingelegt (von 225 mm Breite und 463 mm Länge) der an jeder Seite in der Längsrichtung 56 mm abgebogene Ränder besitzt. Darauf wird ein passendes Blatt nicht zu harten Pergaminpapiers gelegt und in vier Schichten 20 Docken (zu je 5 Strähnen) oder 100 Strähne Seide mit der schmalen Seite aufgeschichtet. Dann wird das Pergaminblatt sauber zusammengeschlagen, mit einem zweiten Sulfitzellstoffstreifen (wie oben beschrieben) überdeckt, der Kasten geschlossen und die Maschine eingerückt, worauf sich der Boden zu heben beginnt, um dann nach Erreichung der notwendigen Pressung von selbst stillzustehen. Inzwischen zieht das Mädchen die sechs das Paket umschlingenden Schnüre fest zusammen. Die Pakete werden nun herausgenommen, die Enden eingeschlagen und noch einmal in festes Packpapier eingewickelt und über Kreuz verschnürt. Beim Ausschalten der Sperrklinke an der Presse geht der Boden von selbst in die tiefe Stellung zurück.

Abb. 113 stellt die Packeinrichtung einer modernen Kunstseidenfabrik dar.

Auf dem Zellstoffdeckel unter dem Packpapier, wie auch außen auf dem Paket, wird ein Etikett befestigt, das etwa folgende Aufschrift trägt:

Faden 24 Fasern.		
B (entsprechend der Sorte A, B, C)	Sortiererin Nr. Wägerin Nr. Presserin Nr. Verpackerin Nr. Datum	Firmenstempel
Nur bei Vorzeigung dieses Packzettels werden Reklamationen berücksichtigt.		

Zu erwähnen wäre noch, daß die so hergestellten Pakete meist in Holzkisten verpackt werden. Daß die Arbeiter im Sortierraum Lauf- bzw. Kontrollzettel auszufüllen haben, ist selbstverständlich.

Auf Spulen gewickelte Kunstseide muß eine andere Art der Sortierung durchlaufen; sie muß auf optischem Wege vorgenommen werden. Auch werden Stichproben gemacht, indem man den Faden durch geeignete Garnprüfer laufen läßt, wo er gleichzeitig auf Festigkeit und Dehnung geprüft wird, z. B. mittels des bekannten Garnprüfers „Dietz", System Poller.

XI. Behandlung der Raumluft und automatische Regulierung der Temperatur.

a) Allgemeines. Es ist für den Kunstseidenerzeuger kein Geheimnis, welche Bedeutung die Raumluft bzw. deren relative Feuchtigkeit, die Lufterneuerung und die Temperatur im Fabrikraum für den glatten, fehlerfreien Gang der Fabrikation haben. Verschiedene Mißerfolge können durch Regelung der genannten Faktoren beseitigt werden, ja, man kann sagen, die gute Qualität der in modernen Kunstseidenfabriken erzeugten Ware wird überhaupt erst durch die richtige Luftbehandlung ermöglicht. Die Luftverbesserung und richtige Temperierung des Raumes beeinflußt, aber das Fabrikat nicht nur in seinem Ausfall, sondern die Leistungsfähigkeit der Belegschaft wird ebenfalls wesentlich erhöht, sobald der Aufenthalt in den Arbeitsräumen angenehm ist und sonstige Erschwerungen während des Fabrikationsganges verschwinden. Aus einer ganzen Reihe von Beispielen, die ich in dieser Richtung anführen könnte, will ich nur das eine herausgreifen: In den Vereinigten Staaten von Amerika wurde im Sommer bei einer Außentemperatur von 40—45° C infolge gut angelegter Luftreinigungsanlagen in den Fabriksräumen eine Durchschnittstemperatur von 18° C erreicht. Die Folge war, daß die Arbeiter nur ungern ihre Arbeitsstätte verließen und während der heißen Zeit gern 12 Stunden statt 8 Stunden gearbeitet hätten.

Die Bedeutung, welche eine richtige Temperatur bzw. relative Feuchtigkeit der Raumluft für die Fabrikation hat, läßt sich durch Zahlen beweisen. In einer Zwirnerei entfielen auf 1000 Spindeln in der Stunde 300 Fadenbrüche. Nach Einbau einer tadellosen Luftbehandlungsanlage ging die Zahl der Fadenbrüche bis auf 80 zurück, wodurch je Arbeiterin eine Mehrproduktion von fast 70 vH erreicht werden konnte. Verfolgt man an Hand der Kurven (Abb. 114 und Abb. 115) die Schwankungen der relativen Luftfeuchtigkeit in den Sommer- und Wintermonaten, so erkennt man ohne weiteres die Notwendigkeit, mechanische Luftbehandlungsanlagen in jeder Kunstseidenfabrik einzubauen, ohne Rücksicht darauf, wie die klimatischen Verhältnisse des Ortes liegen, an welchem sich die Fabrik befindet.

b) Cärriersystem. Aus den vielen bestehenden Systemen derartiger Anlagen will ich nur die Cärrieranlage der Lufttechnischen Ges. m. b. H., Berlin-Charlottenburg 2 (Stuttgart und auch in USA., Carrier-Engineering Comp.) beschreiben, mit welcher ich beste Erfolge erzielt habe. Das System beruht darauf, daß die Raumluft dauernd eine stark mit Wasser berieselte Kammer durchwandert, wobei sie gewaschen, befeuchtet, von Staubteilchen und gasförmigen Fremdkörpern befreit wird. Im Sommer wird die gewaschene Luft, ehe sie in den Arbeitsraum zurückgelangt, gekühlt, im Winter entsprechend an-

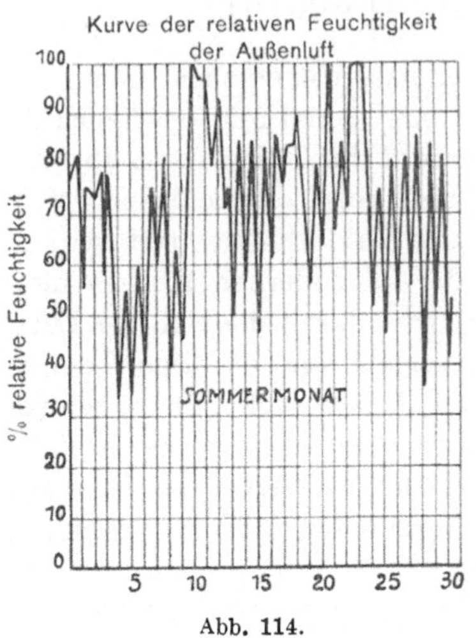

Abb. 114.

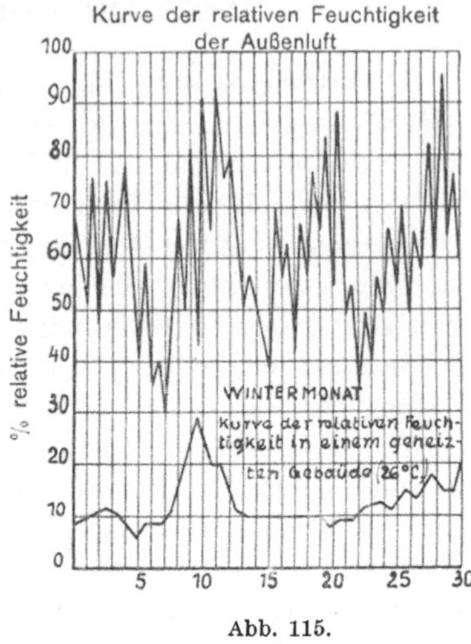

Abb. 115.

gewärmt. Zugluft ist durch sinnreiche Konstruktion des Apparates vollkommen ausgeschlossen. Sogar die Luftmenge, die in den Raum

Abb. 116. Schematische Darstellung der Arbeitsweise einer Luftreinigungsanlage.
System Cärrier, Lufttechnische G. m. b. H.

befördert bzw. aus ihm entfernt wird, kann je nach der Jahreszeit und den vorliegenden Verhältnissen dosiert werden. Temperaturschwankungen kommen nur in den zulässigen Grenzen von ca. $^1/_4{}^0$ C vor. Aus der schematischen Abb. 116 ist die Arbeitsweise des Apparates ersichtlich. Die durch die Einlaßorgane genau regulierte Menge Außen- oder Rückluft passiert zuerst eine Wärme- oder Kühlbatterie und gelangt dann in den Waschraum. Von dem zerstäubten Wasser wird nur so viel Feuchtigkeit aufgenommen als die Temperatur der Luft zuläßt. Es kann somit also wohl eine relative Sättigung, nie aber eine Übersättigung mit Feuchtigkeit eintreten. Anschließend passiert die Luft eine Art Wasserabscheider, wo die evtl. mitgerissenen Wassertropfen abgestreift werden. Dann gelangt die so behandelte Luft in einen Turboventilator, bekommt dort die notwendige Beschleunigung und wird den Luftverteilungsleitern zugeführt. Die Regelung der Feuchtigkeit und Temperatur erfolgt, wie Abb. 117 zeigt, mittels eines Regulierapparates (Thermohygrograph und Hygrostat).

Abb. 117. Thermohygrograph und Hygrostat.

Von gleicher Bedeutung wie die Luftbehandlungsapparate sind die Konstruktion und Anordnung der Luftverteilungsleitungen, die als quadratische Kanäle von mehr Hohen- als Breitenquerschnitt ausgebildet werden. Im oberen Teil des Kanals werden einstellbare Ausblaseklappen in bestimmten notwendigen Entfernungen voneinander angebracht. Alle scharfen Krümmungen, Bogen usw. werden vermieden. Eine solche Anlage ist bereits im Kapitel „Vorreife der Alkalizellulose" aufgeführt und abgebildet worden.

Abb. 118. Cärrierapparat mit Zusatzvorwärmer.

Sobald eine stärkere Erwärmung in Frage kommt, z. B. für den Zellstoffegalisierraum bzw. -Apparat, so wird eine Anlage nach Abb. 118 genommen, bei welcher sich direkt am Austritt der Hauptleitung aus dem Waschraum ein Zusatzvorwärmer befindet.

c) Raumluft im Kuchenaufbewahrungsraum. Auch im Spinnkuchen-Lagerraum wird dieser Apparat zum Befeuchten der Luft gewählt, da der Faden im Spinnkuchen noch mit ca. 75 vH Fällbad behaftet ist, welches beim Lagern in zu trockener Luft scharfkantige Salzkristalle ausscheidet, die den Faden zerstören bzw. so weitgehend schädigen, daß eine flusige unbrauchbare Seide gewonnen wird. Aus diesem Grunde muß die Luft des Spinnkuchen-Lagerraumes mit Feuchtigkeit gesättigt sein und annähernd die Temperatur des Spinnbades aufweisen. Es darf aber wiederum keine Tropfenbildung auftreten, die für die Fäden ebenso schädlich ist wie zu große Trockenheit der

Luft. Gewöhnlich wird die Temperatur dieses Raumes auf 26—29,5⁰ C bei 95 vH relativer Feuchtigkeit gehalten. Hier kommt eine starke Frischluftzuführung und Umwälzung bei Vermeidung von Zugluft in Frage.

d) **Raumluft im Spinnraum.** Die Atmosphäre des Spinnraumes muß im allgemeinen einen Unterdruck aufweisen, was den Arbeiter vor Vergiftungen durch Schwefelwasserstoff schützt und den Absaugeprozeß

Abb. 119. Belüftungsanlage einer Kunstseidenfabrik nach Zentrifugensystem.

aus den Spinnmaschinen erleichtert. Die Abb. 119 zeigt den Spinnraum einer großen amerikanischen Kunstseidenfabrik mit Belüftungsrohren nach dem Cärriersystem.

Besonders interessant ist es, auf dem Bilde zu beobachten, daß die Zentrifugenspinnmaschine an den Galetten (Zuführungsrollen) nicht entlüftet, sondern belüftet werden, was ich sehr richtig finde und selbst stets betone. In Brusthöhe gegenüber dem Arbeiter sind kleine Schlitze vorgesehen, durch welche dauernd Frischluft eintritt, so daß der Kopf des Arbeiters dauernd von ihr umflossen wird. Die Absaugung der schädlichen Gase erfolgt lediglich aus der Maschine, und zwar nach unten, wobei auf jede Spinndüse ein Absaugkanal — Querschnittfläche von mindestens 45 cm² — notwendig ist. Die Absaugung ist eine Frage, die für die Existenz einer Kunstseidenfabrik von großer Bedeutung ist.

e) **Raumluft im Reiferaum.** Gleich wichtig ist die Behandlung der Luft im Viskosereiferaum. Hier kommt es weniger auf die relative Feuchtigkeit als auf Gleichmäßigkeit der Temperatur an. Es müssen in diesem Raum dauernd 17—18° C bei einem zulässigen Spielraum von ± 1° C gehalten werden.

f) **Raumluft im Sulfidierraum.** Die gleiche Anlage ist auch im Sulfidierraum unentbehrlich, da in diesem außer einer gleichmäßigen Temperatur von 17—18° C eine relative Feuchtigkeit von 68 vH gehalten werden muß, um das schnelle Austrocknen der Alkalizellulose beim Einfüllen in die Sulfidiertrommel zu verhindern und ferner die Schwefelkohlenstoffdämpfe für das Bedienungspersonal unschädlich zu machen. Man hat versucht, an Stelle der doppelwandigen Sulfidiertrommeln nur einfachwandige Maschinen zu nehmen und das Reaktionsgemisch in der Trommel durch Ausnutzung des Cärriersystems zu kühlen. Diese Idee ist zwar sehr verlockend, doch halte ich ihre Ausführung für sehr teuer im Betrieb, da der Sulfidierraum sehr große Mengen Frischluft erfordert und eine Umwälzung kaum in Frage kommt. Die schweren CS_2-Dämpfe müssen vielmehr durch die Frischluftzufuhr zu Boden gedrückt und von dort aus verdrängt werden.

g) **Raumluft in der Bleicherei.** Auch in der Bleicherei werden große Mengen Frischluft benötigt, um die Dampfschwaden zu beseitigen und die durch den Bleichprozeß hervorgerufenen Chlordämpfe unschädlich zu machen. Wie im Sulfidierraum, kommt auch hier eine Umwälzung der Raumluft kaum in Frage, jedenfalls aber nur in geringer Menge, da das Chlor sich zum Teil auswaschen, evtl. auch durch Waschen mit Thiosulfat neutralisieren läßt; letzteres läßt sich auch durch Salze der schwefligen Säure bewirken.

h) **Raumluft in der Zwirnerei und Haspelei.** Besondere Bedeutung erlangt die Regulierung der Raumatmosphäre in den Zwirn-, Haspel- und Spulereiarbeitsräumen. Im Hapel- und Zwirnraum muß die Temperatur bei einer relativen Feuchtigkeit von 65 vH auf 19 bis 23° C gehalten werden, wobei eine Schwankung von 2 vH sich bereits bemerkbar macht. Die Spulerei erfordert bei 65 vH Feuchtigkeit eine Temperatur von 20—23° C. In den Räumen, wo saure und nasse Kunstseide gehaspelt wird, muß dagegen eine Raumtemperatur von 27° C bei einer relativen Feuchtigkeit der Luft von 78—80 vH gehalten werden.

Beim Zwirnen und Haspeln der Rohkunstseide entstehen bei nicht gleichmäßiger Temperatur und Feuchtigkeit der Raumluft:

1. Brüche der Fäden.

2. Ungleichmäßiger Drall.

3. Elektrische (magnetische) Aufladung der Fäden mit den daraus resultierenden Nachteilen.

4. Bildung von übermäßigen Ballons.

5. Flusigkeit der Fäden.

6. Ungleichförmigkeit, zu große Dehnung und Glanzstellen beim Verweben (bei zu großer Feuchtigkeit).

7. Durchhängende Fäden beim schnellen Haspeln (bei zu großer Trockenheit) und andere Erscheinungen.

i) Raumluft im Sortier- und Packraum. Äußerst wichtig ist es, den Sortier- und Packraum mit behandelter Luft zu versehen. Die aus dem Trockenofen kommende Kunstseide besitzt in den meisten Fällen verschiedene Feuchtigkeit, im allgemeinen unter der normal zulässigen Grenze. Zellulosegebilde mit geringer Feuchtigkeit sind stets wenig dehnbar und spröde und müssen schon aus diesem Grunde befeuchtet werden. Auch beim Sortieren trocknet die Seide auf den Schlägern schnell und ungleichmäßig aus. Gewöhnlich enthält die Seide bei der Weiterverarbeitung 9—10 vH Feuchtigkeit, welche vorhanden sein muß, da die Fäden sonst bei den nachfolgenden Fabrikationsvorgängen Schaden leiden würden, indem sie flusig werden, brechen und andere große Nachteile zeigen und überhaupt sich auf den heute gebräuchlichen schnellaufenden Maschinen nicht verarbeiten ließen. Nicht appretierte reine Zellulose mit großer Oberfläche (Kunstseidenfaden) vermag bei 20—24°C und 65 vH relativer Feuchtigkeit der Luft in ca. 12 Stunden 7—8 vH Eigenfeuchtigkeit aufzunehmen. Ist die Kunstseide aber appretiert worden, so nimmt sie unter den gleichen Verhältnissen 9 bis 10 vH Feuchtigkeit auf, je nach Zusammensetzung und Eigenart des Appreturmittels, welches von den Zellulosefäden bis zu 1 vH aufgenommen wird.

Da die Sortiermädchen ihre Arbeit sitzend verrichten, so ist es zu empfehlen, die Temperatur etwas höher d. h. 23° C und die Feuchtigkeit der Luft auf 60 vH zu halten. Für gute und gleichmäßige Verteilung der behandelten Luft im Raume ist unbedingt Sorge zu tragen. Die Abb. 120 zeigt einen Spulraum für Seide in einer großen amerikanischen Kunstseidenfabrik. Aus diesem Bilde ist die Anordnung und Verteilung der Luftzuführungsrohre an der Decke und ebenfalls die Anordnung der Luftaustrittsöffnungen deutlich ersichtlich. Die Frischluft wird von oben eingeführt, während die verbrauchte Luft durch fast bis zum Boden des Arbeitsraumes reichende Rohre weggesaugt wird. Auf diese Weise wird für gleichmäßige Umwälzung gesorgt. Gut erkennbar ist das Belüftungssystem auch aus den in dem Kapitel „Sortierung der Kunstseide" gebrachten Abbildungen.

Aus allem vorher Gesagten geht hervor, wie wichtig eine künstliche Belüftung für die gesamten Räume einer Kunstseidenfabrik ist. Man kann sagen, daß von diesem Faktor Gedeih und Verderb eines Betriebes abhängen. Versuche und Vorschläge, die klimatischen Verhältnisse eines Ortes auszunutzen, können bei dem heutigen Stand der Kunstseidenindustrie nicht mehr ernst genommen werden.

14*

k) Arbeitsweise der Temperatur- und Feuchtigkeitsregler. Außer der vorstehend besprochenen Regelung bezüglich der Raumluft kommt im Kunstseidenbetrieb auch noch genaueste, automatische Regulierung der Temperatur der Flüssigkeiten und Maschinen jeglicher Art, wie z. B. Zerfaserer, Sulfidiertrommeln, Tauchanlagen, Trockenöfen, verschiedener Bäder usw. in Frage. Dieses geschieht am besten durch Kontakt-, Fern- und Platzthermometer der Firma Wilh. Lambrecht, A.-G., Göttingen. Diese einstellbaren Kontaktthermometer sind

Abb. 120. Belüftungsanlage nach Cärrier eines Spulraums für Kunstseide.

so konstruiert, daß die Länge eines Grades Celsius bis zu 10 mm beträgt. Dadurch ist eine sehr genaue Einstellung der gewünschten Temperatur möglich, da die Kontakte ungefähr auf $^1/_4$ mm genau einstellbar sind. Die Kontaktthermometer können auch als Winkelthermometer, und mit Tauchrohr versehen, ausgeführt werden. Die Länge des Tauchrohres kann bis zu 3 m betragen, so daß auch die Temperierung sehr tiefer oder sehr breiter Gefäße oder Räume keine Schwierigkeiten bietet, falls die Randtemperaturen anders sind als die Innentemperaturen. Die Kontaktthermometer haben auch noch den Vorteil, daß man die Temperatur unmittelbar durch den Stand der Quecksilbersäule ablesen kann. Dieser Vorteil dürfte Chemikern besonders willkommen sein.

Durch die Quecksilbersäulen der Kontaktthermometer werden Stromkreise geschlossen, in denen Feinrelais angeordnet sind. Die

Feinrelais arbeiten bei 3 Volt mit weniger als 0,1 VA. Eine Funkenbildung an der Oberfläche der Quecksilbersäulen tritt daher nicht auf. Die Feinrelais sind äußerst präzise ausgeführt und stellen eine Spitzenleistung des Relaisbaues dar. Die von den Feinrelais betätigten Schalter sind Quecksilberkippschalter. Die Schaltung findet im luftleeren Raume statt. In den Stromkreisen, die von den Quecksilberkippschaltern beeinflußt werden, sind Grobrelais angeordnet, die entweder einzeln oder in Form eines Relaissatzes arbeiten und den Störungsfall entweder durch Motorregler oder andere geeignete Vorrichtungen beseitigen. Der Relaissatz kann als A- sowie auch als W-Relaissatz ausgeführt werden. Im ersten Falle schaltet er bei einem einstellbaren Grenzwert der Temperatur solange ein und aus, bis der andere Grenzwert erreicht ist, dann schaltet er bezüglich aus oder ein. Die einstellbaren Grenztemperaturen können sehr nahe beieinander liegen, z. B. nur 0,1—0,2° C Unterschied aufweisen.

Mit dem A-Relaissatz werden Zustände geregelt, die sich zwischen 0 und einem positiven Wert verändern wollen. Ein Beispiel ist das Einschalten eines Heizstromes.

Der W-Relaissatz dient der Einleitung von Vorgängen, die in wechselnder Richtung erfolgen. Ein Beispiel ist das Auf- und Zudrehen der Ventile von Heizschlangen.

Der Motorregler betätigt durch einen kleinen Motor von ca. $^1/_{50}$ PS die Steuerorgane. In den meisten Fällen sind dies Hähne und Ventile. Der Motor wird, soweit es die Stromart und Ausführungsmöglichkeit zuläßt, mit Kurzschlußanker gewählt. Endschalter verhindern eine übermäßige Verstellung der Regelorgane. Schaltorgane sind wieder Quecksilberschaltröhren.

Alle Apparate sind in Gußeisen gekapselt, staub- und spritzwassergeschützt. Druckdichte Ausführung ist leicht möglich. Offene Metallkontakte, die leicht verschmutzen, sind vermieden. Alle Schaltungen werden mittels Quecksilberschaltröhren im luftleeren Raum vorgenommen. Es werden Temperaturregler ausgeführt, die einen Temperaturverlauf in Abhängigkeit von der Zeit völlig automatisch steuern. Dies kann bei solchen chemischen Prozessen nützlich sein, bei denen eine oder mehrere chemische Umwandlungen erfolgen und die einzelnen Umwandlungsstufen von der Temperatur abhängig sind, z. B. beim Sulfidieren.

Ferner werden automatische Regler für Feuchtigkeit ausgeführt nach dem hygrometrischen und psychometrischen Prinzip. Die grundsätzliche Anordnung der Apparatur ist die gleiche wie bei den Temperaturreglern. An die Stelle des Temperaturgebers tritt ein Feuchtigkeitsgeber. Die relative Feuchtigkeit kann an den Gebern abgelesen werden. Die Anzeige kann leicht elektrisch fernübertragen werden.

XII. Anhang.

1. Rationalisierung und der kontinuierliche Betrieb.

a) Allgemeines. Es ist äußerst schwer über Rationalisierung zu schreiben, wenn man nur die technische Seite eines Viskosebetriebes behandeln will. Da das vorliegende Buch nur rein technische Dinge bespricht, so will ich, soweit es der zur Verfügung stehende Raum zuläßt, versuchen, die Rationalisierung einer Kunstseidenfabrik zu beschreiben. Die ganze Welt spricht von Rationalisierung. Dieses Wort ist zum Schlagwort geworden. Es fordert und fördert Arbeitsmethoden, deren Durchführung ein Vergehen gegen alle Prinzipien der Vernunft und des gesunden Menschenverstandes ist. Aber ein gut klingendes Schlagwort ist heute Trumpf, nach seinem eigentlichen Sinne wird nicht gefragt; dafür fehlt die Zeit im Zeitalter des Tempos. Und gerade ein Kunstseidenbetrieb verlangt die Rückkehr zu dem alten bewährten Sprichwort: „Erst wägs, dann wags". Mit anderen Worten, untersuche nur alle Umstände, die in Betracht kommen können, auf das genaueste, ehe du beschließt, die Rationalisierung in deinem Betriebe durchzuführen. Es muß anerkannt werden, daß vieles in der Kunstseidenindustrie veraltet ist und erneuert werden muß, doch ist ein Viskose-Kunstseidenbetrieb so kompliziert und mannigfaltig, daß nur allzuoft in der Theorie rentabel erscheinende Neuerungen in der Praxis zu übelsten Mißerfolgen führen. An Beispielen fehlt es in dieser Hinsicht nicht. Blickt man kritisch und unparteiisch auf den Werdegang eines Kunstseidenbetriebes, so erkennt man, welche Mengen angestrengtester Arbeit es gekostet hat, um so weit zu kommen, wie wir heute sind, und es darf dabei nicht verkannt werden, daß diese Arbeit von Gehirnen nicht alltäglichen Durchschnitts geleistet wurde.

b) Auswahl und Erziehung der Belegschaft. Verfolgt man den Arbeitsgang einer Viskose-Kunstseidenfabrik, so fällt auf, daß in einem derartigen Betriebe sehr viel Handarbeit geleistet wird. Unter den heutigen Verhältnissen, die niedrige Kunstseidenpreise bei hohen Löhnen verlangen, ist dieser Faktor einer der wichtigsten, und es muß an dieser Stelle in erster Linie rationalisiert werden.

Daher:

1. beobachte die beste Arbeit auch des besten Arbeiters,

2. gib ihm als Vorbild die geschicktesten, willigsten und am besten eingearbeiteten Vorarbeiter und Meister,

3. belohne ihn aber auch für gute Leistungen,

4. schaffe für ihn menschenwürdige Arbeitsverhältnisse bezüglich Schonung seiner Gesundheit, um eine Erhöhung seiner Leistungsfähigkeit und Arbeitslust zu erreichen.

Schon durch diese Maßnahmen allein kann auch ein Betrieb mit geringer Belegschaft Spitzenleistungen bezüglich Quantität und ebenfalls Qualität seiner Produkte erzielen.

Zeigt ein Arbeiter aus irgendwelchem Grunde für die ihm zugeteilte Arbeit wenig Lust und Neigung, oder erweist er sich als zu ungeschickt, so ist ihm so schnell wie möglich eine andere Arbeit anzuweisen, oder dieser Arbeiter muß aus dem Betriebe ausscheiden. Natürlich soll auch hier die größte Gerechtigkeit herrschen. Ein geschickter, williger Vorarbeiter oder Meister kann die Leistungsfähigkeit des einzelnen Arbeiters ebenfalls günstig beeinflussen. Es ist jedem Fabrikleiter bekannt, daß das schlechte Beispiel ungeschickter oder nachlässiger Vorarbeiter und Meister auch das beste, willigste Arbeitermaterial verderben kann. Es ist dann nachträglich recht schwer, derartige Fehler wieder auszumerzen. Die oft unvermeidliche Akkordarbeit ist bei den Arbeitern meist wenig beliebt und wird als Zwang angesehen, auch dann, wenn sie durch leicht erreichbare Mehrleistung einen höheren Lohn erhalten. In diesem Falle empfiehlt sich stets die Anwendung des Prämiensystems. Der Arbeiter muß fühlen, daß seine Mehrleistung beobachtet wird und er auf eine Belohnung rechnen darf, die oft gar nicht pekuniärer Natur zu sein braucht; einige freundliche Anerkennungsworte genügen vollkommen.

Eine der wichtigsten Kontrollmaßnahmen sind laufende Auszeichnungen über die Arbeitsleistungen eines jeden Arbeiters, die es ermöglichen, im gegebenen Augenblick gerechte Maßnahmen durchzuführen. Auch dem Arbeiter wird dadurch das Gefühl der Sicherheit gegeben, daß seine wahren Leistungen auch in einem Streitfalle nicht verkannt werden können.

c) Erhöhung der Leistungsfähigkeit der Belegschaft. Um die Leistungsfähigkeit eines Arbeiters nach Möglichkeit zu erhöhen, soll man ihm nie viele verschiedenartige Arbeitshandgriffe auferlegen. Je einfacher die Handgriffe sind, je weniger das Gehirn durch Nachdenken bei verschiedenen Arbeitsvorgängen beansprucht wird, und je weniger individuelles Handeln gefordert wird, um so mehr steigert sich die Leistungsfähigkeit bei abnehmender Ermüdung. Daher heißt es, die verschiedenen Arbeitsvorgänge vernünftig einzuteilen und überflüssige Wege oder Handgriffe auszuschalten. Diese Arbeiten müssen Spezialarbeiterkolonnen überlassen bleiben. So ist es z. B. auch als unvernünftige Belastung des die Maschine bedienenden Arbeiters anzusehen, daß dieser während der achtstündigen Arbeitszeit stehen muß. Besonders auch ist es bei Frauen beobachtet worden, daß das Stehen eine unnötige Ermüdung herbeiführt, die Arbeitslust und Aufmerksamkeit stark vermindert. In USA. hat man daher neben den Maschinen für die Arbeiter bequeme Sitzplätze geschaffen, von denen aus die ganze Arbeitsstätte leicht überblickt werden kann. Natürlich darf diese Sitzgelegenheit nicht die Bequemlichkeit eines Klubsessels aufweisen, aus dem man bekanntlich nicht gern aufsteht; sie darf aber auch nicht eine runde Stange sein, die eher eine Folter als eine Sitzgelegenheit ist.

Eine andere Einrichtung, die sich mit Recht behauptet, beruht auf dem Prinzip, die Maschine vor dem Arbeiter vorbeipassieren zu lassen, bzw. wird der Stuhl, auf dem der Arbeiter sitzt, mit der notwendigen Geschwindigkeit längs der Maschine hin- und hergerollt. Diese Maßnahme hat sich in der Praxis gut bewährt und erhöht die Leistungsfähigkeit des Arbeiters nicht unbedeutend.

Eine weitere Rationalisierungsmaßnahme besteht in der Schaffung entsprechender Schutz- und sanitärer Anlagen. Im Kapitel „Künstliche Belüftung und Temperierung der Arbeitsräume" ist bereits erwähnt worden, wie wichtig dieser Faktor nicht nur für die Fabrikation selbst, sondern auch für die Hebung der Arbeitslust und Leistungsfähigkeit der Arbeiter ist. Wer in den chemischen Abteilungen, besonders der Spinnerei, selbst gearbeitet hat, weiß, wie niederdrückend Säureschwaden und Gase auf das Bedienungspersonal wirken. Dieses Gefühl darf den Arbeiter aber nicht belasten, wenn von ihm gute Leistungen und Arbeitslust gefordert werden. Richtige Ventilation der Räume und deren Beschaffenheit selbst spielen dabei eine äußerst wichtige Rolle. In meiner Arbeit „Die Beschaffenheit der Spinnarbeitsräume der Viskose verarbeitenden Kunstseidefabriken"[1] habe ich dieses Thema ausführlich behandelt und gebe es hier gekürzt wieder:

„Bekanntlich wird die Fällung der Viskose von einer kräftigen Schwefelwasserstoffausscheidung begleitet. Auch Schwefelkohlenstoff und einige andere äußerst scharf riechende Schwefelverbindungen noch nicht vollkommen geklärter Natur, werden bei der Zersetzung der Viskose frei bzw. gebildet. — Alle diese Schwefelverbindungen, insbesondere die gasförmigen, schädigen die Gesundheit des mit der Viskosefällung beschäftigten Menschen beträchtlich und beanspruchen die maschinelle Einrichtung der Fabrik, indem hauptsächlich alle Gegenstände aus Metall schnell zerstört bzw. unbrauchbar gemacht werden. Sogar der Mauerputz und die Ziegelsteine werden von den genannten Gasen mittelbar oder unmittelbar in Mitleidenschaft gezogen. Jedem praktisch tätigen Fachmann sind z. B. die schweren Korrosionen der verschiedenen Leitungen, insbesondere der elektrischen Licht- und Kraftleitungen solcher Arbeitsräume zur Genüge bekannt.

Große Flüssigkeitsmengen (Fällbäder), welche solchen Räumen zwecks Durchführung der Fällung zugeführt werden müssen, erzeugen durch Verdunstung, Zerstäubung oder Zerspritzen saure Wasserschwaden. Der Dunst kondensiert an allen kalten Flächen, wie Maschinenteilen, Decken und Mauerwerk, zu Tropfen. Diese Nässe absorbiert einen beträchtlichen Teil der gasförmigen Schwefelverbindungen, welche sich infolge Oxydation zu schwefliger bzw. Schwefelsäure umwandeln. So erklären sich oft schwere Korrosionen an Stellen, wohin an und für sich zerstäubte oder flüssige saure Körper unmöglich gelangen können. Oft sieht man Viskosebetriebe, wo die Entlüftungs- bzw. Schutzeinrichtungen jeder Beschreibung spotten: saugende Schutzhauben, welche die schädlichen Schwaden

---

[1] Chemische Apparatur **1930**.

hochwirbeln anstatt die Dünste nach unten zu drücken und dort abzusaugen, oft sind sogar Ventilatoren oben an den Wänden in der Nähe der Decke angebracht. Maschinen, welche kostspielige Ventilationsanlagen besitzen, sind derart falsch angebracht, daß eine Saugvorrichtung die Wirkung der anderen vollkommen aufhebt. Dies alles sind die Folgen der Unkenntnis und des Außerachtlassens der praktischen Erfahrungen. Auch wird die Lösung dieser heiklen Frage oft solchen Maschinenfabriken überlassen, welche bloß aus Geschäftsrücksichten nicht ehrlich bekennen wollen, daß die gestellte Aufgabe ihren Erfahrungsbereich übersteigt.

Indessen ist es leicht möglich und aus Rationalisierungsgründen erforderlich, das Übel vollkommen zu beseitigen. Natürlich können nur fachmännisch richtig durchgeführte Maßnahmen im Dauerbetrieb die gestellten Aufgaben vollkommen und sicher erfüllen."

Zur Rationalisierung gehören auch gewerbehygienische Maßnahmen zum Schutze des Arbeiters gegen den Einfluß der ihm infolge seiner Hantierungen anhaftenden Chemikalien, insbesondere derjenigen saurer Natur. Badeeinrichtungen verschiedener Art werden von den Arbeitern aus begreiflichen Gründen wenig oder gar nicht benutzt. Es ist daher ratsam, den Arbeiter mit einer Schutzkleidung auszurüsten, die für die Säuren oder sauren Schwaden undurchdringlich ist und sich außerdem leicht säubern läßt, was zwangsweise im Werk selbst öfter auszuführen ist. Äußerst wichtig ist es, den Arbeiter darüber aufzuklären, wie er Gesicht und Hände von den Chemikalien reinigen kann. Besonders saure Spinnbäder durchtränken die Haut seiner Hände und andere offene Körperteile. Es ist ein Fehler, dem Arbeiter vom Werk aus Seife zu liefern, ohne ihn gleichzeitig zu zwingen, die Säuberung seiner Haut richtig vorzunehmen. Bekanntlich verschmiert Seife die Poren von saurer Haut mit der sie oberflächlich in Berührung kommt und konserviert also förmlich die in tiefere Hautschichten eingedrungene Säure. Wenn also Aufklärungen allein nicht ausreichen, muß ein Zwang ausgeübt werden. Durch ergiebige Wässerung und Neutralisation, z. B. mit Natriumbikarbonat, werden alle schädigenden sauren Körper aus der Haut ausgelaugt und unschädlich gemacht; erst dann kann ein Waschen mittels Seife und Bürste erfolgen. Nur wenn die Haut der Hände und des Gesichtes in dieser Weise behandelt wird, kann sie dauernd gesund bleiben, und der Arbeiter wird die Lust zur Arbeit behalten. Nur wenn die Waschanlage richtig ausgebaut ist, lassen sich die Arbeiter zur Durchführung der beschriebenen Säuberungsordnung zwingen. Nur wenn die Belegschaft gesund erhalten wird, können Höchstleistungen gefordert und erfüllt werden.

d) Vorschläge zur Vereinfachung des Fabrikationsganges. Die Kunstseideindustrie ist noch zu jung, als daß man Normalisierung der Maschinen verlangen könnte, doch wird sie erfreulicherweise angestrebt. Eine vernünftige Automatisierung soll bis an die Möglichkeitsgrenze durchgeführt werden. Durch Automatisierung verbessert man die Qualität des Produktes und erhöht die Leistungen bei Ersparnis an lebenden Kräften. Natürlich müssen genaueste Berechnungen dabei ausschlaggebend sein. Es kann vorkommen, daß bei Automatisierung durch zu hohen Energieverbrauch im laufenden Betriebe, durch laufende Reparaturkosten, Amortisation der Anlage usw. der Betrieb unrentabler arbeitet, als wenn er halbautomatisch durchgeführt würde. Die Automatisierung der sog. chemischen Abteilungen, d. h. derjenigen, wo aus Zellstoff Viskose erzeugt wird, läßt sich zur Zeit schon so weitgehend durchführen, daß in diesem Teil des Betriebes nur eine ganz geringe Arbeiterzahl erforderlich ist.

Auch die Vervollkommnung der Spinnmaschinen ermöglicht bereits eine ganz bedeutende Ersparnis an lebenden Kräften.

Die größte Arbeiterzahl erfordert noch die Nachbehandlung und Fertigstellung der Garne. Hier sucht man durch Zusammenziehen bzw. Überspringen einiger Arbeitsprozesse Kräfte zu sparen, indem man z. B. versucht, die Vortrocknung wegzulassen; hierbei werden die aus dem Fällbade kommenden, frisch gesponnenen Fäden sofort anschließend nachbehandelt. Ob dies nun der richtige Weg ist, muß sehr bezweifelt werden. Hierüber wurde bereits im Kapitel „Nachbehandlung" gesprochen. Ich bin der Ansicht, daß ein anderer Weg der Zusammenziehung mehrerer Arbeitsprozesse mehr Erfolg verspricht, und zwar soll man die Kunstseidenfäden nach der Befreiung vom Fällbade und erfolgter Trocknung, also im rohen Zustande, der weiterverarbeitenden Industrie zuführen. Die Entschwefelung, besonders aber die Bleiche und Appretur, können dann an den gewebten Stoffen oder Wirkwaren bequem und billig durchgeführt werden. Durch die Wahl eines geeigneten Fällbades bzw. entsprechende Durchführung der Regeneration ist es möglich, den Schwefelgehalt auf ein Minimum herunterzudrücken. Nur für Waren, welche keine Entschwefelung in fertigem Zustande vertragen (wegen Schrumpfungs- und anderen Erscheinungen), kann nach dem Entsäuern der Fäden eine vorsichtige Entschwefelung vorgenommen werden. Um die ungebleichten Fäden etwas elastischer zu machen, können sie leicht nachappretiert werden, ehe man sie der weiterverarbeitenden Industrie übergibt.

Ich erachte es für überflüssig, die Fäden in der Kunstseidenfabrik zu bleichen, da dieser Vorgang im Stoff (gewebt oder gewirkt) mit gleichem Vorteil durchgeführt werden kann. Außerdem wird die Ware vor dem Färben, um eine gleichmäßige Farbe zu erhalten, stets nachgebleicht. Diese doppelte Bleiche muß also sowohl im Sinne der Rationalisierung als auch im Sinne der Fadenschonung erspart werden.

Wird die Ware im Garn gefärbt, so muß die Seide in Strangform übergeführt werden. Auch in diesem Falle kommt ein egalisierendes Nachbleichen der Seide vor dem Färben in den Färbereien in Frage, so daß sie für diesen Spezialzweck ebenfalls im rohen, ungebleichten Zustande geliefert werden kann. Dadurch wird die Kunstseidenfabrikation vereinfacht und verbilligt und der Faden denkbar geschont.

Zur Rationalisierung gehört auch die möglichst weitgehende Ausschaltung aller unproduktiven Arbeit. Große Reparaturwerkstätten und sogar angegliederte Maschinenfabriken müssen aus den Kunstseidenfabriken verschwinden. Die Unterhaltung solcher Werkstätten hatte anfangs Berechtigung. Heute aber, wo eine große Anzahl von Maschinenfabriken in der Lage ist, die gesamte Maschinerie und Apparatur für Kunstseidenfabriken zu liefern, ist eine Belastung in dieser Richtung unvernünftig. Auch größere Reparaturen können heute billiger und schneller von Maschinenfabriken ausgeführt werden. Überhaupt soll man alle Spezialarbeiten, die mit der Herstellung der Kunstseide nichts direkt zu tun haben und eigentlich als fremde Betriebe angesehen werden müssen, aus Rationalisierungsgründen aus dem Betriebe verbannen.

Nachdem das Spulenverfahren soweit vervollkommnet worden ist, daß die Seide bei Verwendung von Großbobinen auf der Zwirnmaschine in für die Weiterverarbeitung geeigneten Spulen geliefert werden kann, ist eine Vereinfachung und Verbilligung dieses Arbeitssystems, auch bezüglich Ersparnis an Arbeitskräften, dem heutigen Stande der Technik entsprechend erreicht worden.

e) Verschiedene Verfahren der Nachbehandlung der Zentrifugenseide. Interessant sind ähnliche Bestrebungen in der Zentrifugenspinnerei. Der Fadenkuchen, welcher bereits gezwirnte Fäden enthält, läßt sich unter Umgehung des Stranges auf geeigneten Spulenmaschinen ebenfalls auf Spulen bringen. Schwierigkeiten bietet das Waschen bzw. Entschwefeln des Fadenkuchens. Da der Fadenkuchen keinen festen Kern besitzt, ist die einfache Form der Behandlung, wie man sie bei den Bobinen anwendet, nicht durchzuführen. Da das Loch des Kuchens aber nicht immer gleich groß ist, so läßt sich ein fester Kern schwer und nur unter nicht unerheblichen Kosten einführen. Um diese Frage zu lösen, sind bereits die verschiedensten Patente angemeldet und erteilt worden. Die Patentansprüche einiger charakteristischer Verfahren sind nachstehend angeführt:

1. Am 5. Dezember 1924 wurde der amerikanischen Firma The Viscose Company Inc. in Marcus Hook, Pa. V. St. A. (diese Fabrik gehört zum Courtauld-Konzern) unter der Nr. 461456/29a/6 ein DRP. auf ein Verfahren und eine Vorrichtung zur Naßbehandlung erteilt, insbesondere zum Waschen von in Kuchen oder Bobinen gewickelten Kunstseidenfäden, dessen Hauptpatentanspruch lautet: „Verfahren zur Naßbehandlung, insbesondere zum Waschen von in Kuchen oder Bobinen gewickelten Kunstseidenfäden, durch Hindurchdrücken der Behandlungsflüssigkeit durch die Kunstseidenwickel von innen nach außen durch Schleuderkraft, dadurch gekennzeichnet, daß zum Schutz der feinen, brüchigen

Kunstfäden vor Beschädigung durch Flüssigkeitsreibung die Flüssigkeit in zerstäubter Form durch die Fadenwickel hindurchgeschleudert wird."

Etwa zwei Jahre später, am 14. Februar 1926, ist den Vereinigten Glanzstoffwerken A.-G. in Elberfeld ein Schutzrecht auf ein sehr ähnliches Verfahren das DRP. 454428/29a, 6 mit der Überschrift: Verfahren zum Nachbehandeln von Spinntopfkunstseide erteilt .worden. Der Hauptpatentanspruch lautet: „Verfahren zum Nachbehandeln von Spinntopfkunstseide, dadurch gekennzeichnet, daß die Spinnkuchen bei schnellem Laufen des Spinntopfes oder der Waschtrommel von innen mit fein verteiltem Wasser besprengt, rein gewaschen und dann abgeschleudert werden, hierauf die Kunstseide abgehaspelt und unter Spannung getrocknet wird."

Weitere drei Jahre später ist der englischen Firma Courtaulds Ltd. in London (der gleiche Konzern) am 9. Februar 1929 auf ein wiederum sehr ähnliches Verfahren das DRP. 495120/29a, 6 mit der Überschrift: „Verfahren und Vorrichtung zum Naßbehandeln von Kunstseidenkuchen" erteilt worden, dessen Hauptpatentanspruch lautet: „Verfahren zum Naßbehandeln von Kunstseidenkuchen in umlaufenden Spinntöpfen, dadurch gekennzeichnet, daß ein Flüssigkeitsstrahl auf einen in der Mitte des Spinntopfbodens fest angeordneten, mit Prallflächen versehenen Verteiler gespritzt wird, der den Strahl bei der Drehung des Topfes in einen Sprühregen überführt, der gegen alle Teile der Kucheninnenwand geschleudert wird und den Kuchen daher durchdringt."

Am 24. August 1929 wurde der Firma Aktiebolaget Svenskt Konstsilke in Boras, Schweden, als DRP. 509728 folgendes Verfahren geschützt: „Verfahren und Vorrichtung zum Naßbehandeln von Spinnkuchen. Patentanspruch 1: Verfahren zum Naßbehandeln von Spinnkuchen durch Hindurchführen der Behandlungsflüssigkeit mittels Schleuderkraft, dadurch gekennzeichnet, daß in dem Spinntopf von der gesamten Innenfläche des Spinnkuchens eine gelochte Hülse (3) angeordnet wird, die einen solchen Durchmesser hat, daß ihr Außendurchmesser von dem Spinnkuchen in einen das Schrumpfen des Kuchens berücksichtigenden Abstand entfernt wird."

Einen ganz anderen Weg des Waschens der Zentrifugenseide hat laut DRP. 501496/29a, 6 mit der Überschrift: „Verfahren und Vorrichtung zum Waschen von Spinnstoffkunstseide"[1] die I. G. Farbenindustrie A.-G. in Frankfurt a. M. eingeschlagen. Der Hauptpatentanspruch lautet: „Verfahren zum Waschen von Spinntopfkunstseide auf der Spinnmaschine, dadurch gekennzeichnet, daß der gesponnene Faden vor dem Eintritt in den Spinntopf im Gegenstrom ausgewaschen und die Waschflüssigkeit unter Verwendung von Fadenführungstrichtern abgeführt wird, in welche die Flüssigkeit von unten eintritt und oben abfließt, wobei durch Saugwirkung der strömenden Flüssigkeit oder durch Druckluft oder durch Rohrverengung des Fadenführungstrichters das Ausfließen der Waschflüssigkeit an der Fadenaustrittsöffnung verringert wird."

Auch die Firma Küttner A.-G. in Pirna a. Elbe hat ein Schutzrecht auf ein eigentümliches, aber gut durchführbares „Verfahren zur Behandlung der nach Spinntopfspinnverfahren hergestellten Kuchen aus Kunstseide" am 15. März 1927 als DRP. 474789/29a, 6 erhalten. Die Arbeitsweise ist aus dem Patentanspruch ersichtlich: „Verfahren zur Behandlung der nach dem Spinntopfspinnverfahren hergestellten Kuchen aus Kunstseide, dadurch gekennzeichnet, daß die Kuchen flachgedrückt und hierauf gespült und gegebenenfalls weiterbehandelt werden."

Ein anscheinend ähnliches Patent haben die Siemens-Schuckert-Werke A.-G., Berlin-Siemensstadt mit der Anschrift: „Spinntopfeinsatz" als DRP. 508194/29a, 6

---

[1] Patent vom 9. November 1928.

am 21. Oktober 1928 erhalten. Der Hauptanspruch dieses Verfahrens lautet: „Spinntopfeinsatz, dadurch gekennzeichnet, daß er aus einem schmiegsamen Stoff, z. B. Papier, von solchen Abmessungen besteht, daß der fertige, mit dem Einsatz herausgenommene Spinnkuchen durch den Stoff verpackbar ist."

Eine charakteristische Patentanmeldung (welche aber inzwischen wohl bereits Patent geworden ist) haben die Vereinigten Glanzstoffabriken A.-G., Elberfeld, lautend „Verfahren zum Auswaschen und Nachbehandeln von Kunstseidenspinnkuchen" unter V. 25019/29a, 6 am 12. März 1929 angemeldet. Der Patentanspruch dieser Anmeldung lautet: „Verfahren zum Auswaschen und Nachbehandeln von Kunstseidenspinnkuchen, dadurch gekennzeichnet, daß man die Spinnkuchen in weitmaschige Textilstoffe einschlägt, sie dann flach zusammendrückt, einzeln auf Stangen lose aufhängt und auf diesen Stangen den an sich bekannten Auswasch- und sonstigen Nachbehandlungsverfahren, wie Entschwefeln, Bleichen, Avivieren usw., unterwirft." Diese Behandlung ist in ihrer Wirkungsweise als ein Zwischending zwischen den Verfahren Nr. 508194 und Nr. 474789 anzusehen.

Als DRP. 504182/29a, 6 erhielt am 8. September 1929 die Firma C. G. Haubold A.-G., Chemnitz, das Schutzrecht auf ein „Verfahren und Vorrichtung zum Nachbehandeln von Kunstseidenspinnkuchen" mit dem Patentanspruch: „Verfahren zum Nachbehandeln von auf der Topfspinnmaschine hergestellten Kunstseidenspinnkuchen, dadurch gekennzeichnet, daß mehrere der Spinnkuchen zu einem Kettenkranz verbunden werden, der auf einen drehbaren Haspel gelegt und die Seide auf diesem gespült, chemisch weiterbehandelt und getrocknet wird."

Ein weiteres Patent zur „Behandlung von in Spinntöpfen gesponnener Kunstseidenspinnkuchen" ist am 13. Februar 1930 unter L. 71052 von Dr. Carl Landskroener, Dresden, angemeldet worden. Der Patentanspruch lautet: „Verfahren zum Behandeln von in Spinntöpfen gesponnenen Kunstseidenspinnkuchen, dadurch gekennzeichnet, daß die mit Fäden umschlungenen Spinnkuchen auf Stäbe aufgehängt und in

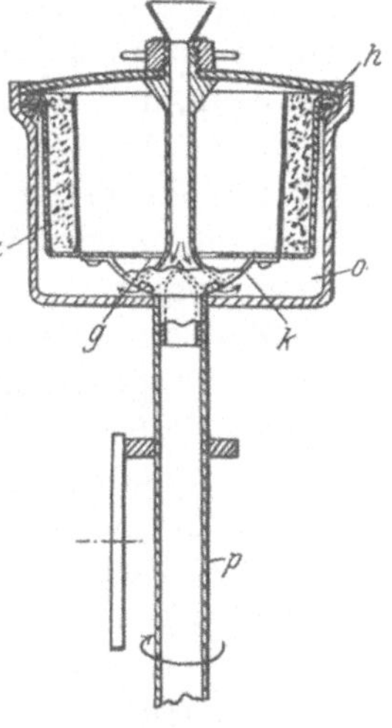

Abb. 121.

diesem Zustande mit den erforderlichen Wasch- oder Nachbehandlungsflüssigkeiten, beispielsweise unter Verwendung von Berieselungsanlagen, behandelt werden, wobei der untere Teil des Spinnkuchens durch einen eingelegten Stab beschwert ist."

In dem Bestreben, die Wäsche und Nachbehandlung des Fadenkuchens ähnlich der Saugwäsche zu vereinfachen und zu vervollkommnen, hat der Verfasser ein Verfahren ausgearbeitet und erhielt darauf am 11. September 1930 unter der Nr. 508012 ein DRP. mit der Überschrift: „Einrichtung zum Waschen und Nachbehandeln von Kunstseidenspinnkuchen" mit dem Patentanspruch: „Einrichtung zum Waschen und Nachbehandeln von Kunstseidenspinnkuchen, dadurch gekennzeichnet, daß der Bodenteil eines Spinntopfeinsatzes (a) mit einem Abdichtungsrand (h) versehen ist, der den durchlässigen Einsatz (a) gegen die Wandung eines mit Flüssigkeitabsaugvorrichtung (p) versehenen Waschbehälter (o) abdichtet und die Einsatzdeckelöffnung (g) in den Waschbehälter durch einen halbkugeligen Teil (k) abgedichtet wird, wodurch es ermöglicht ist, daß die zwischen der Waschbehälterwand und dem Spinntopfeinsatz eingeführte Waschflüssigkeit von außen nach innen durch den Spinnkuchen strömt (alles andere ist aus obiger Abb. 121 ersichtlich)."

Diese Arbeitsmethode läßt es bequem zu, einen Fadenkuchen gründlich vom Fällbade zu befreien und die Nachbehandlung schnell und billig durchzuführen.

Die Firma I. P. Bemberg A.-G., Wuppertal-Oberbarmen, hat das DRP. 500741/29a, 6 auf eine „Haspel für die Naßbehandlung von Kunstfäden" erhalten, patentiert vom 1. November 1928. Der Patentanspruch lautet: „Haspel mit an Armen in Scheiben der Nabe schwenkbar gelagerten und in Schlitzen einer auf der Nabe drehbaren Scheibe geführten Holmen für die Naßbehandlung von Kunstseidenspinnkuchen, dadurch gekennzeichnet, daß an den die Holme (4) tragenden Schwenkachsen (3) zu diesen parallel und der Haspelnabe (1) zugekehrt Spannstäbe (5) angeordnet sind, um die ein elastisches Band (6) gespannt ist, wodurch die Holme (4) radial abfedern." Die Fadenkuchen werden also auf einer Haspelvorrichtung nachbehandelt.

Auch das Bestreben, die Kunstseidenfäden im kontinuierlichen Betrieb zu erzeugen, ist ein Versuch zur Rationalisierung. Die Idee als solche ist nicht neu, wird sich aber schwer durchführen lassen, es sei denn, daß auf dem Gebiete der Viskosefällung neue Wege gefunden werden. In bezug auf die technische Durchführung eines solchen Verfahrens sind noch viele Schwierigkeiten zu überwinden. Für die Herstellung von Stapelfaser dagegen ist ein kontinuierlicher Betrieb gut geeignet.

Zur Zeit arbeiten verschiedene Maschinenfabriken an der Lösung dieses Problems, und ich will daher von weiteren Angaben bezüglich dieses Verfahrens absehen.

f) Zusammenfassung der Rationalisierungsmöglichkeiten. Zum Schluß sei nun nochmals zusammengefaßt, welche Ziele bei der technischen Rationalisierung eines Kunstseidenbetriebes zu verfolgen wären:

1. Verminderung der Arbeiterzahl.

2. Ertüchtigung des Arbeiters und Erhöhung seiner Leistungsfähigkeit.

3. Ausschaltung aller nicht produktiven lebenden und mechanischen Kräfte.

4. Weitestgehende, aber vernünftige Automatisierung des Betriebes.

5. Vereinfachung der Fabrikation.

6. Normalisierung der Erzeugnisse.

7. Ersparnisse an Energie (Kraft, Licht) und Heizstoffen.

Dies sind die Grundprinzipien für die vernünftige Leitung einer Kunstseidenfabrik. Leider läßt sich dieses Thema wegen Mangel des zur Verfügung stehenden Raumes nicht weiter ausführen, was im Interesse der Sache wünschenswert wäre.

2. Aufstellung eines Wochenarbeitsplanes für Abteilungen, die Viskose herstellen.

Bei einer Abzugsgeschwindigkeit von etwa 40 m/Min. vermag eine Spinndüse in 24 Stunden

$$\begin{aligned}
\text{bei } 130 \text{ Deniers etwa } 0,7 \text{ kg Kunstseide} \\
\text{,, } 150 \quad \text{,,} \qquad \text{,, } 0,9 \text{ ,,} \qquad \text{,,} \\
\text{,, } 200 \quad \text{,,} \qquad \text{,, } 1,2 \text{ ,,} \qquad \text{,,} \\
\text{,, } 260 \quad \text{,,} \qquad \text{,, } 1,5 \text{ ,,} \qquad \text{,,} \\
\text{,, } 300 \quad \text{,,} \qquad \text{,, } 1,7 \text{ ,,} \qquad \text{,,} \\
\text{,, } 320 \quad \text{,,} \qquad \text{,, } 1,8 \text{ ,,} \qquad \text{,,} \qquad \text{usw.}
\end{aligned}$$

zu liefern. Angenommen, im Spinnraum befinden sich 10 Spinnmaschinen, jede zu 100 Düsen, und es soll eine Woche lang mit

$$\begin{aligned}
5 \text{ Spinnmaschinen Seide von } 150 \text{ Deniers} \\
4 \qquad \text{,,} \qquad \qquad \text{,,} \quad \text{,, } 200 \quad \text{,,} \\
1 \qquad \text{,,} \qquad \qquad \text{,,} \quad \text{,, } 300 \quad \text{,,}
\end{aligned}$$

hergestellt werden. Die hierzu erforderliche Viskosemenge wird wie folgt berechnet:

$$\begin{aligned}
5 \text{ Spinnmaschinen à } 150 \text{ Deniers} &= 0,9 \cdot 100 \cdot 5 = 450 \text{ kg Seide} \\
4 \qquad \text{,,} \qquad \text{à } 200 \quad \text{,,} &= 1,2 \cdot 100 \cdot 4 = 480 \text{ ,,} \quad \text{,,} \\
1 \qquad \text{,,} \qquad \text{à } 300 \quad \text{,,} &= 1,7 \cdot 100 \cdot 1 = \underline{170 \text{ ,,} \quad \text{,,}} \\
&\qquad \qquad \qquad \qquad 1100 \text{ kg Seide}
\end{aligned}$$

in 24 Stunden. Die Woche hat sechs Arbeitstage, mithin

$$24 \cdot 6 = 144 \text{ Arbeitsstunden.}$$

Für Reinigungsarbeiten usw. ist wöchentlich mit etwa 3,5 Stunden Stillstand zu rechnen, so daß die Arbeitswoche tatsächlich nur

$$144 - 3,5 = 140,5 \text{ ununterbrochene Arbeitsstunden}$$

hat, welche

$$140,5 \cdot 24 = 5^3/_4 \text{ oder } {}^{29}/_5 \text{ Tagen}$$

entsprechen. Da man im allgemeinen nur mit einer maximalen Ausbeute von 75 vH rechnen kann, müssen

$$\frac{100 - 1100 - 29}{75,5} = 8506 \text{ kg Zellstoff}$$

verarbeitet werden, d. h. es sind 85,06 Chargen Viskose zu 100 kg Zellstoff anzusetzen.

Eine Viskose aus 100 kg Sulfitzellstoff hat ein Durchschnittsgewicht von 1080 kg, danach wiegen 85,06 Viskosen 91 864,80 kg.

Bei Aufstellung eines Arbeitsplanes ist die Zeit zu berechnen, in der die 10 Spinnmaschinen eine Charge Viskose von 1080 kg verspinnen. Da die 10 Spinnmaschinen in 140,5 Stunden 85,06 Chargen Viskose verarbeiten, so wird eine Charge in

$$140,5 : 85,06 = 1 \text{ Stunde } 39 \text{ Minuten}$$

aufgebraucht. Einen gewissen Spielraum beim Zusammenstellen des Arbeitsprogramms gibt die Reifezeit der Viskose, die zwischen 48 und 60 Stunden, also im Höchstfall um 62 Stunden schwanken kann. Diese

12 Stunden Spielraum gestatten dem Betriebsleiter, die Arbeit in den chemischen Abteilungen, d. h. beim Merzerisieren, Sulfidieren und im Viskosekeller entsprechend einzuteilen. Wichtig ist hierbei, daß den einzelnen Belegschaften möglichst gleiche Arbeitspensen zugemessen werden, da andernfalls leicht Unzufriedenheit entsteht.

Wenn das Arbeiten im Spinnraum am Montag um 6 Uhr morgens beginnt, so ist die erste Viskose schon um 7 Uhr 39 Minuten aufgebraucht. Rechnet man mit einer Reifezeit von 60 Stunden, so mußte die Sulfidierung dieser Charge am Freitag nachmittags um 6 Uhr und die Merzerisation bei 60stündiger Vorreife am Dienstag früh um 6 Uhr beendet sein.

Am Montag früh um 7 Uhr 39 Minuten wird die zweite Viskose in Arbeit genommen. Sie ist um 9 Uhr 18 Minuten verbraucht. Bei etwas kürzerer Reifezeit von 50 Stunden mußte diese am Sonnabend früh um 5 Uhr 39 Minuten merzerisiert sein. Fällt bei einer derartigen Berechnung das Sulfidieren oder Merzerisieren auf einen Sonntag, so muß die Reifezeit der Viskose verlängert oder verkürzt werden, so daß die Vorbereitungsarbeiten am Sonnabend oder am Montag vorgenommen werden können.

3. Vorbereitung der Kunstseidengarne für die Weiterverarbeitung.

Wie bereits im Kapitel über Haspelei ausgeführt worden ist, liefern die Kunstseidenfabriken das Garn an die weiterverarbeitende Industrie gewöhnlich in Strangform. In der letzten Zeit jedoch geht man mehr und mehr dazu über, das Garn auf Spulen, welche eine für die Weiterverarbeitung geeignete Form besitzen, zur Ablieferung zu bringen. Bei Kunstseiden, welche auf der Spulenspinnmaschine hergestellt sind, kann man das Garn direkt von der Zwirnmaschine, ohne den Faden zu haspeln oder zu spulen, auf drei verschiedene Arten von Spulen aufwinden:

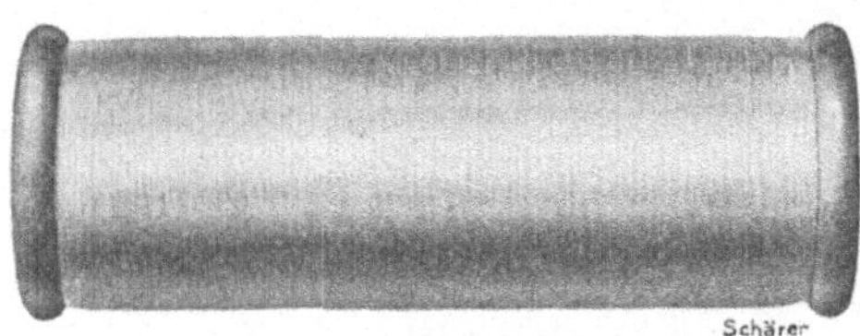

Abb. 122. Scheibenspule.

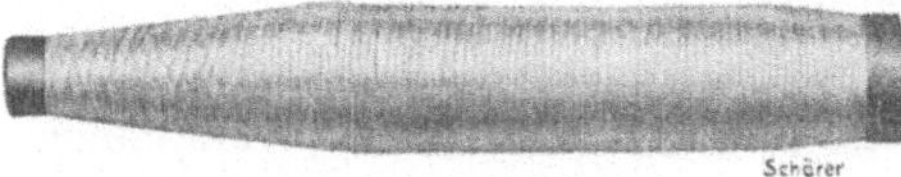

Abb. 123. Schußspule.

a) normale Rand- bzw. Scheibenspulen (wie in Schereien zur Anfertigung von Bäumen für Kettenstühle und zum Vorlegen für Hochleistungsspulmaschinen, Abb. 122).

b) Anfertigung von Schußspulen für die Weberei (Abb. 123).

c) Flaschenspulen bzw. konische Kreuzspulen, falls die Kunstseide nach dem Zentrifugensystem hergestellt wurde, für die Strickerei und Wirkerei.

Bei allen diesen Arbeitsvorgängen ist es überaus wichtig, daß der zu verarbeitende Kunstseidenfaden unbedingt gegen Aufrauhen und

Abb. 124. Treibmaschine. System Karl Hamel A.-G.

Verstrecken geschützt wird, was bei der Ausführung der für diese Arbeitsvorgänge verwendeten Maschinen voll berücksichtigt werden muß. Die durch eine zu schnelle Spulgeschwindigkeit erzeugte bleibende Überdehnung des Fadens kann von außerordentlich wichtiger Bedeutung, im nachteiligen Sinne, werden (z. B. Glanzfäden beim Weben usw.). Der Faden soll deshalb nicht schneller als 100—120 m/min für mittlere Titre gespult werden. Das Kannettieren erfolgt am besten von Kreuz- oder Scheibenspulen, und es ist keinesfalls zu empfehlen, dieses direkt vom Strahn zu machen.

Zur Erzielung von Spulen wie unter a) genannt, werden Treibmaschinen (Windemaschinen) Modell PJ (s. Abb. 124) der Maschinenfabrik Carl Hamel verwendet. Diese Maschinen werden doppelseitig gebaut, mit 177 mm Spindelteilung für Spulen bis 95 mm ganzer Länge und 70 mm lichter Weite.

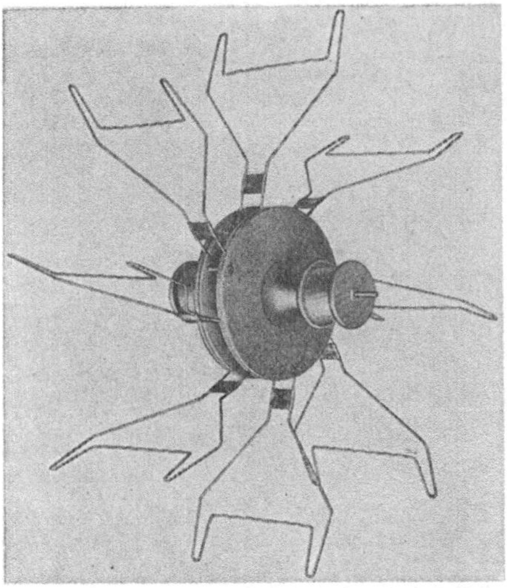

Bei dieser Maschine sollen alle Wellen des Antriebes in Kugellagern laufen, um ein Beschmutzen der Seide durch Öl, wie dies bei gewöhnlichen Lagern eintreten kann, zu vermeiden. Der Antrieb der Spindeln soll vierstufigen Überbetrieb haben, um je nach Material und Titre die Fadengeschwindigkeit ändern zu können, und zwar für jede Maschinenseite getrennt. Das Fadenführergetriebe (Regulator) mit Differentialverschiebung, in staubdichtem Ölbad laufend, soll ebenfalls Dreistufenantrieb besitzen, um

Abb. 125. Die Konstruktion einer elastischen Haspel.

die Fadenkreuzung verändern zu können. Ferner muß den verschiedenen Fadenlängen entsprechend der Hub verstellbar sein. Der Fadenführer selbst soll Mikrometereinstellung haben. Die Spindellager, wenn aus Fiber hergestellt, laufen jahrelang ohne Schmierung, und ein Beschmutzen der Hände oder der Seide ist nicht möglich. Eine Abstellvorrichtung bei Verwicklung des Fadens im Strang ist unerläßlich. Diese soll so zuverlässig arbeiten, daß, wenn sie in Tätigkeit tritt, die Windespule vom Antriebrad abgehoben und gebremst wird, bevor ein Verstrecken des Fadens eintritt. Durch richtige Anwendung dieser Vorrichtung können Glanzschüsse im Gewebe vermieden werden. Die Haspel (Abb. 125) soll leicht, elastisch und konzentrisch verstellbar sein. Als Haspelbremse wird mit großem Vorteil die automatische verwendet, welche jedem Titre angepaßt werden kann und durch den ablaufenden Faden selbst kontrolliert wird. Die auf dieser Maschine verwendete Scheibenspule aus gut poliertem Holz wird in

der Regel zylindrisch bewickelt, weil diese Wicklungsform sich für
Kunstseide als die geeignetste erwiesen hat. Um ein Strecken des
Fadens beim Windeprozeß zu vermeiden, darf der Faden nicht zu straff
gespannt werden. Eine volle Spule soll sich immer noch etwas weich
anfühlen.

Als Schußspulenmaschinen für Kunstseide kommen nur Hoch-
leistungsmaschinen mit 3500—5000 Spindelumdrehungen in der Minute,

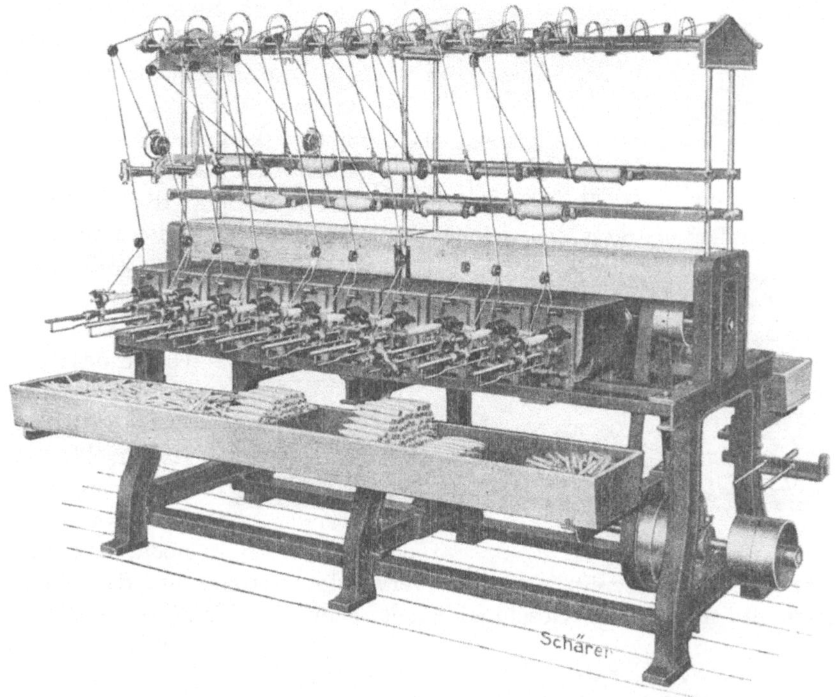

Abb. 126.   Schußspulmaschine.   System Schärer, Nußbaumer & Co.

mit Kreuzwicklung, welche nach dem Einzelkastenprinzip gebaut sind
und deren Getriebe in einem staubdichten Ölbad laufen, in Frage
(Abb. 126). Die Antriebswellen, die in Kugellagern laufen, besitzen
mehrstufigen Überbetrieb um die Fadengeschwindigkeit, der Material-
stärke entsprechend, einstellen zu können. Die Anwendung der Diffe-
rentialwicklung ist für Kunstseide unerläßlich. Sie verhindert das Ab-
rutschen einzelner Wickel beim Webeprozeß, weil der Faden durch die
Verlegung an der Spitze immer gut bindet.

Als zweckmäßigste Abspulvorrichtung hat sich das Abrollen der
Seide von vorgewundenen Scheibenspulen erwiesen, wobei aber unbedingt
eine leicht regulierbare und automatisch wirkende Spulenbremse verwendet werden muß. Auch wenn vom Strang oder stehender Spule

gespult wird, wie dies beispielsweise in Kunstseidenfabriken oft vorkommt, müssen gut wirkende, wenn möglich, durch den ablaufenden Faden getätigte Bremsvorrichtungen verwendet werden, denn nur dann erhält man einwandfreie Spulen. Für die Strickerei und Wirkerei, auch Webereien, wird die Kunstseide beim Spinnen der Seide nach dem Spulensystem größtenteils auf Flaschenspulen mit Kreuzwicklung (s. Abb. 127) oder auf konischen Kreuzspulen (s. Abb. 128) aufgespult.

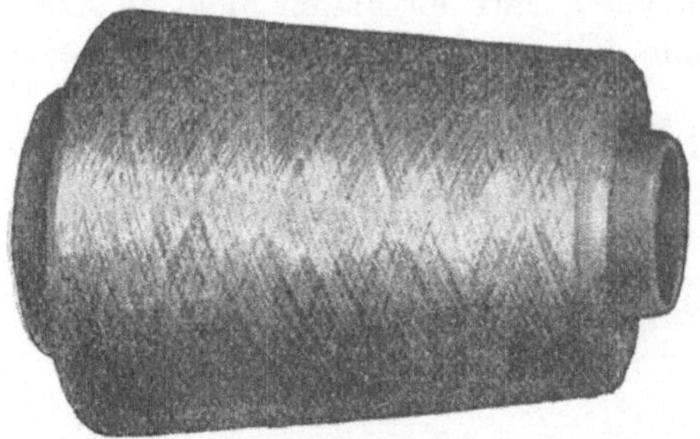

Abb. 127. Konische Kreuzspule, gewonnen direkt von der Zwirnmaschine.

Abb. 129 zeigt die Innenansicht eines modernen Hochleistungs-Schußspulenapparates, bei welchem auf Grund des sehr leichten Ganges die größtmögliche Umdrehungszahl und auf Grund des denkbar einfachsten Baues der geringste Verschleiß gewährleistet wird.

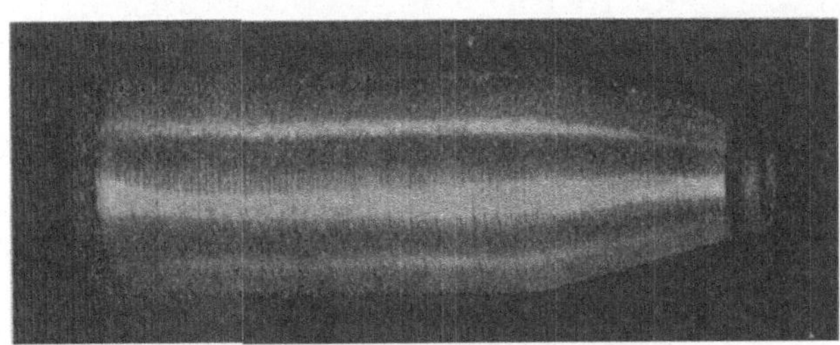

Abb. 128. Flaschenspule.

Erwähnt sei noch, daß noch sehr oft Paraffiniereinrichtungen verwendet werden, um der Kunstseide die notwendige Geschmeidigkeit beim Durchlauf der Nadel der Wirkmaschine zu geben.

Oft ist es erforderlich, Kunstseide, aus welcher Schußseide, Strick- und Nähseide, wie auch Cordonetts, hergestellt werden, mehrfach zu zwirnen. Diese Spezialgarne werden auf der Ringzwirnmaschine (Modell V.V.I der Firma Carl Hamel, A.-G.) gearbeitet, wie sie die Abb. 130 darstellt. Sie besitzt eine Spindelteilung von 101,6—127 mm und ist in der Regel mit 70 mm weiten Zwirnringen versehen. Diese Ringe sind, um die

Abb. 129. Innenansicht eines modernen Schußspulapparates. Nach Schärer, Nußbaumer & Co.

beste Schonung der Kunstseidenfäden zu gewährleisten, aus bestem Stahl gepreßt, glashart und hochfein poliert. Die Spindeln sind für Riemchenantrieb mit Spannrollen ausgerüstet und als Rabbethspindeln

Abb. 130. Ringzwirnmaschine für Kunstseide. System C. Hamel A.-G.

ausgebildet. Die Lieferzylinder bestehen aus glatten 48,5 mm starken Lieferwalzen, die durch Zahnräder zwangsläufig angetrieben werden. Für jede Zwirnspindel ist eine Lieferwalze vorgesehen, welche in einem abhebbaren Rähmchen gelagert ist. Dieses Rähmchen steht in inniger Verbindung mit der selbsttätigen Abhebevorrichtung, welche bei Bruch oder Auslaufen eines Fadens augenblicklich die Lieferwalze

von der sie treibenden Welle abnimmt und gleichzeitig mittels eines
Zugstengels die Spindel von dem Antriebsriemen abdreht und durch

Abb. 131. Arbeitsweise der Ringzwirnmaschine
für Kunstseide.

eine Bremse stillsetzt. Wird der
unterbrochene Faden erneuert oder
angeknüpft, so kann der Spindelantrieb und gleichzeitig auch die
Lieferwalze durch einen Fußtritt-
hebel wieder in Gang gesetzt
werden. Das Aufsteckgatter wird
gewöhnlich mit acht schrägliegen-
den Stiften für die Zwirnspindeln
ausgeführt, so daß 6 Spulen und
2 Reservespulen aufgesteckt werden können, d. h. bis zu sechs-
fach zusammengezwirntes Garn
entsteht. Aus der Abb. 131 ist
der Arbeitsgang, sowie auch die be-
schriebene Anordnung ersichtlich.

Soll das Kunstseidengarn für
Strickerei und Stickerei, wie auch
als Häkel- und Nähseide verarbeitet werden, so benutzt man
zum Nachzwirnen eine Flügelzwirnmaschine Modell K.K. der
Firma Carl Hamel, A.-G. (s.
Abb. 132). Je nach der Stärke
und Haltbarkeit des zu zwirnen-
den Materials sind Spindelteilung
und Spulenhub verschieden einzustellen. Am häufigsten erfolgt die
Ausführung mit 90 mm Spindelteilung für Spulen mit 88 mm Hub
(lichte Weite zwischen den Spindeln bis 55 mm Durchmesser der
Scheibe). Die Spindeln und Flügel
werden aus bestem Stahl hergestellt und mit Bajonettverschluß
für rechte und linke Drehung versehen. Man bevorzugt Gravity-
spindeln, weil sie eine höhere Spindelgeschwindigkeit zulassen und
ruhig laufen. Die Spindeln werden in der Regel mit hohlem Kopf und
Schenkelösen versehen, die Augen in den Schenkeln und an den
Flügelenden sind aus bestem gehärteten Stahl, hochpoliert, angefertigt.

Es ist schwer, die Leistung der einzelnen Maschinen anzugeben, da die Qualität der zur Verarbeitung gelangenden Seide, insbesondere ihre Zug- und Reißfestigkeit für die Bestimmung der Leistungsfähigkeit der genannten Maschinen maß-

gebend ist. Man rechnet gewöhnlich bei Windemaschinen mit einer Leistung von 1 kg Kunstseide von 150 Deniers je Spindel in 8 Stunden. Es ist aber auch nicht selten, daß mit der gleichen Maschine und nur 60 Spindeln beiderseitig bis 100 kg in 8 Stunden gespult werden können.

Auch bezüglich der Bedienung der Maschine ist es schwer, Vergleichsziffern aufzustellen. Sofern das zur Verarbeitung gelangende Material tadellos ist, können gewöhnlich einem Arbeiter 30 Spindeln zur Bedienung anvertraut werden.

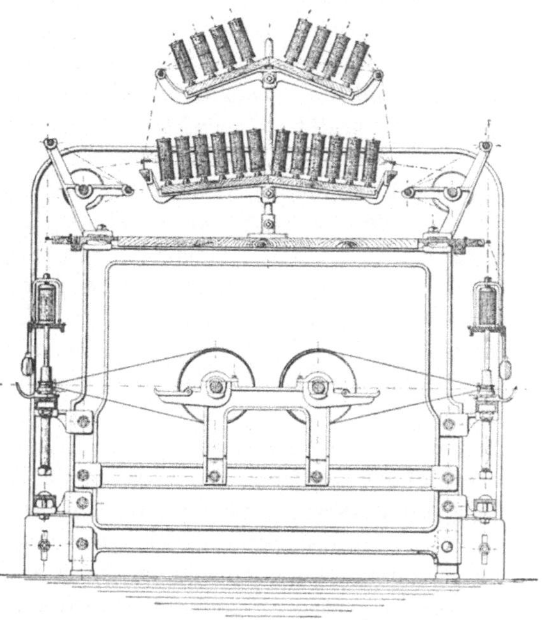

Abb. 132. Flügelzwirnmaschine für Kunstseide. System C. Hamel A.-G.

Außer der Firma Carl Hamel, A.-G., liefert die Maschinenfabrik Schärer, Nußbaumer & Co., Erlenbach-Zürich, alle genannten Maschinen in ganz vorzüglicher Ausführung.

4. Elektrische Antriebs- und Hilfseinrichtungen in der Viskosefabrik.

Die elektrischen Antriebs- und Hilfseinrichtungen gliedern sich heute schon derartig eng in den Herstellungsgang der Kunstseide ein, daß es richtiger erscheinen könnte, ihre Erörterung in die Behandlung des Gesamtstoffes organisch einzuordnen. Wenn von dieser an sich zweifellos zweckmäßigen Betrachtungsweise z. T. Abstand genommen wurde, so geschah dies nur, weil es im Rahmen dieses Buches nicht möglich war, die gesamten elektrischen Einrichtungen, wie sie in der Praxis allgemein eingeführt wurden, mit der notwendigen Ausführlichkeit in allen Einzelheiten zu behandeln. Es soll deshalb lediglich an einigen Beispielen gezeigt werden, wie die Elektrotechnik es verstanden hat, auch in der Viskoseseidenindustrie mit zweckmäßig durchgebildeten Antriebs- und Hilfsmitteln den Fabrikationsgang zu vereinfachen, die erforderlichen Energien den Arbeitsmaschinen unter geringsten Verlusten zuzuführen, die Menschenarbeit durch sichere und unbedingte Gleichmäßigkeit gewährleistende selbsttätige Einrichtungen zu ersetzen und durch Überwachungseinrichtungen der Betriebsführung stets gute Übersicht zu verschaffen.

A) Sondereinrichtungen. a) Merzerisierpresse. Ein sehr prägnantes Bild für zweckmäßige Anwendung von elektrischen Hilfseinrichtungen ergibt die elektrisch gesteuerte Merzerisierpresse[1]. Ein moderner, rationell arbeitender Viskosebetrieb erfordert eine vollkommen gleichmäßige Behandlung des Zellstoffs während des Merzerisierens. Diese erreicht man in sehr vollkommener Weise durch Anwendung eines von den Siemens-Schuckert-Werken durchgebildeten elektrischen Überwachungsapparates, der sämtliche Bewegungen der Tauchpresse aufzeichnet, wodurch die verschiedenen Zeitabschnitte der Merzerisierung einwandfrei festgehalten werden. — Da Ungleichmäßigkeiten der Behandlung aus den Aufzeichnungen sofort nachgewiesen werden können, ergibt der Apparat eine sehr einfache und bequeme Kontrollmöglichkeit und damit ein für die Erziehung des Bedienungspersonals zweckmäßiges Hilfsmittel. Aber auch der Arbeitsvorgang läßt sich selbsttätig durchführen, wenn Zu- und Ablaßventile und der Pumpenantrieb für die Tauchflüssigkeit mittels einer elektrischen Schaltuhr oder sonst einer Kommandoeinrichtung gesteuert werden. Es werden die Ventile mit Hubmagneten ausgerüstet, ihre Betätigung sowie die des Antriebsmotors der Pumpe erfolgt über Schütze. — Die Automatisierung läßt sich soweit durchführen, daß die ganze Bedienung nur aus der Betätigung eines Druckknopfes besteht; der weitere Vorgang vollzieht sich dann vollkommen selbsttätig bis zur Beendigung der Merzerisierung, die entweder durch ein Signal angezeigt wird oder in Weiterbildung der Automatisierung so gestaltet werden kann, daß auch die Entleerung der Tauchpresse und die Beförderung des merzerisierten Gutes zum Zerfaserer selbsttätig erfolgt.

b) Zerfaserer. Um einen möglichst gleichmäßigen Alkalizellstoff zu erhalten, müssen die Rührarme (z-Flügel), welche von einer gemeinsamen Hauptwelle angetrieben werden, in kurzen Zeitabständen von rund 10—15 Minuten umgesteuert werden. Der Kraftbedarf beträgt etwa 15 kW. Die elektrische Sonderausrüstung besteht aus einem Hauptantrieb mit Drehstrom-Kurzschluß- oder Schleifringläufer-Motor, welcher über eine Schnecke[2] auf die Hauptwelle arbeitet, und einem

---

[1] H. Wilbert: Elektrische Sonderantriebe und Fließfabrikation in der Kunstseidenindustrie. Die Kunstseide **1928**, Nr. 1 und 2. (Näheres siehe Dr. W. Stiel: Elektrobetrieb in der Textilindustrie, Leipzig 1930, Verlag S. Hirzel.)

[2] Auch ein gut ausgebildetes Zahnradgetriebe bewährt sich in der Praxis ausgezeichnet.

zweiten Antrieb mit Drehstrom-Kurzschlußläufer-Motor für die Kippvorrichtung. Dieser Antrieb bringt den Trog nach beendeter Zerklei-
nerung der Zellulose in Kippstellung und nach Entleerung wieder in die
Betriebsstellung zurück. Werden im Betrieb mehrere Zerfaserer gleichzeitig betrieben, so geschieht die Umsteuerung mittels einer gemeinsamen stetig umlaufenden Befehlswalze derart, daß der Drehrichtungs-
wechsel der erfaßten Maschinen nicht gleichzeitig, sondern gestaffelt
erfolgt. Nach Möglichkeit sind auch für den Hauptantrieb Kurzschlußläufer-Motoren zu verwenden, und zwar nicht nur, weil diese

Abb. 133. Automatisch arbeitender Zerfaserer mit Motorenantrieb.   System Seemann.

einfach, betriebssicher und billig sind, sondern weil ihrer Anwendung in diesem Falle keinerlei Bedenken entgegenstehen. Infolge ge-
staffelter Umsteuerung wirken auftretende Stromstöße nach den bis-
herigen praktischen Erfahrungen in den seltensten Fällen störend. Als
Steuergerät kommen bei Kurzschlußläufer-Motoren Schütze, bei Schleif-
ringläufer-Motoren Wendeselbstanlasser zur Verwendung, während die
Antriebe für die Kippvorrichtung mit Um- und Endschalter ausgerüstet
werden. Abb. 133 zeigt einen automatisch arbeitenden Zerfaserer
System Seemann.

c) Sulfidiertrommel. Bis vor einigen Jahren war, infolge Widerstandes seitens der Gewerbeaufsichtsbehörden, der direkte Antrieb von Sulfidiertrommeln mittels gekuppelter Elektromotoren vollkommen unmöglich. Auch hier hat die Elektrotechnik so gewaltige Fortschritte gemacht,

daß heute diese Maschinen mit Erfolg durch einen Motor angetrieben
werden. Bei einem Kraftbedarf von rund 1 kW erfolgt der Antrieb
der Hohlwelle über eine Schnecke mittels eines Drehstrom-Vorgelege-

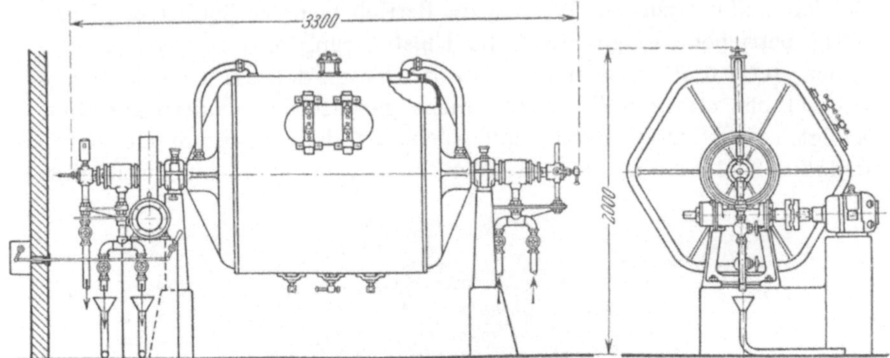

Abb. 134. Sulfidiertrommel mit explosionssicherem Motorenantrieb. System SSW.

motors mit Kurzschlußläufer[1]. Das Schaltgerät wird wegen Explosionsgefahr zweckmäßig in einem Nebenraum untergebracht.

Der von den Siemens-Schuckert-Werken durchgebildete Misch-
trommelantrieb (Abb. 134) zeigt als besondere Vorteile neben seiner
gedrungenen Bauart einen guten Wir-
kungsgrad, Unabhän-
gigkeit in der Auf-
stellung und Fort-
fall jeglicher Riemen-
übertragung. Be-
kanntlich birgt der
Riemenantrieb die
schwere Gefahr in
sich, durch Entla-
dung der am Riemen
entstehenden Rei-
bungselektrizität eine
Explosion des Schwe-

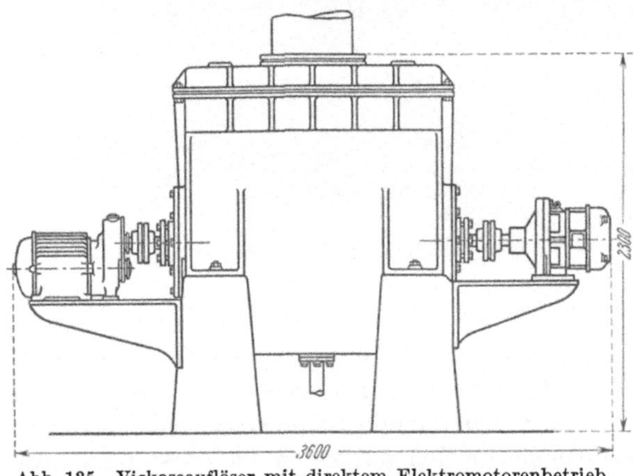

Abb. 135. Viskoseauflöser mit direktem Elektromotorenbetrieb.

felkohlenstoffgases herbeizuführen. Auch schon aus diesem Grunde
trägt die Einführung des Sulfidiertrommel-Einzelantriebes wesentlich
zur Erhöhung der Betriebssicherheit bei.

d) Auflöser. Aus der Abb. 135 ist ersichtlich ein Viskoseauflöser
mit einem direkten Elektromotorenantrieb. Diese Maschinen erhalten
einen Doppelantrieb. Es kommen dabei Vorgelege-Kurzschlußläufer-

---

[1] Der Verfasser ist der Ansicht, daß ein entsprechendes Zahnradgetriebe
der Schnecke vorzuziehen ist (s. S. 64).

Motoren von 7,5 kW, 500 U/Min. bzw. 3 kW, 85 U/Min. zur Verwendung.

e) **Xanthat-Knetmaschine.** Neuerdings brachte die Firma Werner & Pfleiderer, wie bereits erwähnt, die sog. „Xanthat-Knetmaschine" auf den Markt, in welcher Sulfidieren und Auflösen in einem Arbeitsgang erfolgt. Die Antriebsverhältnisse für die neue Maschine liegen noch nicht völlig fest, da die technologischen Versuche, welche die günstigste Antriebsform klarstellen sollen, noch nicht endgültig abgeschlossen sind. Der Kraftbedarf beträgt etwa 15—18 kW; die Hauptwelle soll zeitweise mit 150, zeitweise mit 300 U/Min. arbeiten, und zwar nach beiden Richtungen. Es sind unter diesen Umständen polumschaltbare Drehstrom-Vorgelegemotoren mit Kurzschlußläufern zu empfehlen. Die selbsttätige Umsteuerung mehrerer Knetmaschinen bietet wie bei den Zerfaserern erhebliche Vorteile.

f) **Elektrozwirnspindeln.** Der Gedanke, die schnellaufenden Zwirnspindeln unmittelbar mit kleinen Elektromotoren anzutreiben, ist an sich naheliegend, um so mehr, als beim Zwirnen von Kunstseide Drehzahlen von 10000—15000 U/Min. durchaus möglich sind, ein Drehzahlbereich, der mit mechanischen Übertragungsmitteln, insbesondere bei größeren Spulen, nicht mehr einwandfrei beherrscht werden kann. — Dagegen bietet die elektrische Übertragung keinerlei Schwierigkeiten, zumal gerade die hohen Drehzahlen günstige elektrische Verhältnisse und damit verhältnismäßig geringe Übertragungsverluste ergeben. Wenn sich die Elektrozwirnspindeln bisher in die Praxis noch nicht eingeführt haben, so liegt dies hauptsächlich daran, daß es an geeigneten Bauformen, deren Lagerstellen

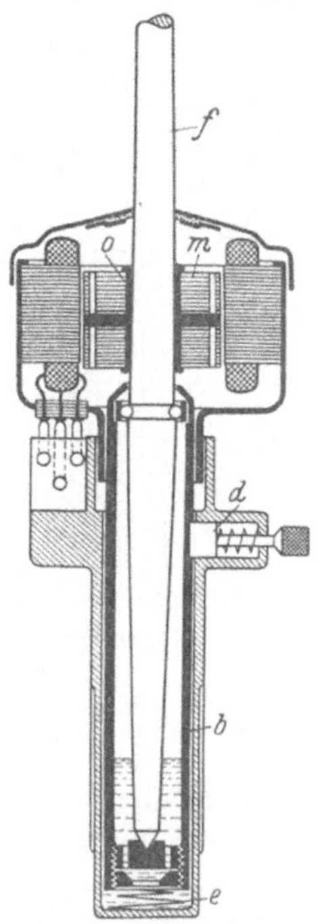

Abb. 136. Münzspindel.

der hohen Beanspruchung standgehalten hätten, gefehlt hat.

Einen starken Impuls für die Entwicklung auf diesem Gebiet gab die Erkenntnis, daß bei der Ausführung von Elektrozwirnspindeln den dynamischen Verhältnissen genau so Rechnung getragen werden muß wie bei den Spinnzentrifugen, wenn auch die hier auftretenden Unbalancen geringer sind. — Den ersten brauchbaren Schritt in dieser Richtung hat Friedrich Münz, Stuttgart, mit dem deutschen Reichspatent Nr. 408576 getan. Münz schlägt vor, das Motorgehäuse, wie Abb. 136 darstellt, mit einer federnd abgestützten Spindellagerhülse fest zu verbinden. Bei dieser Ausführung schwingt also der Motor bei Unbalancen mit der Spindellagerhülse mit. — Der Erfolg dieser nachgiebigen Lagerung war recht bedeutend, man erreichte damit mühelos

Drehzahlen bis etwa 15000 U/Min., ohne die Lager unzulässig zu bean-spruchen, wie dies Versuche der Siemens-Schuckert-Werke gezeigt haben.

Eine noch zweckmäßigere Bauart zeigt Abb. 137, bei welcher durch Einführung einer elastischen Welle die Kräfte, erzeugt durch Massenbewegung des Motorgehäuses, von den Lagerstellen ferngehalten werden. — Diese Zwirnspindel ist entwickelt zum Antrieb von Zylinderspulen von 70 und 90 mm Durchmesser und gestattet, mit der Betriebsdrehzahl bis auf etwa 15000 U/Min. mit der 70er Spule und bis etwa 12000 U/Min. mit der 90er Spule zu gehen.

Die beschriebenen Elektrozwirnspindeln ergeben nunmehr die Möglichkeit, die Zwirn-geschwindigkeit ganz wesentlich zu steigern und damit den Anteil der Herstellungskosten für das Zwirnen entsprechend zu senken.

g) Periodenumformer. Spinnzentrifugen und Elektrozwirnspindeln werden gewöhnlich über Periodenumformer gespeist. Es haben sich hierfür fast überall Asynchronumformer eingeführt, die neben der größeren Einfach-heit den Vorteil bieten, daß die Antriebs-motoren im Verhältnis der transformatorischen zur mechanischen Leistung kleiner gewählt werden können als bei Synchronumformern. In der Regel werden die Spinnmaschinen gruppen-

Abb. 137. Elektrozwirnspindel für 70er und 90er Spulen.

Abb. 138. Ein regelbarer Periodenumformersatz für Spinnmaschinen.

weise von je einem Umformer gespeist, wobei die Größe der Gruppen von Fall zu Fall nach den vorliegenden Betriebsverhältnissen festzulegen ist. Als Antriebsmotoren für die Periodenumformer haben sich Drehstrom-Nebenschlußmotoren sehr gut bewährt. Da die Liefergeschwindigkeit der Spinnmaschinen je nach der Fadenfeinheit oder der Art der Vorbereitung wechselt, ferner die gewünschten Zwirnungen in bestimmten Grenzen schwanken, so bietet die genaue Anpassung der Spinnzentrifugendrehzahl durch die Möglichkeit stufenloser Regelung der Betriebsperiodenzahl derartig hohe wirtschaftliche Vorteile, daß der höhere Anschaffungspreis für die Nebenschlußmotoren in kurzer Zeit wettgemacht wird. Der Antriebsmotor des Umformers muß Nebenschluß erhalten haben, damit Schwankungen der Periodenzahl beim Zu- und Abschalten von Spinnmaschinen vermieden werden; die Außerachtlassung dieser Forderung hat unvermeidlich Fehlzwirnungen zur Folge. Einen regelbaren Periodenumformersatz für Spinnmaschinen zeigt Abb. 138.

Da die Spinnzentrifugen aus Sicherheitsgründen für eine niedrige Spannung (normal 80 Volt bei 100 Hertz) ausgeführt werden, so würden bei unmittelbarer Speisung der Spinnmaschine durch die Umformer hohe Stromstärken auftreten. Daher werden in der Regel zwischen Spinnmaschinen und Periodenumformer Transformatoren geschaltet, welche in säuregeschützter Form ausgeführt sind, die eine unmittelbare Aufstellung

Abb. 139.   Transformator zur Aufstellung im Spinnraum (gegen Säure geschützt).

in der Spinnerei gestattet. Einen derartigen Transformator zeigt Abb. 139.

B) Allgemeine Gesichtspunkte. a) Motoren. Erstrebenswert sind, soweit keine Regelbarkeit gewünscht wird, in Kunstseidenbetrieben durchweg Kurzschlußläufer-Motoren, die in Einfachheit des Aufbaus, der Betriebssicherheit und Billigkeit von keiner anderen Ausführungsart übertroffen werden. — Moderne Kurzschlußläufer-Motoren können in ihren Eigenschaften hinsichtlich Anlaufmoment, Sanftanlauf und Anlaufstrom jeglichen praktischen Erfordernissen angepaßt werden. — Insbesondere sei in diesem Zusammenhang auf die sog. Wirbelstromläufer[1], Doppelstabläufer[1] und Kusaantriebe hingewiesen.

---

[1] Dr.-Ing. Liwschitz: Käfigankermotoren mit durch Stromverdrängung verbesserten Anlaufverhältnissen. Siemens-Zeitschrift **1928**, H. 4.

b) Der Wirbelstromläufer wird mit hohen und schmalen Läuferstäben entsprechend Abb. 140 ausgeführt. Infolge der Stromverdrängung, deren Wirkung von der Läuferfrequenz abhängig ist, entwickeln diese Motoren bei entsprechender Wahl der Leiterabmessungen ein Anzugsmoment, das wesentlich höher ist als das Anzugsmoment der gewöhnlichen Kurzschlußläufer. Eine nennenswerte Erhöhung des Anzugsmomentes erreicht man mit Wirbelstromläufern bereits bei Motoren von etwa 5 kW Leistung aufwärts; das Anzugsmoment der kleineren, gewöhnlichen Kurzschlußläufer-Motoren beträgt an sich mehr

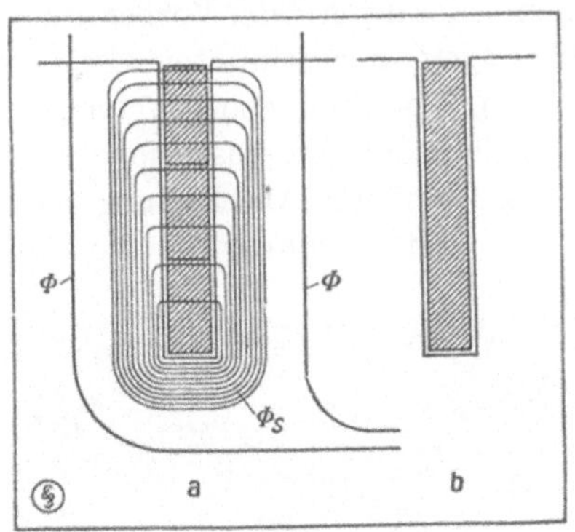

Abb. 140. Stab eines Käfigankers mit Stromverdrängung.

als das Doppelte des Nenndrehmomentes. — Der Anlaufstrom der Wirbelstromläufer ist dagegen niedriger als bei gewöhnlichen Kurzschlußläufern; auch diese Eigenschaft spricht für deren Anwendung. — In vielen Fällen wird das Anzugsmoment bei Sternschaltung genügen, wodurch der Anlaufstrom noch bedeutend herabgesetzt werden kann.

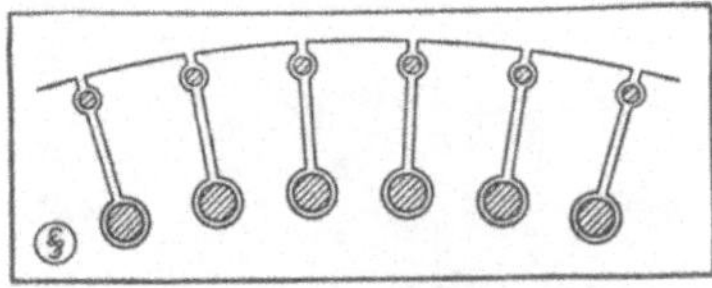

Abb. 141. Nuten eines Motors mit Doppelkäfiganker.

c) Der Doppelstabläufer besitzt entsprechend Abb. 141 zwei getrennte Läuferwicklungen, die in verschiedenen Nuten liegen; die Anlaufwicklung, welche an der Läuferoberfläche angeordnet ist und die darunterliegende Laufwicklung. Beide Stabreihen sind durch je einen Kurzschlußring verbunden. — Durch besondere Formgebung der Nuten wird im Stillstand ähnlich wie bei dem Wirbelstromläufer eine Stromverdrängung und damit ein hohes Anzugsmoment erzielt. Das Anzugsmoment der Doppelstabläufer ist zwar höher als das Anzugsmoment des Wirbelstromläufers, doch ist die Betriebssicherheit beim Wirbelstromläufer infolge des einfacheren Aufbaues der Läuferwicklung größer; gerade in Kunstseidenbetrieben ist deswegen dem Wirbelstromläufer der Vorzug zu geben.

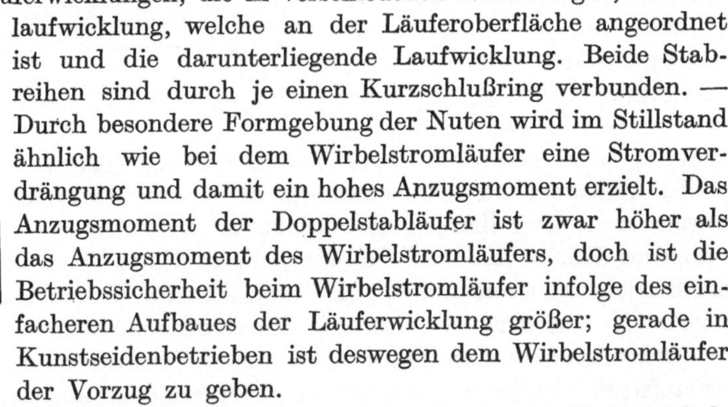

Abb. 142. Kusaschaltung.

d) Der Kusaantrieb besteht aus einem Kurzschlußläufer mit vorgeschaltetem, einstellbarem, einphasigem Ständerwiderstand, der nach erfolgtem sanftem Anlauf kurz geschlossen werden kann. Die Schaltung erfolgt nach Abb. 142. — Durch entsprechende Einstellung des Widerstandes kann ein Sanftanlauf erzielt werden, der sich über etwa 6 Sekunden erstreckt. — Der Kusaantrieb eignet sich ganz vorzüglich für Zwirnmaschinen, aber auch darüber hinaus für alle Maschinen, die einen sanften Anlauf erfordern.

Alle Motoren müssen geschlossen ausgeführt sein, soweit es sich nicht um Motoren handelt, die der Einwirkung der Chemikaliendämpfe und -schwaden vollkommen entzogen sind.

C) Schaltgeräte. Es sollen hier nur Schaltgeräte behandelt werden, welche zur unmittelbaren Steuerung der Antriebe in einer Kunstseidenfabrik dienen. Von diesen Schaltern muß unbedingt verlangt werden:

1. einfache Bedienung;

2. unbedingte Betriebssicherheit;

3. Sicherheit gegen Fehlschaltungen.

Am leichtesten und sichersten sind diese Erfordernisse zu erfüllen, wenn als Antriebsmotoren Kurzschlußläufer verwendet werden, da bei dieser Art Schaltungen im umlaufenden Teil, im Läufer, nicht nötig sind.— Es genügt, den feststehenden Teil, den Ständer, an Spannung zu legen, um den Antrieb zu veranlassen.

Für kleine Leistungen genügen die sog. Paketschalter, die zweckmäßigerweise mit den zugehörigen Sicherungen in einem Gehäuse

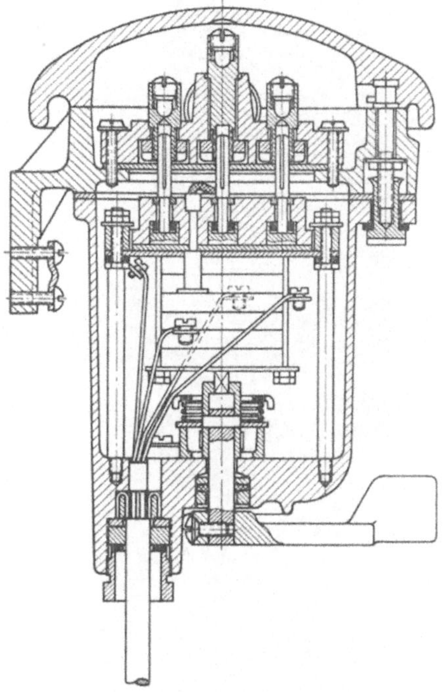

Abb. 143.   Spinnzentrifugen-Bremsschalter.

vereinigt werden. — Eine Sonderausführung dieser Schalterart stellt der Spinnzentrifugen-Bremsschalter dar (Abb. 143), der nicht nur zum Ein- und Ausschalten, sondern auch zum Bremsen der Spinnzentrifugen dient; eine besonders sorgfältige Abdichtung ist bei diesen Schaltern unerläßlich, da sie der Einwirkung von säurehaltigen Dämpfen ständig ausgesetzt sind.

Auch bei größeren Leistungen soll man unmittelbare Einschaltung erstreben; nur falls bei Fremdstrombezug der Stromlieferant trotz des großen Anschlußwertes das unmittelbare Einschalten nicht gestattet, soll man auf Sterndreieckanlaßschaltung zurückgreifen. — Ausführung entweder als Hebel- oder Walzenschalter, gußgekapselt, mit eingebauten

Sicherungen (nach Abb. 144). Die Sicherungen dienen dabei als Schutz
für die Motorzuleitungen. — Ein einwandfreier Schutz der Motoren
selbst ist bei dieser Schutzart nicht gewährleistet, da eine genaue
Anpassung der Abschmelzcharakteristik an die Motorerwärmung nicht
mit genügender Sicherheit erzielt werden kann. Die neuerdings auf
den Markt gebrachten sog. trägen Sicherungen bedeuten diesbezüglich
einen Fortschritt.

Einen vollkommen zuverlässigen Schutz der Motoren gegen jegliche Überlastung bieten die Motorschutzschalter, deren Auslösecharakteristik sehr eng auf die Motorerwärmung abgestimmt ist, wodurch eine schädliche Überschrei-

Abb. 144. Walzenschalter.

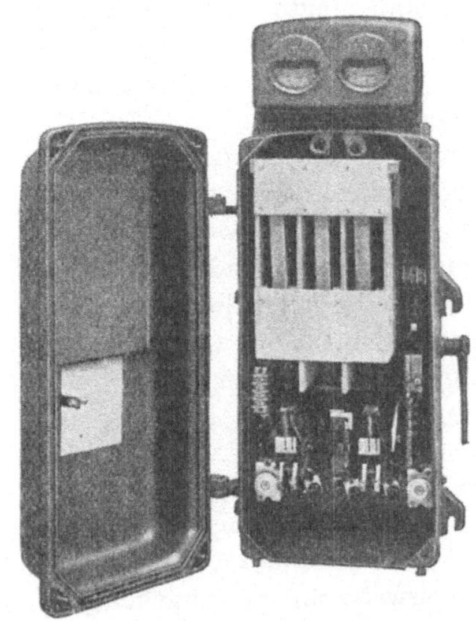

Abb. 145. Gekapselter Selbstschalter H 910 für 350 A
Nennstrom.

tung der zulässigen Temperaturgrenze mit Sicherheit unterbunden wird.
Die Auslöser sind so gestaltet, daß sie bei kurzzeitigen, vorübergehenden,
also unschädlichen Überlastungen nicht ansprechen. Wie Abb. 145 zeigt,
werden auch diese Schalter gußgekapselt ausgeführt, sie sind dadurch
besonders dem rauhen Betrieb in Kunstseidenfabriken gewachsen.

Diese Motorschutzschalter erhalten in der Regel auch eine Spannungsrückgangsauslösung, die bei Absinken der Spannung unter
einen bestimmten Wert oder völligem Ausbleibens den Schalter selbsttätig ausschalten. — Ordnet man in den Selbsthaltekreis der Span-

nungsrückgangsauslösung Ausschaltedruckknöpfe an, so erhält man eine teilweise Fernsteuerung, indem der Schalter von beliebigen Stellen aus abgeschaltet werden kann. — Eine Vervollkommnung dieser Steuerungsart gestatten die Schütze, welche von beliebigen Stellen aus ein- und ausgeschaltet werden können. Die Bedienung der Schütze beschränkt sich auf die Betätigung von Druckknöpfen, die an geeigneten Stellen der betreffenden Maschine angebracht werden. Infolge dieser überaus bequemen Bedienungsmöglichkeit führen sich die Schütze immer mehr und mehr ein, und zwar nicht nur für selbsttätige Steuerung, sondern auch bei handgesteuerten Antrieben.

Ein ganz modernes Ölschütz, bei

Abb. 146. Motorenschutzschalter mit Druckknopfsteuerung, evtl. als Fernschalter zu verwenden.

Abb. 147. Gekapselte Verteilungsanlage mit Selbstschalter H 910.

dem die Kontakte zwecks Schutz gegen Säure unter Öl gesetzt sind, zeigt Abb. 146.

Mit Motorschutzschaltern und Schützen beherrscht man das ganze in Frage kommende Gebiet, sie reichen in ihrer Leistung und Schutzgewährung für alle Motoren, die in Kunstseidenfabriken zur Aufstellung gelangen, aus.

D) Verteilungsanlagen. Die erforderliche Gesamtleistung an elektrischer Energie muß bei Zuführung an die einzelnen Verbraucherstellen entsprechend verteilt werden. Eine teilweise Unterteilung erfolgt bereits in der Zentralenschaltanlage, wo Aufteilung der Gesamtleistung in die Einzelleistungen erfolgt, die in den einzelnen Abteilungen benötigt werden. Jede Abteilung erhält dann eine Sonderverteilungsanlage, die die elektrische Energie entweder unmittelbar auf die einzelnen Antriebe unterteilt oder weiteren Unterteilungen zuordnet, welche dann schließlich die letzte Unterteilung übernehmen.

Diese Verteilungsanlagen werden ebenfalls gußgekapselt ausgeführt und müssen sehr sorgfältig abgedichtet sein, um Störungen in der Anlage zu unterbinden. Abb. 147 zeigt eine derartige Verteilungsanlage.

E) Leitungen. Für Fortführung der elektrischen Energien benützt man innerhalb einer Werksgruppe in der Regel mittels Bitumen geschützte isolierte Leitungen, die in Kabelkanälen oder frei an den Wänden verlegt werden. Bei Übertragungen größerer Leistungen wählt man Bleikabel, bei kleineren Leistungen Anthygronleitungen, welche sich insbesondere in Räumen mit Säuredämpfen vorzüglich bewährt haben.

Bei der Bemessung der Leitungen ist nicht nur auf die zulässige Belastung, sondern auch auf den Spannungsabfall bei den betriebsmäßigen Strombelastungen, z. B. den Anlaufströmen, zu achten, damit unliebsame Störungen vermieden werden.

Literaturnachweis.

1. Süvern, K.: Die künstliche Seide, ihre Herstellung und Verwendung. Berlin 1926.
2. Herzog, R. O., u. R. Gaebel: Kunstseide (Technologie der Textilfasern, Bd. VII). Berlin 1927.
3. Hottenroth, V.: Die Kunstseide. Leipzig 1926—1930.
4. Herzog, A.: Die mikroskopische Untersuchung der Seide und der Kunstseide. Berlin 1924.
5. Hölken, M. jun.: Die Kunstseide auf dem Weltmarkt. Berlin 1925.
6. Weltzien, W., u. K. Gaetze: Chemische und physikalische Technologie der Kunstseiden. Leipzig 1930.
7. Heß, K.: Die Chemie der Zellulose. Leipzig 1928.
8. Becker, F.: Die Kunstseide. Halle 1912.
9. Laute, G.: Die Bedeutung der chemisch-technischen Verfahren für die Entwicklung und kapitalistische Verflechtung der Kunstseidenindustrie. Leipzig 1929.
10. Faust, O.: Kunstseide. Leipzig 1928.
11. Margosches, B.: Die Viskose. Leipzig 1906.
12. Jentgen, H.: Laboratoriumsbuch für die Kunstseide- und Ersatzfaserstoffindustrie. Halle 1923.
13. Wurtz, Ed.: Die Viskosekunstseidefabrik, ihre Maschinen und Apparate. Leipzig 1927.
14. Rausch, O.: Der Schwefelkohlenstoff. Berlin 1929.
15. Reinthaler, F.: Die Kunstseide. Berlin 1926.
16. Greiffenhagen, E.: Kunstseide, vom Rohstoff bis zum Fertigfabrikat. Berlin 1928.
17. Silbermann, H.: Die Seide, ihre Geschichte, Gewinnung und Verarbeitung. Leipzig 1897.
18. Witt, O.: Die künstliche Seide. Berlin 1909.
19. Stadlinger, H.: Das Kunstseiden-Taschenbuch. Berlin 1930.
20. Königsberger, C.: Die deutsche Kunstseiden- und Kunstfaserindustrie in den Kriegs- und Nachkriegsjahren Düsseldorf u. Köln 1928.
21. Heuser, E.: Lehrbuch der Zellulosechemie. Berlin 1928.
22. Piest: Die Zellulose.

Französische Literatur.

23. Bronnert, E.: Emploi de la cellulose pour la fabrication de fils brillands, imitant la soie. Mühlhausen 1909.
24. Foltber, J.: La soie artificielle et sa fabrication. Cornimont (Vosges) 1909.
25. Morgat, R.: La fabrication de la soie artificielle par le procès de viscose. Paris 1929.

Englische und amerikanische Literatur.

26. Wheeler, E.: The Manufacture of Artificial Silk. London u. Harrow 1927.
27. Woodhouse, Th.: Artificial Silk, its Manufacture and Uses. 1927.
28. Hall, A. G.: The Chemistry and Technology of Artificial Silk. 1928.

29. Cross and Bevan: Researches on Cellulose. 1895—1910.
30. Darby, W.: Rayan the synthetic fiber. 1926.
31. Wykes, L.: The Working of Viscose Silk. 1926.

Schweizer Literatur.
32. Fierz-David, H. Schuster u. Risch: Die Kunstseide. Zürich 1930.

Spanische Literatur.
33. Wilems, P.: La seda artificial. Madrid 1905.

Zeitschriften.
Die Kunstseide, Berlin: H. Jentgen Verlag G. m. b. H.
Kunstseiden-Woche, Berlin: H. Jentgen Verlag G. m. b. H.
Melliands Textilberichte, Heidelberg.
Zellulosechemie, Berlin.
Papier-Fabrikant, Berlin.
Chemiker-Zeitung, Köthen (Anhalt).
Chemische Apparatur, Berlin.
Chemische Fabrik, Berlin.
Die Zeitschrift für angewandte Chemie, Berlin.
Kunststoffe, München.
Deutscher Kunstseide-Kurier und Technische Beilage, Berlin.
Seide, Krefeld.
Jentgens Rayon Review.
The Rayon Record, Manchester.
Silk World, Manchester.
The Silk Journal, Manchester.
La soirie de Lyon, Lyon.
Laboratoire de la soie Russa (Revue universelle de soies et de soies artificielles),
    Paris.
La seterie d'Italia, Milano.
The American Silk Journal, New York.
The Rayon Journal, New York.
Rayon, New York.
Silk Degest weekly, New York.
Silk, New York.
The Textil World, New York.
Iskustwenoje Wolokno, Moskau.

Enzyklopädie der textilchemischen Technologie. Bearbeitet in Gemeinschaft mit zahlreichen Fachleuten und herausgegeben von Professor Dr. **Paul Heermann,** früher Abteilungsvorsteher der Textilabteilung am Staatlichen Materialprüfungsamt Berlin-Dahlem. Mit 372 Textabbildungen. X, 970 Seiten. 1930. Gebunden RM 78.—

Mikroskopische und mechanisch-technische Textiluntersuchungen. Von Professor Dr. **Paul Heermann,** früher Abteilungsvorsteher der Textilabteilung am Staatlichen Materialprüfungsamt Berlin-Dahlem, und Dr. **Alois Herzog,** ord. Professor für Textil- und Papier-Technologie an der Technischen Hochschule in Dresden. D r i t t e , vollständig neubearbeitete und erweiterte Auflage des Buches „Mechanisch- und physikalisch-technische Textiluntersuchungen" von Dr. P a u l H e e r m a n n. Mit 314 Textabbildungen. VIII, 451 Seiten. 1931. Gebunden RM 32.—

Technologie der Textilveredelung. Von Professor Dr. **Paul Heermann,** früher Abteilungsvorsteher der Textilabteilung am Staatlichen Materialprüfungsamt in Berlin - Dahlem. Z w e i t e , erweiterte Auflage. Mit 204 Textabbildungen und einer Farbentafel. XII, 656 Seiten. 1926. Gebunden RM 33.—

Betriebseinrichtungen der Textilveredelung. Von Professor Dr. **Paul Heermann,** Berlin-Dahlem, und Ingenieur **Gustav Durst,** Fabrikdirektor, Konstanz a. B. Z w e i t e Auflage von „A n l a g e , A u s b a u u n d E i n r i c h t u n g e n v o n F ä r b e r e i - , B l e i c h e r e i - u n d A p p r e t u r B e t r i e b e n" von Professor Dr. P a u l H e e r m a n n. Mit 91 Textabbildungen. VI, 164 Seiten. 1922. Gebunden RM 7.50

Die Textilfasern. Ihre physikalischen, chemischen und mikroskopischen Eigenschaften. Von **J. Merritt Matthews,** Philadelphia. Nach der vierten amerikanischen Auflage ins Deutsche übertragen von Dr. **Walter Anderau,** Basel. Mit einer Einführung von Professor Dr. H a n s E d u a r d F i e r z D a v i d , Zürich. Mit 387 Textabbildungen. XII, 847 Seiten. 1928. Gebunden RM 56.—

Handbuch der Spinnerei. Von Ing. **Josef Bergmann †,** o. ö. Professor an der Technischen Hochschule in Brünn. Nach dem Tode des Verfassers ergänzt und herausgegeben von Dr.-Ing. e. h. **A. Lüdicke,** Geh. Hofrat, o. Professor emer., Braunschweig. Mit 1097 Textabbildungen. VII, 962 Seiten. 1927. Gebunden RM 84.—

Die Spinnerei in technologischer Darstellung. Ein Hilfsbuch für den Unterricht in der Spinnerei an technischen Lehranstalten und zur Selbstausbildung sowie ein Handbuch für jeden Spinnereifachmann. Von Dr.-Ing. **Edw. Meister,** o. Professor an der Technischen Hochschule zu Dresden. Z w e i t e , vollständig neubearbeitete Auflage des gleichnamigen Werkes von **G. Rohn †.** Mit 223 Textabbildungen. VI, 243 Seiten. 1930. Gebunden RM 15.50